中国文化遗产研究院 · 文物保护工程与规划系列 · 2022 年

U0162513

黄石矿冶工业文化遗产突出普遍价值及保护利用研究

中国文化遗产研究院 著

许 凡　　王 晶

文物出版社

图书在版编目（CIP）数据

黄石矿冶工业文化遗产突出普遍价值及保护利用研究 /
许凡, 王晶著 . -- 北京 : 文物出版社, 2022.4
ISBN 978-7-5010-7305-4

Ⅰ . ①黄… Ⅱ . ①许… ②王… Ⅲ . ①矿业—文化遗
产—研究—黄石②冶金工业—文化遗产—研究—黄石
Ⅳ . ① TD ② TF

中国版本图书馆 CIP 数据核字（2021）第 238186 号

黄石矿冶工业文化遗产突出普遍价值及保护利用研究

著　　者：许　凡　王　晶

责任编辑：李　睿　吕　游
封面设计：彭　雪
责任印制：王　芳

出版发行：文物出版社
社　　址：北京市东城区东直门内北小街 2 号楼
邮政编码：100007
网　　址：http://www.wenwu.com
经　　销：新华书店
印　　刷：宝蕾元仁浩（天津）印刷有限公司
开　　本：787mm×1092mm　1/16
印　　张：16.75
版　　次：2022 年 4 月第 1 版
印　　次：2022 年 4 月第 1 次印刷
书　　号：ISBN 978-7-5010-7305-4
定　　价：180.00 元

序一

近年来国家对工业遗产的保护和利用愈加重视。在中共中央办公厅、国务院办公厅印发的《关于加强文物保护利用改革的若干意见》、国家文物局提出的《关于促进文物合理利用的若干意见》等诸多促进文化遗产保护和利用并举的重要文件中都提及了工业遗产的保护利用。在"让文物活起来"这样的"新形势"下，2020年，国家发展改革委、国家文物局等五部门印发了《推动老工业城市工业遗产保护利用实施方案》，从国家政策层面探索工业文化遗产保护利用作为老工业城市转型发展的新路径，提出以工业文化遗产的振兴带动老工业城市全面振兴。

中国文化遗产研究院作为国家文物局直属的国家级文化遗产保护科研机构，自2012年起便开始持续关注工业遗产保护、展示、利用的理论研究和工程实践工作。2013年我院受国家文物局委托承担《工业遗产保护利用导则》编制工作，提出了工业遗产管理利用的发展方向和可能途径；2018年我院又编制完成了《文物保护利用规范——工业遗产（WW/T 0091-2018）》，对工业遗产的定义、范围和时代给出了明确的限定，初步建立了工业遗产的价值评价体系框架与遴选标准，探索工业遗产有效保护和合理利用的行业原则与要求，是指导工业遗产保护利用的操作规范。

在理论研究和规范制定的同时，我院还注重工业遗产保护利用的具体实践工作，黄石的工业遗产便是我院重点研究对象之一。黄石位于湖北省东南部，处在长江中游铁铜等多金属成矿带西段，矿源丰裕，素有"江南聚宝盆"之称，是华夏青铜文化的发祥地之一，考古研究表明，黄石地区铜绿山铜矿采冶历时千余年，为楚地制造青铜器提供铜料，成就了楚国700余年的繁荣。黄石也是中国近代钢铁工业的摇篮。清末，湖广总督张之洞兴建汉阳铁厂，开办黄石地区的大冶铁矿作为原料基地，并在1908年成立亚洲最大的钢铁联合企业——汉冶萍煤铁厂矿有限公司，从19世纪90年代到20世纪20年代，中国钢铁产量99%来自汉冶萍。随后，又在黄石地区新建大冶铁厂、中国第二家近代水泥厂湖北水泥厂（华新水泥厂前身）等。由此，黄石实现了近代采矿与冶炼相结合，成为中国近代著名的钢铁工业基地，20世纪50年代，毛泽东主席曾先后两次视察黄石。黄石的矿冶工业经过几千年的发展，采矿从手工开采，发展到大型机械化作业；黑色冶金从山边置炉烹炼，发展到电炉冶炼；冶铜从就地置炉发展到现代化大型冶炼厂；建材业从昔日的烧制石灰，发展到现代化水泥集团公司，黄石是名副其实的矿冶之城。而黄石的矿冶生产从古延绵至今，脉络之清晰，持续时间之长，在中国乃至亚洲地区均属少见。因此，如何认知黄石矿冶工业文化遗产的突出普遍价值，并在此基础上进行资源整体统筹、适应性利用，已经成为亟待解决的问题。

随着中国文化遗产研究院对于工业遗产的保护和研究工作不断推进，院内也着力培养了一批工业遗产保护领域的青年学者。他们在工业遗产保护理论和实践工作两个层面不断互动探索、反馈更新，从而更加全面、深入地认识工业遗产这类文化资源的保护和适应性利用特点。本书的两位作者发挥自身建筑学、城市规划、建筑历史与理论的学科背景优势，结合文化遗产保护理念和方法，以"整体论"的认识观和方法论，创新融合的探索黄石矿冶工业遗产的突出普遍价值框架。同时，他们还结合编制黄石《华新水泥厂旧址保护与展示利用方案》的契机，将黄石矿冶工业文化遗产的价值有效保护与资源合理利用统相一，对国内外关于矿冶工业文化遗产的研究进行了系统梳理。本书通过将国内外具有矿冶生产传统、延续矿冶生产活动的矿冶工业文化遗产进行类比，提出黄石矿冶工业文化遗产的突出普遍价值要点，并对黄石矿冶工业文化遗产未来的保护利用、可持续发展进行了尝试与建议。

本书作者作为工业遗产保护的一线工作人员，将实践工作的成果与心得提炼付梓，是院内工业遗产保护利用研究的又一成果，可做为黄石矿冶工业文化遗产申报世界文化遗产工作的重要支撑研究材料，也可为国内其他工业遗产的研究、保护及利用工作提供有益的借鉴。

中国文化遗产研究院 院长 研究员

二〇二一年四月二日

序二

　　湖北省境内"历三千年而不灭"的人类矿冶工业文化造就了丰富的工业遗产资源。从早至春秋时期的铜矿开采和冶炼到近代民族工业策源，再到近现代"一五""二五"时期的制造业集聚发展与"三线军工"生产，湖北省的工业文化遗产承载了各重要时期中国先进工业技术发展的记忆。

　　湖北省文物局一直以来十分关注工业遗产的保护工作。早在2009年湖北省就完成了全省工业遗产的专项调查，形成《湖北省工业遗产调查报告》，基本摸清了全省工业遗产的数量、分布、特征、保护现状等基本情况。在此基础上，一批工业遗产资源被公布为各级文物保护单位加以保护，这其中最重要的铜绿山古铜矿遗址、汉冶萍煤铁厂矿旧址、华新水泥厂旧址等工业遗产相继被国务院公布为全国重点文物保护单位。2011年经湖北省人民政府批准同意，设立了"湖北黄石工业遗产片区"，是国内首个由省政府批准设立的工业遗产保护区。2012年国家文物局调整申报世界文化遗产预备名单，湖北省文物局积极推进"黄石矿冶工业遗产"的申报工作。2012年底在中国世界文化遗产大会上，公布了最新的《中国世界文化遗产预备名单》，"黄石矿冶工业遗产"被成功列入，是预备名单中为数不多的工业遗产代表。

　　黄石矿冶工业文化遗产历经三千年的发展，构成了一个以矿产开采、冶炼、制造、加工为核心的矿冶遗址群，代表了中国古代青铜时期和中国近现代工业化开端时期矿冶工业生产技术的最高水平。铜绿山古铜矿遗址作为集采矿和冶炼为一体的古代矿冶遗址，代表了中国商周时期青铜采冶技术的较高水平，见证了中国青铜文明的出现；汉冶萍公司的诞生，是中国民族资本主义发展的一个重要标志，在推动中国乃至亚洲现代工业的发展，起到了很大的作用；华新水泥厂是我国近代最早开办的水泥厂之一，代表了当时先进的生产力，在中国水泥发展史上具有很高的价值和地位。黄石矿冶工业文化遗产从古代到近代的唯一性、连续性和完整性，在我国工业发展史上占有独特的地位，其悠久的矿冶文明对人类文明的影响和在推动文明的不断发展、进步方面有着重要的贡献。

　　近年来，随着社会经济结构的变化，城市产业结构调整，城市工业外迁步伐加快，大量工业遗产的保护、价值评估及其活化利用，已经成为一个普遍而紧迫问题。保护工业遗产是为了更好的传承城市历史文脉、彰显城市特色；保护并有效利用好工业遗产，则是在保存历史记忆的同时启示子孙后代，从而助力工业城市的转型升级，并为地方经济社会发展注入新的活力。而通过申报世界文化遗产，不断提高城市工业遗产的社会影响力和美誉度、深入挖掘工业遗产的价值特征，探索工业遗产可持续利用的多种途径成为解决这个问题的一个关键环节。《黄石矿冶工业文化遗产突出普遍价值及保护利用研究》一书在这方面做出了积极探索和有益的尝试。

本书的两位作者是中国文化遗产研究院承担的"黄石矿冶工业遗产申报《中国世界文化遗产预备名单》"项目的主要研究和编写成员。中国文化遗产研究院作为《工业遗产保护利用十二五规划》以及《文物保护利用规范——工业遗产（WW/T 0091-2018）》等工业遗产保护宏观政策文件的起草编制单位，为该项目的顺利推进提供了保障。两位作者充分发挥她们的专业知识与多年积累的项目经验，在扎实的现场调研基础上，查阅了大量考古研究资料、史料文献和国际工业遗产保护的相关资料，系统梳理了黄石矿冶工业文化遗产各组成部分之间的逻辑结构，挖掘遗产价值特征，凝炼遗产构成要素，并最终选择了契合黄石矿冶工业文化遗产特性的价值标准。该书的集结付梓是项目组前述工作的总结，也融汇了作者在工业遗产保护和可持续利用与管理工作方面的思考，不仅可以作为未来黄石矿冶工业文化遗产申报世界文化遗产的重要支撑材料，也可为其他工业遗产的保护利用工作提供有益借鉴。

王凤竹

湖北省文物事业发展中心　二级巡视员　研究员

原湖北省文物局副局长

二〇二一年八月十日

前言

《左传》云："国之大事，在祀与戎"。延续千年的古代矿冶生产传统极大地支撑了古代国家的祭祀和军事活动。作为文化遗产的重要类型，矿冶工业文化遗产见证了人类工业生产活动对历史和今天所产生的深刻影响。随着工业遗产保护利用工作的不断深入，人们对这一新型文化遗产的认识和理解不断深化，不同类型、区域的工业遗产差异特性日益彰显。从2003年的《关于工业遗产的下塔吉尔宪章》简称《下塔吉尔宪章》（The Nizhny Tagil Charter for the Industrial Heritage）到2011年的《ICOMOS-TICCIH保护工业遗产遗址、构筑物、区域和景观的原则》简称《都柏林原则》（Jiont ICOMOS-TICCIH Principles for the Conservation of Industrial Heritage Sites，Structures，Areas and Landscapes，The Dublin Principles），代表性工业领域的专门工业遗产类型研究成为趋势。

黄石地区的矿冶工业文化遗产，依托所处的长江中游铁铜等多金属成矿带的资源优势，见证了当地人民积极开展矿冶生产活动，完整经历了青铜时期、铁器时期和现代工业化的矿冶工业发展历程。该遗产所包含的采矿、选矿、冶炼、制造、加工等矿冶工业要素共同构成了一个融合了时间性和空间性的整体，形成了完整的矿冶生产序列，代表了古代传统青铜文明和现代工业文明肇始时期的最高水平和杰出范例。黄石作为东亚地区古代和现代工业文明萌芽时期矿冶工业重要发源地影响了世界矿冶工业发展史。

本书基于作者承担的黄石矿冶工业文化遗产申报《中国世界文化遗产预备名单》文本编制工作，进一步深入挖掘该遗产的突出普遍价值内涵，扩展建立价值体系。同时，作者结合参与拟订《工业遗产保护利用导则》《文物保护利用规范——工业遗产（WW/T 0091-2018）》等一系列工业遗产保护政策过程中的思考，整合提炼，集结成册。

本书在工业遗产价值体系研究的基础上，开展了黄石矿冶工业文化遗产可持续保护利用的实践探索，从不同侧面，针对不同时期、不同类型的矿冶工业文化遗产特性初步制定了可持续保护利用策略。本书从整体观的视角出发，对于铜绿山古铜矿遗址、汉冶萍煤铁厂矿旧址（含大冶铁矿天坑）、华新水泥厂旧址，进行整体综合研究，探索在世界文化遗产突出普遍价值体系框架下黄石矿冶工业文化遗产的可持续保护利用实践方法，并反馈到研究成果中，以期为黄石矿冶工业文化遗产的实践工作提供一定的研究基础。

另外，在黄石矿冶工业文化遗产突出普遍价值及保护利用研究的过程中，作者注重将黄石矿冶工业文化遗产的保护置于中国以及东亚区域的工业文化发展整体历史进程中进行统筹考量，同时配合工业文化相关的教育、培训、宣传活动及相关法律法规建设，力争普及黄石矿冶工业文化遗产的相关知识与价值，扩大工业文化遗产影响力。

本书认为，全面、整体地认知黄石矿冶工业文化遗产突出普遍价值并加以保护与展示，是在当代城市化快速发展背景下，促进黄石社会、经济、文化与环境协调一致、可持续发展的一项有效措施，是传承中华民族多元文化的重要内容！

目录 Contents

第一章
绪论

1.1 国外关于矿冶工业文化遗产的研究

1.1.1 世界文化遗产中的矿冶工业文化遗产

随着人们对世界文化遗产价值理解的不断深入和完善，矿冶工业文化遗产的价值逐渐得到国际社会各界的广泛认可，此类遗产也越来越多的列入到了世界遗产名录之中。虽然在《保护世界文化和自然遗产公约》中定义的文化遗产类型并没有明确涉及工业、技术等方面的名词，但基于世界遗产"突出的普遍价值"及其具体评价标准，仍然有一些与工业和技术相关的文化遗产列入《世界遗产名录》。工业革命使得桥梁设计、建筑设计、交通设施、矿产资源开采等工业领域诞生了全新的形式和技术成果，这为文化的广泛发展作出重要贡献，这些成果无疑是具有突出普遍价值的世界遗产。

根据世界遗产中心的报告，截止至2019年，列入在《世界遗产名录》中的矿冶类文化遗产有31项（详见本章附表1-1）。这些矿冶类工业遗产，时代分布广，且矿产类型较多，有燧石矿、金属矿石开采冶炼、煤矿等，其中年代最早的工业遗产是古代矿冶工业遗址——比利时的斯皮耶纳新石器时代燧石矿群、波兰的科舍米翁奇的史前条纹燧石矿区。随后入选的矿冶工业遗产以金属矿石开采遗迹为主的有12处，其中有3处是美洲西班牙殖民时期的银矿——波托西城、瓜纳华托历史名镇及周围银矿和萨卡特卡斯历史中心。这三处银矿加工遗产的入选主要是作为拥有独特建筑风格的工业城镇，同时又代表了银矿开采加工某一方面的技术典范。金属（主要为铁或铜）制造类的工业遗产共有5处：恩格尔斯堡铁矿工场、铁桥峡谷、弗尔克林根钢铁厂、布莱纳文工业景观和法伦大铜山采矿区。这几处工业遗产的入选主要是基于其在工业革命后金属冶炼技术方面的突出成就；在国际上影响较大的煤矿工业遗产——德国鲁尔区关税同盟煤矿工业区则是因为其独特的包豪斯风格建筑和工厂群入选。

1. 根据联合国教科文组织世界遗产中心网站 http://whc.unesco.org/ 相关内容整理。

表1-1　世界遗产名录中的矿冶工业文化遗产[1]

序号	矿冶工业遗产	列入年份	国家/地区	使用标准	开采时代	简要说明
1	石见银山遗迹及其文化景观	2007、2010	日本/亚洲	ii、iii、v	1526-1923	位于本州岛西南部的石见银山遗迹是一组山脉，海拔600米，被深深的河谷截断，以大型矿藏、熔岩和优美的地貌为主，是16世纪至20世纪开采和提炼银矿的矿山遗址。这一带还有用来将银矿石运输至海岸的运输路线，以及通往韩国和中国的港口城镇。通过运用尖端技术开采和提炼出来的大量优质白银，大大促进了16世纪至17世纪日本和东南亚经济的整体发展，促进了日本白银和黄金的大规模生产。矿山现在被浓密的森林所覆盖。遗址上还建有堡垒、神龛、部分山道运线以及三个运输银矿的港口城镇：Tomogaura、Okidomari 和 Yunotsu。 石见银山开创了世界规模的重要经济文化交流，大量完好地保留了采用传统技术的银生产方式，且完整而明确地展示了从银的生产到运出的整个过程。
2	明治工业革命遗迹：钢铁、造船和煤矿	2015	日本/亚洲	ii、iv	1853-1910	该遗产包括23个组成部分，分布在山口、福冈、佐贺、长崎、熊本、鹿儿岛、岩手、静冈8个县中的11个市，主要位于日本西南部。这些建筑群见证了日本19世纪中期至20世纪早期以钢铁、造船和煤矿为代表的快速的工业发展过程。该遗产展示了19世纪中期封建日本从欧美引进技术，并将这些技术融入本国需要和社会传统中的过程。这个过程被认为是非西方国家第一次成功引进西方工业化的示例。
3	翁比林煤矿工业遗址	2019	印度尼西亚/亚洲	ii、iv	19世纪末至20世纪初-2002年	这一工业遗址由荷兰殖民政府于19世纪末至20世纪初建设，用于开采、加工和运输苏门答腊一偏远地区的优质煤炭。建造该工程的劳动力包括在当地招募的劳工和来自荷属地的劳改犯。遗址包含采矿地、矿区集镇、位于德鲁巴羽港的煤炭仓储设施以及连接矿区和海港的铁路网。翁比林煤矿遗产地是一个能够进行高效的深度采矿、加工、运输和出口煤炭的综合体系，也是当地知识和实践与欧洲技术交流和融合的杰出见证。

序号	矿冶工业遗产	列入年份	国家/地区	使用标准	开采时代	简要说明
4	拉默尔斯堡矿山，戈斯拉尔古城和上哈茨的水动力采矿系统	1992、2010	德国/欧洲	i、ii、iii、iv	968-1988	哈兹地区拉默尔斯堡矿山的铜、铅、锡矿从11世纪一直开采到20世纪80年代。从地表和地下遗迹来看，都是欧洲采矿设施和实践的杰出见证，特别是中世纪和文艺复兴时期的遗迹。Walkenried西多会修道院的遗迹和上哈尔茨的矿山是欧洲首次系统地开采有色金属矿石（包括银、铅、锡和铜），并为此开发了水资源管理系统的见证。戈斯拉尔城位于拉默尔斯堡矿山附近，由于拥有丰富的金属矿藏资源，戈斯拉尔城在汉撒同盟中占有重要的地位。从10世纪到12世纪，这里一直是日尔曼民族神圣罗马帝国的中心城市之一。该遗址中有许多保存完好的中世纪历史建筑，其中约1500处半木结构的房屋，可以追溯到公元15世纪至19世纪。上哈茨水处理系统，具有广大的范围，包括大量的人工池塘、沟渠排水和地下竖井，证明从中世纪直到20世纪结束的过程中，矿业生产中对于水的管理和使用的重要性。
5	弗尔克林根钢铁厂	1994	德国/欧洲	ii、iv	1873-1986	弗尔克林根钢铁厂占地6公顷，构成了弗尔克林根市的主体部分。尽管这个工厂已经停产，但它仍然是整个西欧和北美地区现存唯一一处保存完好的综合性钢铁厂遗址，向人们展示着19世纪和20世纪时期建造和装备的钢铁厂风貌。弗尔克林根钢铁厂开发出几项生铁制造的重大技术创新，这些技术创新现已在全球范围内得到普遍的应用。弗尔克林根钢铁厂是19世纪和20世纪早期主导生铁制造业的综合钢铁工厂的杰出典范。
6	埃森的关税同盟煤矿工业区	2001	德国/欧洲	ii、iii	1847-1993	位于北莱茵－威斯特法仑（Nordrhein-Westfalen）专区的普鲁士"关税同盟"工业区完整保留着历史上煤矿的基础设施，那里的一些20世纪的建筑也展示着杰出的建筑价值。工业区的景观见证了过去150年中曾经作为当地支柱工业的煤矿业的兴起与衰落。
7	哈尔施塔特－达赫斯泰因·萨尔茨卡默古特文化景观	1997	奥地利/欧洲	iii、iv	公元前2000年-20世纪中叶	在萨尔茨卡默古特秀美的自然景观中，从史前时代起就有了人类活动。早在公元前2000年，人类就开始在这里开采盐矿。一直到20世纪中叶，这项资源一直是该地区繁荣昌盛的基础，这里的繁华从哈尔施塔特城的精美建筑中可见一斑。
8	维利奇卡和波奇尼亚皇家盐矿	1978、2008、2013	波兰/欧洲	iv	13世纪-1996年	维利奇卡和波奇尼亚的岩盐矿床开采始于13世纪。这个大型工业企业具有皇室地位，是欧洲最古老的工业企业。该系列遗产包括维利奇卡、波奇尼亚盐矿和维利奇卡盐场城堡。维利奇卡盐矿和波奇尼亚皇家盐矿说明了从13世纪到20世纪欧洲采矿技术发展的历史阶段，矿山都有数百公里画廊的艺术作品、

续表

序号	矿冶工业遗产	列入年份	国家/地区	使用标准	开采时代	简要说明
8	维利奇卡和波奇尼亚皇家盐矿	1978、2008、2013	波兰/欧洲	iv	13世纪–1996年	地下教堂，在盐中雕塑出栩栩如生的人物，把美丽的神话传说和故事呈现出来。这些矿山在管理和技术上由维利奇卡盐场城堡管理，该城堡可以追溯到中世纪，在其历史进程中已经被重建了几次。克拉科夫的维利奇卡盐矿管理有序、技术先进，这一点确保它从中世纪开始在竞争中得以存活下来，为大型工业企业提供了一个很好的范例。维利奇卡盐矿既是盐矿，也是博物馆。由于它的坚固性和保存的完整性，所以它能完全体现出贯穿整个世纪各个阶段的采矿技术的发展演变过程。盐矿里陈列的一系列的工具作为珍贵的、完整的物质遗留，见证了欧洲历史上很长一段时期内采矿技术的发展。
9	塔尔诺夫斯克山铅银锌矿及其地下水管理系统	2017	波兰/欧洲	i、ii、iv	中世纪开始	该遗产位于波兰南部的上西里西亚，是欧洲中部的主要矿区之一，包括整个地下矿井，有坑道、竖井、走廊和其他水管理系统。大部分遗产位于地下，而地表采矿的地形特征是竖井和废物堆的遗迹，以及19世纪蒸汽抽水站的遗迹。水管理系统的各个组成部分位于地下和地表，证明了三个多世纪以来人们一直不断努力排出地下开采区的水，并利用矿井中的不良水作为城镇工业用水。塔尔诺夫斯克山铅锌矿对全球铅和锌的生产做出了重大贡献。
10	科舍米翁奇的史前条纹燧石矿区	2019	波兰/欧洲	iii、iv	公元前3900–前1600年	该遗产位于圣十字省的山区，由4个采矿点组成。这些采矿点可追溯至新石器时代和青铜时代（公元前3900–1600年），开采和加工的条纹燧石用于石斧制造。该矿区包含地下采矿结构、燧石锻造工坊、4000多口矿井，是迄今发现的最全面的史前地下燧石采集和开发系统之一。该遗产地提供了关于史前人类定居点的生活和工作情况的信息，并见证了已灭绝的文化传统，是史前时期和用于工具生产的燧石开采在人类历史上的重要性的突出见证。
11	厄尔士/克鲁什内山脉矿区	2019	捷克与德国共享/欧洲	ii、iii、iv	12–20世纪	该矿区位于德国东南部（萨克森）和捷克西北部。这个跨国世界遗产包括22个组成部分，它们代表了矿区的空间、功能、历史和社会技术完整性。厄尔士/克鲁什内山脉又称"金属山脉"，蕴藏着各种金属，当地的采矿活动可追溯到中世纪。在1460–1560年间，这里是欧洲最大的银矿开采地，触发了当时的技术革新。锡是在该矿区历史上第二种被提取和加工的金属。19世纪末，厄尔士/克鲁什内山脉矿区成为世界上重要的铀出产地。800年（12–20世纪）几乎从未间断的采矿活动在这里留下了矿山、先进的水利管理系统、创新的矿物加工和冶炼场地、矿区市镇等遗产，深刻影响了金属山脉的文化景观。

序号	矿冶工业遗产	列入年份	国家/地区	使用标准	开采时代	简要说明
12	历史名城班斯卡—什佳夫尼察及其工程建筑区	1993	斯洛伐克/欧洲	iv、v	13–18世纪	几个世纪以来，许多著名的工程师和科学家到访此地，让这个城镇名气大增。这个古老的中世纪采矿中心，逐渐演变成为一个城镇，有文艺复兴时期的宫殿、16世纪的教堂、精致的广场和城堡。城镇的中心和周围的环境融为一体，还保留着过去采矿和冶金活动的重要遗迹。 班斯卡—什佳夫尼察是一个古老的矿区，从13世纪到18世纪，这里是最重要的贵重金属采矿中心。该矿区开采加工贵重金属特别是金银的历史可追溯到青铜器时代，并且以独特方式持续开采至现代的一个杰出典范。班斯卡–什佳夫尼察和其周围地区是城市和工业的综合体。
13	恩格尔斯堡铁矿工场	1993	瑞典/欧洲	iv	17–18世纪	17世纪和18世纪时期，瑞典生产的铁是一流产品，在全世界同行业中处于领先位置。恩格尔斯堡铁矿工场是瑞典铁矿工场保存最好最完整的范例。
14	法伦的大铜山采矿区	2001	瑞典/欧洲	ii、iii、v	13世纪–1992年12月	法伦大矿坑庞大的开采挖掘是遗产中最惊人的景观，表现了该地区的采矿活动至少开始于13世纪。17世纪开始规划的法伦镇有许多精美的历史性建筑，加之达拉纳地区工业经济时代和家庭经济时代的大量居民遗址，展示给世人一幅几个世纪前世界上最重要的采矿区的生动画面。
15	勒罗斯矿城及周边地区	1980、2010	挪威/欧洲	iii、iv、v	1644–1977	勒罗斯城的历史与当地铜矿开采紧密相连，发现于17世纪的铜矿，其开采利用一直持续到1977年。勒罗斯城在1679年被瑞典军队夷为平地，之后进行了重建，迄今城中仍有约2000幢一、两层的木制房屋以及一座铸造厂。许多木屋仍然保持着黑色的建筑外墙，呈现出一派中世纪的城市风格。2010年内扩展的部分由包括勒罗斯城及其工农业文化景观；费门兹塔铸造厂及其相关区域，以及冬季运输道路等一系列遗址组成。缓冲区与丹麦–挪威皇室（1646年）授予采矿企业的特权区域范围一致，这一遗产的价值在于体现了如何在气候严酷而偏远的地区，建立起一种以铜矿开采为基础的文化。
16	斯皮耶纳新石器时代燧石矿	2000	比利时/欧洲	i、iii、iv	新石器时代	斯皮耶纳新石器时代的燧石矿面积达100多公顷，是欧洲最大且最早的古代矿坑汇集地。这些燧石矿的非凡在于提炼技术的多样化，及其与当时人类聚落之间的直接联系。
17	瓦隆尼亚采矿遗迹群	2012	比利时/欧洲	ii、iv	19世纪早期–20世纪下半叶	瓦隆尼亚采矿遗迹群位于比利时南部，共有4处矿区（格朗霍奴矿区、布瓦杜吕克矿区、卡齐尔矿区和布雷尼矿区）组成，分布在一条长170公里、宽3–15公里的地带上，自东向西横穿比利时。在比利时19世纪早期至20世纪下半叶开采煤矿的地点中，这几座

序号	矿冶工业遗产	列入年份	国家/地区	使用标准	开采时代	简要说明
17	瓦隆尼亚采矿遗迹群	2012	比利时/欧洲	ii、iv	19世纪早期-20世纪下半叶	矿区是现存最完好的。这些遗址是典型欧洲工业时代早期乌托邦建筑风格前期的作品,与工业化和城市建筑群高度融合(特别是建筑师布鲁诺·雷纳德于19世纪上半叶设计的格朗霍奴煤矿和工人城市)。在布瓦杜吕克矿区,保存有大量建造于1838年至1909年间的建筑物,以及一座可以追溯到17世纪晚期开发的欧洲最古老的煤矿。尽管瓦隆地区曾拥有数百座煤矿,但其中的大部分煤矿已经失去了它们的基础设施,而被列入的4个矿区遗址却保持着高度的完整性。该遗址群见证了早期工业革命的技术,记录了欧洲大陆工业革命之后采矿业的发展,在技术和社会层面上发挥了重要的示范和带头作用。
18	从萨兰-莱班大盐场到阿尔克-塞南皇家盐场的敞锅盐生产	1982、2009	法国/欧洲	i、ii、iv	中世纪或更早时间-1962	阿尔克-塞南皇家盐场位于贝桑松附近,是由克劳德·尼古拉斯·杜勒创建的。它始创于路易十六统治时期的1775年,是工业建筑上第一个重大成就,反映了启蒙的进步思想。这座庞大的半圆形建筑被认为是合理的带有等级性的建筑结构,它可能已经被一座理想化的城市所效仿,只是从来还没有实现过。 萨兰-莱班的大盐场,从中世纪或更早时间就已经开始提取盐水,是一个开放式制盐场。它的建成至少有1200年的历史,直至1962年停止产盐。从1780年到1895年,其食盐水穿越21公里的木管输送到达阿尔克-塞南皇家盐场。盐场建于巨大的乔氏森林附近,以确保木柴燃料的供应。13世纪建成的盐场地下输送盐水长廊,以及19世纪的液压泵如今仍然可发挥其功能。从锅炉房可显示制盐工人制取"白金"(盐)的艰辛。2009年,萨兰-莱班大盐场被扩展进入遗产项目,扩展部分拥有三个别具特色的建筑物:盐库、Amont井建筑和一个之前的住所,与皇家盐场相连。该地区是法国制盐业的历史见证。
19	北部-加来海峡的采矿盆地	2012	法国/欧洲	ii、iv、vi	18世纪-20世纪	18世纪至20世纪的300年中,北部-加来海峡的景观受到了煤矿开采的显著影响。在超过120000公顷的遗址内有109个独立组成部分,包括矿井(最早的一个建于1850年)及升降设施、矿渣堆(有些占地达90多公顷,高140多米)、煤矿运输设施、火车站、工人房产及采矿村庄;村庄又包括社会福利住房、学校、宗教建筑、卫生和社区设施、公司员工、所有人及经理的住宅、市政厅等等。北部-加莱海峡的采矿盆地遗址见证了从19世纪中期到1960年探索创造模范工人城市的努力,更见证了欧洲工业时代中富有重要意义的一个重要时期。它是工人生活条件的记录,正是在这样的环境中工人越发地团结到一起。

序号	矿冶工业遗产	列入年份	国家/地区	使用标准	开采时代	简要说明
20	铁桥峡谷	1986	英国/欧洲	i、ii、iv、vi	–	铁桥峡谷是工业革命的象征，包含了18世纪推动这一工业区快速发展的所有要素，体现了一个工业地区现代的发展成果，保留了过去的矿产中心、转换产业、制造工厂、工人区和运输网络，这些组成了一个有机整体，具有非常重大的教育意义。附近有1708年建成的煤溪谷的鼓风炉，以纪念此地焦炭的发现。连接铁桥峡谷上的桥是世界上第一座用金属制成的桥，煤溪谷的冶炼高炉和铁桥对科学技术和建筑学的发展产生了巨大影响。
21	布莱纳文工业景观	2000	英国/欧洲	iii、iv	1675–1980	布莱纳文工业景观在物质形式方面代表了19世纪工业社会中社会和经济的结构，也是19世纪工业景观的一个杰出且保存完整的典范，证明了在19世纪，南部威尔士是世界上主要的铁和煤的生产地。今天，人们还可以看到所有必要的证据：煤矿和矿石矿、采石场、原始铁路系统、熔炉、工人住所和他们社区的社会基础结构。
22	康沃尔和西德文矿区景观	2006	英国/欧洲	ii、iii、iv	4000多年前–19世纪60年代	4000多年前，锡矿和铜矿开采业曾经在这里扮演了重要的角色，如今很多地区仍然残留着这些矿产的遗迹。由于18世纪到19世纪早期铜矿和锡矿开采的迅速发展，康沃尔和西德文的大部分景观发生了很大变化。地表深处的地下矿井、动力车间、铸造厂、卫星城、小农场、港口和海湾，以及各种辅助性的产业都体现了层出不穷的创新，正是这些创新使该地区在19世纪早期生产了全世界三分之二的铜。矿区遗址体现了康沃尔郡和西德文郡对于英国其他地区工业革命做出的巨大贡献，以及该地区对全球采矿业产生的深远影响。康沃尔的技术体现于出口到全世界的发动机、动力车间和采矿设备。康沃尔郡和西德文郡是采矿技术迅速传播的中心地带。19世纪60年代，该地区的采矿业逐渐衰落，于是大量矿工迁移到其他具有康沃尔传统的矿区生活和工作，比如南非、澳大利亚、中美洲和南美洲，在那里仍然保留着康沃尔式的动力车间。
23	拉斯梅德拉斯	1997	西班牙/欧洲	i、ii、iii、iv	1世纪–3世纪	1世纪，罗马帝国统治者开始在西班牙西北部的拉斯梅德拉斯地区利用水利技术采金、淘金。经过两个世纪的开采后，罗马人撤走了，只留下一片废墟。从那以后，由于当地再未兴办过任何工业，所以独特的古代技术遗迹被保留了下来。从当地比比皆是的山崖峭壁和大片尾矿中，我们就能清楚地看出古代人劳动的痕迹。现在，广大的尾矿区被用于农业耕作。

序号	矿冶工业遗产	列入年份	国家/地区	使用标准	开采时代	简要说明
24	水银遗产：阿尔马登与伊德里亚	2012	西班牙与斯洛文尼亚共享/欧洲	ii、iv	1490年以前-现在	这一遗产包括阿尔马登和伊德里亚的水银采矿遗址，阿尔马登早在古代就已开始提取这里的汞矿，伊德里亚则是在公元1490年首次发现汞的存在。西班牙的遗产部分包括展现采矿历史的建筑物，如雷塔马尔城堡、宗教建筑和传统民居等。伊德里亚遗址以当地水银商店和基础设施，以及矿工宿舍、矿工剧院等为主要特点。这一遗产见证了水银的洲际贸易，以及数百年间在此基础上发展起来的欧洲与美洲重要交流史。这两处遗址是世界上两座最大的汞矿，对它们的开采一直延续到了不久之前。
25	布基纳法索古冶铁遗址	2019	布基纳法索/非洲	iii、iv、vi	公元前8世纪-19世纪	该遗址由5个遗产点组成，分布于布基纳法索的不同省份，包含15个立式炉灶、若干熔炉基座、矿坑及居住遗迹。Douroula是布基纳法索最早（公元前8世纪）进行冶铁活动的场所。Tiwga、Yamane、Kindibo和Bekuy则见证了1000年后当地日益密集的冶铁活动。尽管如今已不再使用这些古老的冶铁技术，但当地村镇的铁匠仍在提供生产工具、举办仪式活动中发挥着重要作用。
26	波托西城	1987	玻利维亚/南美洲	ii、iv、vi	1542-19世纪中期	在16世纪，波托西城被认为是世界上最大的工业复合体。银矿提炼的需要使得这里出现了一系列的水利矿场。遗址包括塞雷里科工业建筑，复杂的引水渠和人造湖系统为该地提供水源；这座殖民城拥有卡萨德拉莫内达集镇、圣洛伦佐教堂、一些贵族住宅区和工人居住区。 波托西城的发展是和一件具有重要普遍意义的事件直接且明显地联系在一起：16世纪波托西城大量进口西班牙塞维利亚的稀有金属，导致西班牙货币的大量流入，波托西城的经济发生了很大的变化。1568年琼·博丹分析了厄尔士山脉银矿的衰落、货币危机和通货膨胀的原因，发现就欧洲而言，导致这些现象产生的是波托西塞罗的采矿业的发展。然而，和利马随之和布宜诺斯艾利斯建立的贸易关系网络对于安第斯地区和整个南美洲大陆来说，都是一个重要的成果。波托西作为以现金为基础进行货物买卖的巨大市场，在17和18世纪成为了无形的世界贸易枢纽。
27	亨伯斯通和圣劳拉硝石采石场	2005、2011、2019	智利/南美洲	ii、iii、iv	1862-1958	亨伯斯通和圣劳拉硝石采石场遗址由200多个以前的采矿点组成，来自智利、秘鲁和玻利维亚的工人就居住在企业生活区中，形成了独特的社区文化。这种文化体现在他们丰富的语言、创造力和团结力上，尤其是争取社会公正的先锋精神，这对社会历史产生了深远的影响。此处遗址位于地球上最干燥的沙漠之一、偏远的潘帕沙漠地区。从1880年开

序号	矿冶工业遗产	列入年份	国家/地区	使用标准	开采时代	简要说明
27	亨伯斯通和圣劳拉硝石采石场	2005、2011、2019	智利/南美洲	ii、iii、iv	1862-1958	始，成千上万名来自智利、秘鲁和玻利维亚的矿工就在这样恶劣的环境下生活和工作了60多年，开采世界上最大的硝石矿，生产化肥硝酸钠，用于改造北美洲和南美洲以及欧洲的农田，并为智利创造了巨大财富。由于这里的建筑物容易遭到破坏，最近又受到地震影响，2005年列入了《濒危世界遗产名录》，以便募集资源，对其实施保护。2019年从《濒危世界遗产名录》中移除。
28	塞维尔铜矿城	2006	智利/南美洲	ii	1905-20世纪70年代	塞维尔采矿小镇建于20世纪早期，位于智利首都圣地亚哥以南85公里处，处于安第斯山海拔2000米以上的极端气候环境中，是布瑞登铜业公司在厄尔特尼恩特这一世界最大的地下铜矿中为工人修建的工房。在当地劳动力与工业化国家的资源相融合，开采和冶炼高价值自然资源的过程中诞生了这个小镇，它是位于世界偏远地区企业生活区的杰出典范。在巅峰时期，塞维尔拥有15000名居民，但在20世纪70年代小镇的大部分被废弃。小镇沿着从火车站升起的庞大的中心阶梯而建，地势非常陡峭，轮式车辆根本无法抵达。沿着大路分布着种有观赏树木和植物的不规则方形区域，构成了小镇的主要公共活动区或广场。在中央阶梯之外，环山小路通往较小的广场和连接小镇其他区域的二级阶梯。沿街建筑是由原木搭建的，通常漆成鲜艳的绿色、黄色、红色和蓝色。这些房屋由美国设计，其中大多数是按照美国19世纪的风格建造的，但是其他建筑，如工艺学校（1936年）则是现代主义灵感的产物。塞维尔是20世纪唯一一座为全年度使用而在山区建造的大规模工业采矿住区。
29	欧鲁普雷图历史名镇	1980	巴西/南美洲	i、iii	1698-19世纪	欧鲁普雷图历史名镇，位于巴西东南部的米纳斯吉拉斯州，是葡萄牙殖民统治时期著名的矿业城市。欧鲁普雷图又称黑金城，始建于1698年，以出产黄金著称，是18世纪黄金潮的焦点和巴西的黄金年代。随着19世纪金矿资源的枯竭，欧鲁普雷图的影响下降，但是许多的教堂、桥梁和喷泉仍然保留着，作为过去城市繁荣和巴洛克雕刻家亚历昂德里诺非凡才华的见证。
30	瓜纳华托历史名镇及周围银矿	1988	墨西哥/北美洲	i、ii、iv、vi	1548-18世纪	瓜纳华托城由西班牙人在16世纪初期建立，到18世纪时，它发展成为世界上最主要的银矿开采中心。这段历史可以从其现存的"地下街"和"地狱之口"得到证实，"地狱之口"指的是当地的一口矿井，其深度竟然达到了600米。瓜纳托城矿山鼎盛时期建造了许多巴洛克风格和新古典主义风格的建筑，这对于整个墨

续表

序号	矿冶工业遗产	列入年份	国家/地区	使用标准	开采时代	简要说明
30	瓜纳华托历史名镇及周围银矿	1988	墨西哥/北美洲	i、ii、iv、vi	1548-18世纪	西哥中部的建筑风格产生了深远影响。那里的两座教堂,拉科姆帕尼阿教堂和拉巴伦宪阿教堂,被认为是中美洲和南美洲地区最漂亮的巴洛克式建筑。瓜纳托城同时也见证了改变墨西哥历史的许多重大事件。
31	萨卡特卡斯历史中心	1993	墨西哥/北美洲	ii、iv	1546-20世纪上半叶	萨卡特卡斯城建于1546年,因为当时在这里发现了一个储量丰富的银矿。该城在16世纪至17世纪达到了繁荣顶点。萨卡特卡斯城建造在一个狭窄河谷的陡坡上,周围环境景色怡人,城中保留有许多古老的宗教建筑和民居建筑。建于1730年到1760年间的大教堂占据了城镇的中心位置,它以其和谐的设计以及教堂正面的巴洛克风格而闻名,来自欧洲的装饰品和当地的饰物被安放在一起,体现出别具特色的美。

1.1.2 国际矿冶工业文化遗产的保护更新研究

1973年首次在英国铁桥(Ironbridge)召开的工业考古国际会议就已显示出工业考古对重工业遗产领域的关注。随后的国际会议也都在著名的重工业区举行,包括1975年的德国鲁尔区以及1978年的瑞典原采矿冶金核心区贝里斯拉根。事实上,几乎任何一次国际工业遗产保护委员会的会议都会涉及重工业遗产内容,匈牙利会议则是将重工业遗产作为会议主题明确提出。

图1 铁桥峡谷全影(图片来源:彭雪摄)

图2 铁桥峡谷(图片来源:彭雪摄)

　　1999 年 9 月，国际工业遗产保护委员会在匈牙利召开国际会议，会议主题是"转变中的经济结构——挑战中的工业遗产"。该会议主要关注中东欧地区的重工业（冶金、煤矿业）遗产。以某一地区特定工业类型为主要讨论对象是此次会议的重要特点之一。会议为期一周，由匈牙利米什科尔茨大学与国际工业遗产保护委员会组织，并得到匈牙利矿业冶金联合会、匈牙利历史协会、国际古迹遗址理事会匈牙利分会和科西策工业大学冶金学院的支持。由于政治体制的突变和经济结构的调整，低迷的经济形势和大规模私有化的冲击，中东欧地区的采矿和冶铁遗产，尤其是 20 世纪的遗产，一直都被看做是国家的负担和缺陷，并没有被上升至文化遗产的高度。在这样的社会背景下，工业遗产的匈牙利国际会议成为重申工业遗产在欧洲整体文化遗产中重要地位的一次重大事件。会议倡导：无论是在法国还是匈牙利，在俄罗斯还是美国，工业文明在文化中所占的比重和价值仍然需要得到体现和捍卫。为了这一目标而努力宣传的人同样需要获得认可与支持。

　　2003 年的《下塔吉尔宪章》。重工业遗产是工业遗产中重要的产业构成类型，是工业文明的集中体现。针对工业遗产的最重要文件——《下塔吉尔宪章》，其命名地"下塔吉尔"是乌拉尔地区最具代表性的冶金重镇。国际工业遗产保护委员会于 2003 年俄罗斯召开的第 12 次全体会议上通过此宪章，这也体现出国际重工业遗产的代表性和重要性。工业考古学逐渐在很多工业化国家发展成为一个新的学术领域，而矿业冶金考古学一直是工业考古调查研究的重点。此次会议主要关注重工业遗产，并以矿冶工业为主要讨论对象。起源于旧石器时代的采矿业和起源于新石器时代的矿石冶炼在人类历史上长期存在。自 19 世纪中期起，由于对煤和铁的需求日益增长，煤矿开采和钢铁制造在一百多年的时间里主导着世界经济的发展，并成为第二次工业革命的标志。这些产业技术和组织的改进，比如大规模工厂的出现和工业网络的发展，使得自然景观发生巨大变化，广袤的重工业区得以建立。然而，20 世纪 60 年代起结构和地域的剧烈变动以及信息时代的来临，结束了这些传统重工业区域的增长期，导致它们进入衰退期，不计其数的煤矿和冶铁厂被迫关闭。

1.1.3 国际矿冶工业文化遗产的保护更新实践

在保护更新实践方面，对于矿冶工业文化遗产的保护主要由社会各界发起的保护及更新运动为主，政府相关部门与多方参与其中，在此仅列举部分具有代表性的矿冶工业文化遗产改造案例。

1.矿冶工业文化遗产的调查参与——英国公众参与实践工业遗产保护

该项"英国工业遗产公众开放研究"有针对性地筛选了英国境内600余处已向公众开放并受到保护的工业遗产进行调查研究，在工业遗产的保护展示方式、公众参与程度、管理运营模式和项目资金安排等方面作出了详细的调查、统计，为今后工业遗产的保护和开放奠定了坚实的基础。

在英国，工业遗产的保护除保证遗产本体被妥善保存并受到法定保护外，同时也十分注重工业遗产的开放和管理。工业遗产面向公众的开放和展示不仅能够有效促进遗产本体的保护，而且能在经济振兴和加强社区身份认同感等方面体现遗产的价值和重要性。"工业遗产公众开放"的调查研究便是针对工业遗产在社会作用方面的重要价值

图3　德文特河流域工厂群（图片来源：百度百科—德文特河流域工厂群https://baike.baidu.com/item/%E5%BE%B7%E6%96%87%E7%89%B9%E6%B2%B3%E6%B5%81%E5%9F%9F%E5%B7%A5%E5%8E%82%E7%BE%A4/12590315）

图4　康沃尔和西德文矿区景观（图片来源：世界遗产网站—康沃尔和西德文矿区景观http://whc.unesco.org/en/list/1215）

而开展的。此项研究调查了大量已向公众开放的工业遗产地，这些遗产向公众展示了传统工业技术和工业流程，运用各种方式阐释各遗产地自身的工艺特征和工业创新、发展涉及的广泛内容。这种依托工业遗产进行工业文化展示和阐释的开放方式，加强了公众对工业遗产的重视、理解和亲身感受。

"工业遗产公众开放"研究主要针对工业遗产的保护和管理方面的相关问题进行调查，具体内容包括：公众对工业考古的感兴趣程度以及延续或提高公众兴趣的前景；现有保存和开放的工业遗产地及场馆所反映的英国17世纪下半叶以来工业发展的程度；重要工业遗址修复和结构维护的情况；提高公众对工业建筑和遗址欣赏水平的必要措施；管理工业遗产的有效组织结构和融资计划等。

此项研究需要考察大众对一些特定工业遗产地的满意程度，因此研究中总结了当地环境的质量，并在保护工业遗产的历史背景下，为延续传统工业技艺、技巧创造就业机会。同时，该项研究也是英国政府振兴历史遗址战略及可持续发展政策的一部分，在鼓励大众关注工业历史环境及同时期生活环境的同时，也成为加强政府对历史环境保护的重要手段。

2.矿冶工业文化遗产区域重新振兴——德国鲁尔工业遗产区的创意转型 [1]

鲁尔工业区位于德国西部，形成于19世纪中叶，是德国以及世界最重要的工业区，是典型的传统工业地域，以采煤、钢铁、化学、机械制造等重工业为核心，工业产值曾占全国的百分之四十，被称为"德国工业的心脏"。

但在上世纪五六十年代以后，由于大批煤矿和钢铁企业的关闭导致了鲁尔区的衰落，然而善于思考的德国鲁尔人却运用一系列创新机制实现了城市发展模式的转型。经过多年的不断调整与改造，鲁尔区早已不是一个衰落的工业区，恰恰相反，它凭借继续发展的势头，取得了举世瞩目的成绩，也是资源型城市成功改造转型的经典案例。

鲁尔区建成区沿河成东西走向，自西到东的主要城市为杜伊斯堡、埃森、多特蒙德。德国政府出台复兴改造计

1. 根据《德国鲁尔工业遗产区的创意转型》，https://www.sohu.com/a/197844075_201359相关内容整理。

划，从1989年开始，已经在该地区完成了几十个建设项目，合称 Emscher Landscape Park 改造计划——这也是德国国际建筑展埃姆舍公园（IBA）的主题之一。改造与新增作品小到雕塑装置，大到建筑群、城市公园和水系治理。

鲁尔区改造最大的特点，就是大面积保留了原址的厂房和设施，并赋予它们新的功能。这在当时是革命性的，因为在这之前的一百年，人们开始意识到重工业对环境的污染，意识到工业园区内生活条件的恶劣，所以建设通常都是"在城市中引入自然"（例如1850s的纽约中央公园）。但鲁尔区改造者认为，一百年后社会已经改变，城市已经变得宜居，城市需要的不再是自然化，而是地域化（鲁尔区转型发展的核心理念"Think Globally, Act Regionally"）。

图5　埃森的关税同盟煤矿工业区（图片来源：彭雪摄）

图6　埃森的关税同盟煤矿工业区（图片来源：世界遗产网站—埃森的关税同盟煤矿工业区 httpwhc.unesco.orgenlist975gallery&index=1&maxrows=12）

3.矿冶工业文化遗产城镇遗产旅游——英国布莱纳文镇

在工业文化旅游取得阶段性成功之后，布莱纳文镇着手进行一系列增值性产业提升：第一，对原本荒芜的尾矿山体进行绿化，积极复原已失去百年的良好生态环境，令本地适合游客开展更多的户外休闲活动；第二，对列入世界遗产名录的64处工业遗址进行整合，串联为一条长17公里，中等速度步行需5-5.5小时的游线；第三，将部分工业遗址建筑改造为住宿、餐饮、购物和娱乐接待设施，满足游客长时停留和夜间活动需求。

　　通过这些措施，布莱纳文镇的游客人均停留时间和消费额在近十年间取得显著增长，游客活动特征向休闲度假型靠拢。该镇的就业岗位因旅游服务业的发展而有所增加，居民日渐回流。2004年，大矿井博物馆还获得英国最高博物馆奖——古尔本基安奖。由此，该镇实现了资源枯竭型城镇的第二轮转型，从工业文化旅游地演化升级为主题休闲度假地。

图7　布莱纳文工业景观（图片来源：世界遗产网站—布莱纳文工业景观http://whc.unesco.org/en/list/984/gallery/）

　　目前，布莱纳文镇已进入新一轮的城镇转型。在《布莱纳文工业景观世界遗产地管理规划2011–2016》中提出："布莱纳文工业景观世界遗产地合作伙伴组织的首要宗旨是保护该文化景观，令后代可以了解南威尔士地区对工业革命的卓越贡献。对布莱纳文工业景观的展示与推广，意在发展文化旅游，提供教育机会，并改善本地区的认知形象，以促进经济复兴。"

4. 矿冶工业文化遗产博物馆——波兰的维利奇卡盐矿博物馆

维利奇卡盐矿，位于波兰克拉科夫以南15公里，傍喀尔巴阡山，是一个从13世纪起就开采的盐矿，是欧洲最古老且仍在开采的盐矿之一。早在1000多年以前就在这里采盐，1290年获城市权。从14世纪起，维利奇卡盐矿已成为采矿业城市之一。15至16世纪是鼎盛时期。18至19世纪盐矿开始扩建，成为波兰著名的盐都。1976年被列为波兰国家级古迹。盐矿矿床长4公里，宽1.5公里，厚300~400米，巷道全长300多公里。迄今已开采9层，深度为327米，共采盐2000万立方米。

早在14世纪，波兰皇室就已发现了维利奇卡盐矿的观光价值，并将它开辟为私人会所。从15世纪开始，此地已成为备受欢迎的旅游胜地，游客就可以到盐矿内参观，地下的游览路线逐步形成，欧洲很多名人，如肖邦、哥白尼、歌德等都曾来此地游览。1744年矿工们在矿井内兴修了楼梯通道，在地下130多米深的巷道深处建起了博物馆、餐厅、娱乐大厅和教堂，保留了原有的盐湖和矿工们劳动场面的原貌，宛如一座地下城市。

维利奇卡盐矿博物馆在开展工业文化遗产旅游的同时，出售各种盐旅游纪念品，靠工业遗产旅游取得了良好的经济效益。为了开拓盐矿的使用功能，伴随旅游旺季的到来，这里还会举办音乐会、时装表演和各种宴会。除了供人参观，盐矿还开发了医用功能，1964年在盐矿第5开

图8　维利奇卡盐矿（图片来源：世界遗产网站—维利奇卡和波奇尼亚皇家盐矿 http://whc.unesco.org/en/list/32）

图9　维利奇卡盐矿（图片来源：世界遗产网站—维利奇卡和波奇尼亚皇家盐矿 http://whc.unesco.org/en/list/32）

采区 211 米深处开设了研究过敏性疾病的疗养所，1974 年又在矿井下建成了一座疗养院，供呼吸道疾病患者疗养治病。

1.2 中国矿冶工业文化遗产保护新形势

国家文物局 2016 年提出的《关于促进文物合理利用的若干意见》中就曾指出："文物利用仍然存在着文物资源开放程度不高、利用手段不多、社会参与不够以及过度利用、不当利用等问题。"中共中央办公厅、国务院办公厅 2018 年印发的《关于加强文物保护利用改革的若干意见》也指出"面对新时代新任务提出的新要求，文物保护利用不平衡不充分的矛盾依然存在，文物资源促进经济社会发展作用仍需加强；一些地方文物保护主体责任落实还不到位，文物安全形势依然严峻；文物合理利用不足、传播传承不够，让文物活起来的方法途径亟需创新；依托文物资源讲好中国故事办法不多，中华文化国际传播能力亟待增强；文物保护管理力量相对薄弱，治理能力和治理水平尚需提升。"

2020 年国家发展改革委等五部门印发《推动老工业城市工业遗产保护利用实施方案》也指出："当前，我国工业遗产保护利用工作相对薄弱，特别是一些工业遗产遭到破坏、损毁甚至消亡，亟需采取措施进行有效保护与合理利用。"工业遗产是一类价值突出、内涵丰富、极具时代特征的历史文化资源，应得到妥善保护和合理利用。保护和利用城市工业遗产，是善待社会历史资源、保持城市生机魅力与真实印记的科学文明之举。在城市发展过程中，通过工业遗产保护可以重塑城市物质空间特征和城市性格，突出城市文化特征。通过创新机制、开拓思路、积极保护，实现对此类新型文化遗产的有效保护与合理利用，成为今后这类新型文化遗产面临的现实问题。

1.2.1 中国工业文化遗产保护原则

为廓清中国工业遗产概况，理清新型文化遗产的整体保护思路，把握全局，为今后工业遗产的保护、展示工作提供理论依据和技术支持，2013年中国文化遗产研究院受国家文物局委托承担《工业遗产保护利用导则》（以下简称"导则"）编制工作，《导则》在确认工业遗产保护和利用的对象和要素的基础上，进一步明确评价与认定的程序和范围，并初步提出工业遗产保护研究的工作方法、内容建议以及展示利用的原则、策略和技术特征。《导则》的编制，综合考虑了城市总体规划、项目管理、文化创意产业发展等影响因素，提出了工业遗产管理利用的发展方向和可能途径。

为进一步细化工业遗产保护和利用的重点，并为今后大量工业遗产的保护、展示工作提供理论依据和技术支持，在《导则》的基础上，2018年中国文化遗产研究院编制了《文物保护利用规范—工业遗产（WW/T 0091-2018）》（以下简称"规范"），希望工业遗产保护可以成为"人类文化"和"生态准则"有机结合的一项文化政策，成为实现"环境友好型、资源节约型"社会的一项重要举措。《规范》对工业遗产的定义、范围、和时代给出了明确的限定，初步建立了工业遗产的价值体系框架与遴选标准，明确了工业遗产的保护利用原则与要求，是探索工业遗产有效保护和合理利用的行业规范，可以指导工业遗产保护利用的操作实施。

1.2.2 中国矿冶工业文化遗产资源保护利用现状

本文梳理了全国重点文物保护单位中与工业文化技术相关的遗产，共计281项（具体名单详见文末附表）。这些遗产主要集中在第六批（47项）、第七批（125项）、第八批（62项），分布区域集中在浙江（30项）、河南（25项）、江西（20项）、四川（19项）、江苏（16项）五省，古代工业遗址（149项）与近现代工业遗产（132项）数量相当，其中矿冶工业文化遗产73项（具体名单详见本章附表1-2）。

1.中国矿冶工业文化遗产资源特性

中国的矿冶工业文化遗产总体具备普遍的工业文化特

图10 文物保护利用规范—工业遗产（WW/T0091-2018）

征、鲜明的时代风貌特色和突出的物质空间特性。

（1）普遍的工业文化特征

中国的矿冶工业文化遗产既有大量年代久远的古代工业遗址，也有大量属于"近现代重要史迹和代表性建筑"一类的近现代工业遗产，具有不同年代、不同行业、不同兴办主体等特点，形成了当前中国类型丰富多样的工业文化遗产现状。在目前73处矿冶工业文化遗产中，1840年以前的石器时期、青铜时代、铁器时代等古代矿冶工业文化遗产就有50项，占总数的68%。

（2）鲜明的时代风貌特色

中国矿冶工业文化遗产分布与遗产年代关系紧密，区位特征明显，古代矿冶工业文化遗产主要分布在能源资源储备充裕、早期城市经济发达、人口聚集的区域，江西、河南、山东、浙江、广东5省就集中了26项，占古代矿冶工业文化遗产总数的52%，目前这些遗产基本上以古遗址的形式加以保护和展示利用。

中国很多近代工业发展主要集中分布在沿海、沿江城市，其中上海、青岛、广州、天津四个城市就集中了当时中国近现代工业企业总量的70%，武汉、无锡也拥有相当数量的工业企业。虽然当时很多企业因为战争原因搬迁至内地，使这种不均衡的分布情况在一定程度上得到了改善，但沿海、沿江以及开埠城市仍然是中国近现代工业企业最集中的发展区域，其中包含很多开创性的工业企业。它们中很大一部分延续至今，形成具有珍贵价值的工业遗产。

（3）突出的物质空间特性

中国矿冶工业文化遗产现存状况一般，在发展模式转型、城市迅速扩张的大背景之下，众多代表着过往矿冶工业历史的工业遗存难以完整保留。这些规模巨大、质量较好的工业遗产必然对于未来的区域、城市发展产生重要影响。

从遗产保护的角度来看，中国矿冶工业文化遗产的占地规模一般包括遗产本体及与其价值密切关联的环境区域。遗产本体是指为直接参与矿冶工业生产、再生产、运输、流通等环节的重要载体，环境区域则是指一定区域内矿冶工业生产所遗留下来的人类社会、文化、历史遗存。

表1-2　全国重点文物保护单位（第一批–第八批）中的矿冶工业文化技术相关遗产[1]

序号	国保单位编号	名称	所属批次	省市	年代	始建年代阶段
1	7-0232-1-232	双王城盐业遗址群	第七批	山东省	新石器时代、商、周、金、元	古代
2	5-0017-1-017	大井古铜矿遗址	第五批	内蒙古自治区	夏至周	
3	5-0129-1-129	奴拉赛铜矿遗址	第五批	新疆维吾尔自治区	夏至周	
4	5-0056-1-056	铜岭铜矿遗址	第五批	江西省	商至周	
5	7-0244-1-244	南河崖盐业遗址群	第七批	山东省	商至周	
6	2-0051-1-006	铜绿山古铜矿遗址	第二批	湖北省	周至汉	
7	4-0027-1-027	大工山—凤凰山铜矿遗址	第四批	安徽省	周至宋	
8	7-0150-1-150	晓店青墩遗址	第七批	江苏省	周、汉	
9	7-0246-1-246	杨家盐业遗址群	第七批	山东省	周	
10	7-0241-1-241	丰台盐业遗址群	第七批	山东省	周、汉、金	
11	4-0029-1-029	酒店冶铁遗址	第四批	河南省	战国至汉	
12	6-0147-1-147	下河湾冶铁遗址	第六批	河南省	战国至汉	
13	7-0023-1-023	付将沟遗址	第七批	河北省	战国至汉	
14	7-0321-1-321	舞钢冶铁遗址群	第七批	河南省	战国至汉	
15	8-0150-1-150	马鬃山玉矿遗址	第八批	甘肃省	战国至汉	
16	7-0413-1-413	普安铜鼓山遗址	第七批	贵州省	战国至汉	
17	5-0075-1-075	荥阳故城（古荥冶铁遗址）	第五批	河南省	汉	
18	5-0096-1-096	莲花山古采石场	第五批	广东省	汉至清	
19	5-0000-1-005	兆伦铸钱遗址	第五批	陕西省	汉	
20	6-0000-1-005	徐州汉代采石厂遗址	第六批	江苏省	汉	
21	6-0148-1-148	望城岗冶铁遗址	第六批	河南省	汉	
22	6-0149-1-149	瓦房庄冶铁遗址	第六批	河南省	汉	
23	6-0215-1-215	照壁山铜矿遗址	第六批	宁夏回族自治区	汉	
24	7-0325-1-325	铁生沟冶铁遗址	第七批	河南省	汉	

1. 根据国务院公布的第一批–第八批全国重点文物保护单位名录整理。

序号	国保单位编号	名称	所属批次	省市	年代	始建年代阶段
25	7-0000-1-001	房山大白玉塘采石场遗址	第七批	北京市	隋至清	
26	5-0032-1-032	宝山—六道沟冶铜遗址	第五批	吉林省	唐至五代	
27	6-0186-1-186	万山汞矿遗址	第六批	贵州省	唐至清	
28	7-0212-1-212	银山银矿遗址	第七批	江西省	唐、宋	
29	7-0214-1-214	包家金矿遗址	第七批	江西省	唐至明	
30	7-0215-1-215	凤凰山铁矿遗址	第七批	江西省	唐至明	
31	7-0211-1-211	宝山金银矿冶遗址	第七批	江西省	唐	
32	7-1943-6-007	芒康县盐井古盐田	第七批	西藏自治区	唐至中华人民共和国	
33	8-0060-1-060	五府山银铅矿遗址	第八批	江西省	唐宋	
34	8-0115-1-115	石望铸钱遗址	第八批	广东省	五代南汉	
35	7-0217-1-217	蒙山银矿遗址	第七批	江西省	宋至明	
36	7-0181-1-181	小南海石室	第七批	浙江省	宋至清	
37	7-0382-1-382	水口山铅锌矿冶遗址	第七批	湖南省	宋至清	
38	7-0333-1-333	宋陵采石场	第七批	河南省	宋	古代
39	7-1302-3-600	卓筒井	第七批	四川省	宋	
40	8-0053-1-053	宝丰银矿遗址	第八批	福建省	宋至明	
41	8-0127-1-127	大宁盐场遗址	第八批	重庆市	宋至民国	
42	7-1939-6-003	洋浦盐田	第七批	海南省	宋至中华人民共和国	
43	5-0000-1-004	高岭瓷土矿遗址	第五批	江西省	元至清	
44	7-0182-1-182	云和银矿遗址	第七批	浙江省	明	
45	8-0117-1-117	西樵山采石场遗址	第八批	广东省	明清	
46	6-0183-1-183	老君山硝洞遗址	第六批	四川省	明至清	
47	7-0403-1-403	重庆冶锌遗址群	第七批	重庆市	明至清	
48	8-0757-6-007	矾山矾矿遗址	第八批	浙江省	清至1994年	
49	3-0057-3-005	燊海井	第三批	四川省	清道光十五年（1835年）凿成	
50	8-0110-1-110	桐木岭矿冶遗址	第八批	湖南省	清	

续表

序号	国保单位编号	名称	所属批次	省市	年代	始建年代阶段
51	7-1888-5-281	东源井古盐场	第七批	四川省	始建于清咸丰八年（1858年）	1840年-1894年近代工业产生阶段
52	7-1658-5-051	本溪湖工业遗产群	第七批	辽宁省	清至民国	
53	6-0996-5-123	汉冶萍煤铁厂矿旧址	第六批	湖北省	清1890-1948年	
54	7-1886-5-279	吉成井盐作坊遗址	第七批	四川省	清	
55	7-1632-5-025	开滦唐山矿早期工业遗存	第七批	河北省	清	
56	7-1636-5-029	秦皇岛港口近代建筑群	第七批	河北省	清1881-1949年	
57	7-1777-5-170	坊子德日建筑群	第七批	山东省	1898-1945年	1895年-1911年近代工业初步发展阶段
58	7-1760-5-153	总平巷矿井口	第七批	江西省	清1898年	
59	8-0627-5-111	中兴煤矿公司旧址	第八批	山东省	1899年	
60	7-1774-5-167	淄博矿业集团德日建筑群	第七批	山东省	1904年	
61	7-1812-5-205	华新水泥厂旧址	第七批	湖北省	1907年创建	
62	4-0250-5-051	延一井旧址	第四批	陕西省	1907年	
63	7-1927-5-320	新疆第一口油井	第七批	新疆维吾尔自治区	1909年	
64	7-1638-5-031	正丰矿工业建筑群	第七批	河北省	1912-2004年	1912年-1936年私营工业资本迅速发展阶段
65	7-1904-5-297	宝丰隆商号	第七批	云南省	1916年	
66	8-0541-5-025	鞍山钢铁厂早期建筑	第八批	辽宁省	1920-1977年	
67	7-1923-5-316	玉门油田老一井	第七批	甘肃省	1939年	1937年-1948年战后复苏阶段
68	7-1799-5-192	洛阳涧西苏式建筑群	第七批	河南省	1954年	1949年-1965年新中国成立三线建设
69	7-1934-5-327	克拉玛依一号井	第七批	新疆维吾尔自治区	1955年	
70	8-0703-5-187	蓬基井	第八批	四川省	1958年	
71	5-0481-5-008	大庆第一口油井	第五批	黑龙江省	1959年	
72	7-1693-5-086	"铁人一口井"井址	第七批	黑龙江省	1960年	
73	8-0666-5-150	核工业711功勋铀矿旧址	第八批	湖南省	1960-1994年	

2.中国矿冶工业文化遗产资源保护利用现状

（1）矿冶工业文化遗产保护学术研究

2010年11月，中国首届工业建筑遗产学术研讨会在清华大学举办，学术研讨会由中国建筑学会工业建筑遗产学术委员会、清华大学建筑学院、中国文化遗产研究院共同举办。会上成立了"中国建筑学会工业建筑遗产委员会"，这是我国关于工业建筑遗产保护的第一个学术组织。中国建筑学会工业建筑遗产委员会作为国内工业建筑遗产保护的代表性组织，每年将选择具有代表性的工业遗产地城市召开工业遗产学术研讨会，借助委员会组织以及各种形式的交流研讨、现场考察等工作，针对国内工业遗产保护的研究将形成一个长期、系统的交流平台。至2020年，中国工业遗产学术研讨会已成功举办11届。

（2）行业管理中的工业遗产保护

为贯彻落实党的十九大关于加强文化遗产保护传承的决策部署，推动工业遗产保护和利用，2017年工业和信息化部在辽宁、浙江、江西、山东、湖北、重庆和陕西等省市开展试点工作，同时提出第一批国家工业遗产名单，该

表1-3　中国工业遗产学术研讨会主题及分析

会议批次	会议主题	工业遗产研究重点领域
第一届	中国工业建筑遗产调查研究	调查评估、基础研究
第二届	地区性工业建筑遗产的研究与保护	工业遗产保护、区域研究
第三届	工业城市与工业遗产	可持续发展、城市研究
第四届	工业遗产的田野调查与价值评价	调查方法、价值评估
第五届	都市乡愁与工业遗产	利益相关者情感分析
第六届	工业遗产的未来	工业遗产与城市规划
第七届	工业遗产的科学保护与创新利用	保护利用方式方法
第八届	工业遗产、文化创意产业与创新型城市发展	阐释传播、可持续发展
第九届	中国工业遗产的记忆、当下与未来	价值载体研究
第十届	砥砺奋进、铸就辉煌——新中国工业建设的发展历程、伟大成就、记忆及遗产	时间段研究
第十一届	决胜小康：改革开放中国工业建设的伟大成就和边疆地区工业遗产	时间段研究、区域研究

1. 根据工业和信息化部公布的第一批至第四批"国家工业遗产"名单整理。四批认定项目数量分别为：第一批11项、第二批42项、第三批49项、第四批61项。https://baike.baidu.com/item/%E5%9B%BD%E5%AE%B6%E5%B7%A5%E4%B8%9A%E9%81%97%E4%BA%A7%E5%90%8D%E5%8D%95/22944227?fr=aladdin

2. 其中第一批包括西华山钨矿、本溪湖煤铁公司、温州矾矿、汉冶萍公司等四处；第二批包括井陉煤矿、秦皇岛港西港、开滦矿务局秦皇岛电厂、开滦唐山矿、启新水泥厂、阳泉三矿、铁人一口井、洛阳矿山机器厂、铜绿山古铜矿遗址、王石凹煤矿、可可托海矿务局等11处；第三批包括大港油田港5井、开滦赵各庄矿、石圪节煤矿、抚顺西露天矿、吉州窑遗址、华新水泥厂旧址、自贡井盐、嘉阳煤矿老矿区、六枝矿区、贵州万山汞矿等10处；第四批包括夹皮沟金矿、庐江矾矿、铜岭铜矿遗址、新晃汞矿、锡矿山锑矿、易门铜矿、玉门油田老君庙油矿、茫崖石棉矿老矿区等8处。

3. 百度百科：中国国家矿山公园 https://baike.baidu.com/item/%E4%B8%AD%E5%9B%BD%E5%9B%BD%E5%AE%B6%E7%9F%BF%E5%B1%B1%E5%85%AC%E5%9B%AD/8322598?fr=aladdin

4. 根据百度百科中国国家矿山公园中的"中国国家矿山公园列表"绘制。https://baike.baidu.com/item/%E4%B8%AD%E5%9B%BD%E5%9B%BD%E5%AE%B6%E7%9F%BF%E5%B1%B1%E5%85%AC%E5%9B%AD/8322598?fr=aladdin

名单是工业和信息化部从行业管理角度经过申报、评审和现场核查认定的工业遗产名单，从2017年至2020年共公布四批，计163处。[1] 其中，每一批国家工业遗产中都包含了多处矿冶类的工业遗产[2]，矿产属性涉及煤、铁、铅、锌、锡、金、铜等，品类丰富数量众多。

为了唤起公众对工业遗产保护的关注、支撑科学决策，传承和发展城市文化，中国科学技术协会从2018年开始已经连续公布两批中国工业遗产保护名录，每批100处工业遗产。入选该名录的工业遗产主要是创建于洋务运动时期的官办企业和新中国成立之后的"156"项重点建设项目，其中涉及的矿冶遗产，两批共计47处。

（3）中国国家矿山公园[3]

中国的矿山公园，是矿山地质环境治理恢复后，国家鼓励开发的以展示矿产地质遗迹和矿业生产过程中探、采、选、冶、加工等活动的遗迹、遗址和史迹等矿业遗迹景观为主体，体现矿业发展历史内涵，具备研究价值和教育功能，可供人们游览观赏、科学考察的特定的空间地域。矿山公园设置国家级矿山公园和省级矿山公园，其中国家矿山公园由国土资源部审定并公布。包括取得国家矿山公园建设资格的单位和正式授予国家矿山公园称号的公园在内，全国共有61处国家矿山公园。

表1-4　中国国家矿山公园[4]

省份	公园名称	数量统计
北京	黄松峪国家矿山公园（2012年9月19日开园） 首云国家矿山公园（2012年9月29日开园） 怀柔圆金梦国家矿山公园（建设中） 史家营国家矿山公园（筹）	4
河北	唐山开滦煤矿国家矿山公园（2009年9月23日开园，国家4A级景区） 任丘华北油田国家矿山公园（建设中） 武安西石门铁矿国家矿山公园（建设中） 迁西金厂峪国家矿山公园（建设中）	4
山西	大同晋华宫矿国家矿山公园（2012年9月7日开园） 太原西山国家矿山公园（建设中）	2

省份	公园名称	数量统计
内蒙古	赤峰巴林石国家矿山公园（2008年8月28日开园） 满洲里市扎赉诺尔国家矿山公园（2008年8月30日开园） 林西大井国家矿山公园（建设中） 额尔古纳国家矿山公园（建设中）	4
辽宁	阜新海州露天矿国家矿山公园（2009年7月27日开园）	1
吉林	白山板石国家矿山公园（2007年8月19日开园） 辽源国家矿山公园（建设中） 汪清满天星国家矿山公园（筹）	3
黑龙江	嘉荫乌拉嘎国家矿山公园（2007年10月22日开园） 鸡西恒山国家矿山公园（2007年8月13日开园） 鹤岗国家矿山公园（2009年8月28日开园） 黑河罕达气国家矿山公园（建设中） 大兴安岭呼玛国家矿山公园（建设中） 大庆油田国家矿山公园（筹）	6
江苏	盱眙象山国家矿山公园（2009年6月20日开园） 南京冶山矿山公园（即将开园）	2
浙江	遂昌金矿国家矿山公园（2007年12月18日开园，国家4A级景区） 温岭长屿硐天国家矿山公园（建设中） 宁波宁海伍山海滨石窟国家矿山公园（建设中）	3
安徽	淮北国家矿山公园（即将开园） 铜陵铜官山国家矿山公园（建设中） 淮南大通国家矿山公园（建设中）	3
福建	福州寿山国家矿山公园（2008年12月底开园） 上杭紫金山国家矿山公园（建设中）	2
江西	景德镇高岭国家矿山公园（2008年11月15日开园） 德兴国家矿山公园（建设中） 萍乡安源国家矿山公园（建设中） 瑞昌铜岭铜矿国家矿山公园（筹）	4
山东	沂蒙钻石国家矿山公园（建设中） 临沂归来庄金矿国家矿山公园（建设中） 枣庄中兴煤矿国家矿山公园（建设中） 威海金洲国家矿山公园（建设中）	4
河南	南阳独山玉国家矿山公园（2008年4月16日开园） 焦作缝山国家矿山公园（建设中） 新乡凤凰山国家矿山公园（建设中）	3
湖北	黄石国家矿山公园（2007年4月22日开园，成为我国首座国家矿山公园，国家4A级景区） 应城国家矿山公园（即将开园） 潜江国家矿山公园（筹） 宜昌樟村坪国家矿山公园（筹）	4

续表

省份	公园名称	数量统计
湖南	宝山国家矿山公园（2012年9月13日开园） 郴州柿竹园国家矿山公园（建设中） 湘潭锰矿国家矿山公园（筹）	3
广东	深圳凤凰山国家矿山公园（2009年6月18日开园） 韶关芙蓉山国家矿山公园（2009年12月开园） 深圳鹏茜国家矿山公园（建设中） 梅州五华白石嶂国家矿山公园（建设中） 凡口国家矿山公园（筹） 大宝山国家矿山公园（筹）	6
广西	合山国家矿山公园（建设中） 全州雷公岭国家矿山公园（建设中）	2
重庆	重庆江合煤矿国家矿山公园（建设中）	1
四川	丹巴白云母国家矿山公园（2009年11月6日开园） 嘉阳国家矿山公园（2011年9月23日开园）	2
贵州	万山国家矿山公园（汞矿）（2009年10月28日开园）	1
云南	东川国家矿山公园（建设中）	1
陕西	潼关小秦岭金矿国家矿山公园（筹）	1
甘肃	白银火焰山国家矿山公园（建设中） 金昌金矿国家矿山公园（建设中）	2
青海	格尔木察尔汗盐湖国家矿山公园（建设中） 玉门油田国家矿山公园（筹）	2
宁夏	石嘴山国家矿山公园（建设中）	1
新疆	富蕴可可托海稀有金属国家矿山公园（筹）	1
合计		61

第二章
黄石矿冶工业文化遗产及环境

　　黄石矿冶工业文化遗产位于长江中游、湖北省东南部黄石市境内，该遗产为系列遗产，由铜绿山古铜矿遗址、汉冶萍煤铁厂矿旧址（含大冶铁矿天坑）和华新水泥厂旧址组成，它们共同构成了一个以矿产开采、冶炼、制造、加工为核心的矿冶遗址群，代表了中国古代青铜时期和中国现代工业化开端时期矿冶工业生产技术的最高水平。

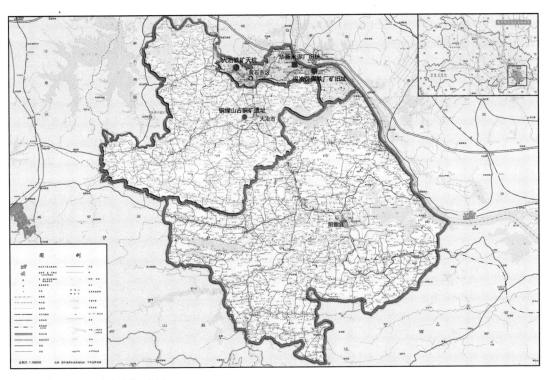

图11　黄石矿冶工业文化遗产区位图

2.1 遗产自然环境

2.1.1 自然地理条件

黄石是我国中部重要的原材料工业基地、沿江开放城市。现辖一市（大冶市）一县（阳新县）四个城区（黄石港区、西塞山区、下陆区、铁山区）和一个国家级经济开发区，全市国土总面积4583平方公里，全市常住人口247.07万（截止至2020年末）。[1]

黄石地形总的趋势是西南高，东北低，由西南向东北倾斜，地形破碎，局部地方形成不完整的山间盆地。岗地坡度一般较为平缓，沿江一带标高较低。延绵于湘江鄂赣三省边境的幕阜山脉，在阳新境内有大小山峰411座。进入大冶，分为大同山（又称南山）、天台山、龙角山、云台山、茗山、黄荆山等去脉。境内较大的山有东方山、黄荆山、云台山、父子山、七峰山等。最高峰为阳新境内的七峰山主峰南岩岭，海拔867.7米（吴淞高度，下同），次高峰为大冶太婆尖，海拔840米，最低处为阳新境内的富水南城潭河床，海拔8.7米。[2]

黄石襟江怀湖，山川形胜，风景秀丽。黄石境内幕阜山脉的黄荆山、东方山、大众山等幕阜山山体历史悠久，并与长江、大量湖泊，主要包括磁湖、石家湖、大冶湖、网湖、舒婆湖、北湖、王英水库、保安湖、三山湖等一起构筑山明水秀的传统城市格局，形成黄石城传统的"半城山色半城湖"山水自然背景。

长江自北向东流过市境，北起与黄石接址的鄂州市杨叶乡艾家湾，下迄阳新县上巢湖天马岭，全长76.87公里。市境内由富水水系、大冶湖水系、保安湖水系及若干干流、支流和大小湖泊组成本地区水系，湖泊面积占全市总面积的27%，大小河港有408条，其中5公里以上河港有146条，总河长1732公里。截至2017年，黄石市有湖泊258处，主要湖泊有11处，即：磁湖、青山湖、大冶湖、保安湖、网湖、舒婆湖、宝塔湖、十里湖、北煞湖、牧羊湖、海口湖，总承雨面积2469.76平

1. 概况信息，黄石市人民政府网站，http://www.huangshi.gov.cn/xxxgk/fdzdgknr/gkxx/
2. 黄石地理环境，黄石市人民政府网站，http://zrzy.huangshi.gov.cn/zwgk/fdzdgknr/qtzdgknr/dzzl/201512/t20151227_20246.html

方公里。水库 266 座，总库容25.05 亿立方米，黄石市水资源总量42.43 亿立方米，其中地下水资源量为8.05 亿立方米[1]。江湖相通，水质好，具备充裕的工农业用水，具有大力发展城镇、养殖的条件。市区形状成"人"字形，三面环山，一面临江，风光绮丽的磁湖镶嵌区中心，是一个盆地城市。城区中心地段海拔一般在20 米左右。

图 12　黄石市卫星影星影像图（图片来源：黄石市文物局提供，数据来源为北京视宝公司，2004 年拍摄，1∶25000，湖北省基础地理信息中心黄石市测绘管理办公室制作）

2.1.2 矿产资源丰富

黄石地区矿产丰富、品种齐全、储量庞大、共（伴）生矿多。列入储量表的矿产 42 种，约占全国矿产品类的34%。已探明的铁矿、铜矿、金矿储量居湖北省首位。铁矿、铜矿除铁和铜品位较高外，还共（伴）生有金、银、钴等多种有益成分。矿种配套程度高，有熔剂石灰岩、白云岩和冶金用矿等丰富的冶金辅助原料矿产。还有丰富的水泥石灰岩、水泥配料、玻璃用砂岩、富碱玻璃原料、天青石等。

单就铜矿资源分布来说，其特点是广泛而又相对集中。全国绝大部分省、市、自治区都有铜矿赋存，而主要矿区又集中于少数地区，依次为长江中下游铜矿带、川滇地区的云南东川、易门等矿区，中条山矿区和甘肃的白银

1. 黄石，百度百科，https://baike.baidu.com/item/%E9%BB%84%E7%9F%B3/208295?fr=aladdin#3_5

厂、金川矿区。这四大矿区的储量占全国总储量的三分之二以上。其中，尤以长江中下游铜矿带居于首位，湖北黄石的大冶矿区则为中国五大铜基地之一，铜绿山矿为国内屈指可数的大型富铜矿藏，素有"状元矿"之称。[1]

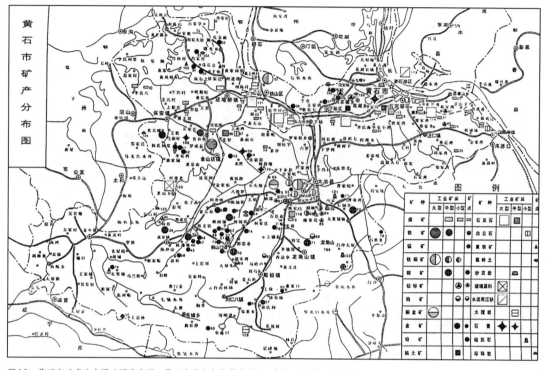

图13　黄石市矿产分布图（图片来源：黄石市地方志编纂委员会，《黄石市志》，中华书局，2001年第161页）

2.1.3 水利运输便利

公元前7世纪，楚庄王下令开凿连接长江与汉水的人工运河"江汉运河"，加强了"鄂王城"与楚都的水运贸易联系。公元前5世纪，鄂君启开辟了四条固定货运航线，形成了以长江中下游干流为纽带的四通八达的水运交通网。

东汉末年，黄石港逐渐形成，促进了冶铜业、农商各业以及水运业的发展。隋唐时期，黄石城改称土洑镇。依外江内湖舟楫之利，该镇在唐朝达到最鼎盛的时期，时有居民1.3万户，成为"士农工商，连檐如云"的商贸中心。"西矿东港，铁港联运"的近代工业物流格局延续至今，这一工业格局与黄石滨江、靠湖、临山的自然环境背景紧密结合，形成独特的城市格局。

1. 华觉明、卢本珊，《长江中下游铜矿带的早期发明和中国青铜文明》，自然科学史研究，1996（01），第4页。

铁铜煤多种矿产资源集中分布和优越的滨江水运条件，是黄石地区城镇发展的独特条件与动力根源。

2.2 遗产人文环境

2.2.1 黄石矿冶传统

从商朝一直到近现代，前后3000余年，采冶不衰，炉火未灭。城市的矿冶工业从古代至近代再到现当代一直持续至今发展成为现代工业支柱，成为黄石城市发展的主基调，成为中国矿冶文明的最强音，也是推动中华民族发展进步和重大历史事件的重要见证。

据考古调查得知，黄石地区古代文化遗存多与采矿、冶炼文化遗存共存，并以"矿冶之城"著称。黄石地区先秦遗址中约有三分之一以上的遗址时代为新石器至商周时期，其余的则为商周时代。此外，春秋时期的五里界城内出土有铜矿石、铜炼渣、炼铜的配矿材料方解石等；西汉早期的草王嘴城古城东南的田垄自然村，也遗存有大量炼铜炉渣堆积。从考古学角度讲，商周时期大冶地区的古代文化就是矿冶文化。

秦汉以后，黄石地区矿业开发、利用的品种越发多样化。大量考古发现可证明，铜绿山古铜矿在唐、宋时期再次进行了大规模的开采和冶炼。清末湖广总督张之洞兴办的大冶铁厂（现大冶钢厂）、大冶铁矿，奠定了黄石在我国近代重工业史上的先驱地位。

黄石矿冶生产传统规模空前。从铜绿山古代冶铜遗址发掘出的炼渣可推断出，当时生产的粗铜至少在十万吨以上。明初"兴国冶"年产铁一百万斤以上。到20世纪70年代，大冶铁矿年采原矿最高达505.1万吨，为共和国成立前最高年产145.2万吨的3.5倍。

黄石矿冶生产传统技术先进。古代铜绿山采矿在当时的生产条件下，创造了竖井、斜井、斜巷、平巷相结合，以及中段的开采方式，有效地解决了井下通风、排水、提升、照明和巷道支护等一系列复杂的技术问题。从古代炼渣分析中，古代冶炼出的铜纯度达到99%以上。近代铁矿、煤矿、铁厂的设施和设备均为同时期最高水平。

黄石矿冶生产传统引领风潮。19世纪80年代，洋务运动的代表人物张之洞在黄石创办了大冶铁矿，随后组建了汉冶萍公司，拉开了中国近代民族钢铁工业的序幕，黄石成为近代中国钢铁工业的发源地。湖北最早的铁路、最早的水泥厂、最早的电厂、最早的煤矿，相继在黄石诞生，黄石引领了中国工业文明的风潮。

历经3000多年，矿冶文化已经深深地扎根在黄石这片土地，矿冶文化的血脉深深流淌在黄石这座城市的各个角落，特别是那些历经千年浸润、百年风雨的老厂、老企业，以不屈的精神，不断地开拓，持续的发展，成为矿冶生产传统的传承者和见证者。

2.2.2 黄石矿冶元素

名人元素：历史的长河造就了历史名人，厚重的矿冶文化使黄石名人辈出、名士云集。清朝重臣张之洞是近代洋务运动的先驱，为了救国图强，他接任湖广总督，督办卢汉铁路，力排众议，1890年成立"湖北铁政局"，在武汉建汉阳铁厂，在黄石开发大冶铁矿（原料基地），创办了中国近代钢铁工业，并带动了煤炭（燃料基地）、水泥（建材基地）、电力工业（能源基地），为黄石发展成为我国的重工业基地奠定了基础。新中国成立后，毛泽东、董必武、胡耀邦等党和国家领导人也曾亲临黄石视察矿冶生产工作。

地名元素：黄石的大街小巷，有着密集且与矿冶密切相关的地名。上至一个市、一个区，下至一条路、一个公交站，一个个富有矿冶特色的地名，无不荣耀地在向世界告知，黄石，是一个三千年炉火熊熊燃烧的矿冶之都，无不彰显着一个城市独特的矿冶文明，无不讲述着与矿冶相关的历史及传说故事。比如，因铁矿闻名的"铁山"，"大兴炉冶"的大冶，又如黄金山、铜绿山、铜山口、金山

店、铜山村、黄石山、黄石矶、黄石城等等。黄石还有叫
石灰窑的地名，它直接与黄石市名称的由来相关。据史
料记载，石灰窑自古因有瑶山而得名，又因居民以烧石
灰为生，故历来以石灰窑名之。浓郁的矿冶气息充满整个
城市。

文学元素：勤劳智慧的黄石人民在3000多年的矿冶历
史长河中，不仅创造着丰富的物质财富，而且通过故事、
诗歌、民歌、传说等形式创造着反映人们生产、生活的矿
冶历史文学作品。公元226年，孙权在铜绿山和铁山采炼
铜铁制造刀剑，由此民间创作了《孙权铸造武昌剑》的故
事，流传至今。类似的还有《岳飞大冶铸剑》《彭德怀智
惩窑老板》等历史故事广泛流传。[1] 唐朝诗人张志和《渔
歌子》写西塞山：西塞山前白鹭飞，桃花流水鳜鱼肥，青
箬笠，绿蓑衣，斜风细雨不须归。北宋苏轼在黄石磁湖泛
舟，目睹"日日热浪扑面，夜夜霞光冲天"的冶炼景象
时，发出了"磁湖之石皆磁石"的感慨。

1.《黄石矿冶文化源远流长　带你走近"青铜古都"》，黄石日报2015年8月4日，黄石文明网，http://hbhs.wenming.cn/wenhuahs/201508/t20150804_1890193.shtml

2. 黄石市地方志编纂委员会，《黄石市志》上卷，中华书局，2001年，第97页。

表2-1　黄石市历史沿革简表[2]

朝代	建造变迁帝王纪年	公元纪年	市地建制名称	隶属	备注
夏				荆州	
商				荆州	
周	夷王七年	公元前887年	鄂王都城	楚国鄂王封地	是年，楚王熊渠伐杨粤至于鄂，封中子红为鄂王。西周末叶，鄂为楚都
春秋		公元前770-476年	鄂—楚国别都		
战国		公元前475-221年	鄂邑，先属楚，后属秦		公元前323年楚怀王启为鄂邑封君，铸造有"鄂君启节"
秦	昭襄王二十九年	公元前278年	取郢为南郡	南郡	公元前223年，秦灭楚，鄂为邑
汉	高祖六年	公元前201年	鄂县、下雉	江夏都	
三国（吴）	魏文帝黄初二年	公元221	武昌、阳新	武昌郡	孙权都鄂，改鄂为武昌，公元223年改为江夏郡
		208-280年	黄石城	江夏都	
西晋	武帝太康元年	280年	鄂县武昌、武昌阳新	武昌郡	惠帝元康元年（公元291年）武昌郡由荆州移江州
东晋	安帝义熙元至五年	405-409年	阳新	武昌郡	

续表

朝代		建造变迁帝王纪年	公元纪年	市地建制名称	隶属		备注
南北朝时期	宋	孝武帝孝建元年	454年	武昌阳新	同上		立郢州，武昌郡
	齐	高帝建元元年	479年	同上	同上		沿宋制
	梁	元帝承圣三年	554年	同上	同上		沿宋制
	陈	武帝永定元年至后主祯明三年	557-589年	阳新、西陵县	鄂州		梁侯景之乱后，西陵移治黄石矶
隋		文帝开皇九年	589年	富川			
		文帝开皇十八年	598年	永兴	同上		
		炀帝大业三年	607年	同上	江夏郡		
唐		高祖武德四年	621年	同上	鄂州		天复二年（公元902）昭宗封杨行密为吴王
		昭宣帝天佑二年	905年	吴国	同上		吴王置青山场院
五代十国	后梁	太平开平元年	907年	同上	同上		
	后周	恭帝显德五年	960年	南唐国	同上		
北宋		太祖乾德五年（南唐李煜七年）	967年	大冶县	同上		南唐后主李煜升青山场院为县治
		太宗太平兴国二年	977年	同上	永兴军 兴国军		
元		世祖至元十四年	1277年	同上	湖广行省		元顺帝至正十二年（公元1352）陈友谅据武昌，武昌县移至于保安
		世祖至元三十年	1293年	同上	兴国路		
明		太祖洪武元年	1368年	大冶县	湖广行省	兴国府	
		太祖洪武九年	1376年	同上		兴国周	
清		康熙三年	1664年	大冶县	武昌府		
		雍正元年至十三年	1723-1735年	同上	湖北省武昌府		
中华民国			1912年	同上	湖北省江汉道		1911年辛亥革命推翻清朝政府
			1927年	同上	鄂东革命委员会		中国共产党领导
				同上	鄂东南苏维埃政府		
				同上	湘鄂赣省苏维埃鄂东办事处		
			1932年	同上	湖北省第二专属		
			1935年	同上	湖北省第一专属		
			1938年	黄石示范区	大冶县		日本侵占时期
			1942年	大鄂政务委员会	鄂南政务委员会		中国共产党领导

朝代	建造变迁帝王纪年	公元纪年	市地建制名称	隶属	备注
中华民国		1948年	石黄镇	大冶县	
中华人民共和国		1949年5月	大冶特区办事处	中原人民政府	
		1949年9月	同上	湖北省	
		1949年10月	大冶工矿特区人民政府	同上	
		1950年	黄石市人民政府	湖北省	1950年8月19日省民政厅给内务部民政司补送大冶工矿特区改为市时报送材料全市人口166207人,土地4110106市亩,市辖设铁矿区,煤矿区,石矿区3个区和63个村
		1955年3月	黄石市人民委员会	同上	
		1968年9月	黄石市人民委员会	同上	
		1980年6月	黄石市人民政府	同上	

2.3 黄石矿冶历史与格局

2.3.1 黄石矿冶历史

黄石地区历史悠久,行政建制的调整与变迁较为复杂。早在20-30万年前,黄石地区就有人类活动。黄石地区唐虞之世属三苗,夏商属荆州,周时属楚之鄂国,秦时属南郡,汉时属江夏鄂县、下雉县。北魏时称谓黄石山,黄石矶,隋唐时属鄂州,南唐置大冶县,清有黄石城之称。"流圻垒,在寿昌军(即今鄂城县)东南三十里,近西塞。这座军事城垒,历史上下曾谓之黄石城。"[1]

1. 历史沿革,黄石市人民政府网,http://www.huangshi.gov.cn/jchs/lsrw/201507/t20150728_285734.html

表2-2 黄石古代矿冶活动历史沿革表[1]

时代	历史事件	地点	考古发现矿冶相关活动
旧石器时代	—	石龙头	对石质工具材质选择
新石器时代	—	鲇鱼墩	烧陶筑炉
西周	周夷王七年（公元前887年），楚王雄渠伐庸，杨粤至于鄂，封中子熊红为鄂王。	铜绿山	铜矿开采、冶炼活动
西周		鄂王城	采矿冶炼管理活动
春秋、战国	楚国（公元前11世纪至公元前223年）辖地[2]	铜绿山	铜矿开采、冶炼活动
春秋、战国		五里界古城	推测与采矿、冶炼管理活动有关
三国	黄武五年（公元226年）吴王采武昌之铜、铁，铸刀剑万余。[3]	鄂城	铜铁矿开采、冶炼、冶铸兵器
隋	隋开皇十八年（公元598年）晋王杨广准许民间在白纻山（即白雉山）冶铸铜钱。	白雉山	铜矿开采、冶铸新钱
唐	唐乾符五年（公元878年），黄巢在大冶王霸山及铁山等地冶铸兵器，大冶人纷纷参加起义军。	铁山、王霸山	铜铁矿开采、冶炼、冶铸兵器
唐	唐天佑二年（公元905年），吴王杨行密置青山场院，大兴炉冶。	铜绿山	铜矿开采、冶炼活动
宋	宋乾德五年（公元967年）南唐升永兴县青山场院，拆武昌三乡与之合并，定名大冶县。	大冶	铜矿开采、冶炼活动
宋	苏轼诗"日日热浪扑面，夜夜霞光冲天"	磁湖	冶炼活动
宋	南宋绍兴四年（公元1134年），岳飞屯鄂州辖地大冶，在大冶劈山开矿，铸造兵器。	大冶	铜铁矿开采、冶炼、冶铸兵器
宋	南宋淳祐四年（公元1244年），南宋王朝禁止民间开矿，大冶矿工聚集三山岛反抗。	大冶	铜铁矿开采、冶炼、冶铸兵器
明	明洪武七年（公元1374年）朱元璋置兴国冶，大冶县城东设铁冶所，称"安田炉"，洪武三十五年废。	大冶	铁矿开采、冶炼
明	明嘉靖十九年（公元1540年），在章山、道仕洑开采煤炭。	章山、道仕洑	煤矿开采

1. 根据黄石市地方志编纂委员会，《黄石市志》，中华书局，2001年，第19-21页相关内容整理。

2-3. 根据大冶有色金属公司铜绿山铜铁矿矿志编纂委员会，《铜绿山矿志》，大冶有色金属公司铜绿山铜铁矿矿志编纂委员会，1995年，第19页相关内容整理。

1946年，国民政府资源委员会华钢筹备处提出："拟将黄石港及石灰窑连成一气，合称黄石市。"1948年黄石港、石灰窑并为石黄镇，属大冶县管辖。1949年5月15日，中国人民解放军解放黄石。1950年8月21日，黄石市建市。1959年2月，将大冶县划归黄石市管辖。1997年1月1日起阳新县划归黄石市管辖。

2.3.2 黄石市区格局

黄石市行政区划包括大冶市、阳新县、黄石港区、西塞山区、下陆区、铁山区。

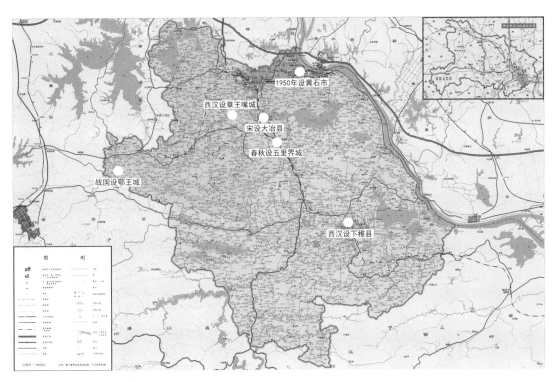

图14 黄石市域城址变迁示意图

图15 黄石人文地图（图片来源：百度百科黄石市 https://baike.baidu.com/item/%E9%BB%84%E7%9F%B3/208295?fromtitle=%E9%BB%84%E7%9F%B3%E5%B8%82&fromid=2622668&fr=aladdin）

1.矿冶空间结构

黄石被湘江鄂赣三省边境的幕阜山脉围绕，辖区内多低山丘陵、湖泊，矿产资源丰富，素有"江南聚宝盆"之称，是全国六大铜矿生产基地和全国十大铁矿生产基地，也是华中地区重要的原材料工业基地。自1950年建市60多年以来，累计向国家贡献近2亿吨铁矿、80万吨铜精矿、6000万吨原煤、5.6亿吨非金属矿。[1]

黄石矿冶资源储量分布十分集中，且种类丰富。截止2019年，全市小型以上的铁、铜、煤矿床共190多处[2]，主要分布以大冶为中心区域的还地桥镇、金山店镇、灵乡镇、铜山口镇、金湖街道、东方山、黄荆山等区。铜矿主要分布在金湖街道、铜山口镇，是黄石下陆区大冶有色金属公司重要铜矿供矿基地。水泥用石主要分布在黄荆山，为黄石水泥等建材行业的发展提供了丰富的原料来源。铁矿石主要分布在还地桥镇、金山店镇、灵乡镇，产量居全省第一，是武汉钢铁公司、黄石市湖北新冶钢等大型钢铁企业的铁矿石原料重要产地。

2.商业空间结构

在传统商业地区黄石港区商业活动并不繁盛，近代伴随大冶铁矿的开办引入了大批外地及外国人口。由于外来人口对交通的需要，长江航道上的多家轮船公司开始停靠黄石港。黄石港成为城市发展的一个增长极。各种商业活动和不同行业都开始向黄石港聚集发展，并形成商业组织，涉及百货、农产品以及矿产品等18个行业帮会。铁山区也受到矿冶建设的影响，其城市空间，特别是商业空间的形成和发展，与之密切相关。1892年大冶铁矿运矿铁路（铁山至石灰窑）通车后，加之聚集了大量的矿产工人、管理技术人员，铁山的商业得到了发展的动力。

80年代，黄石城区的商业围绕黄石火车东站发展，分布在站前客流量大的颐阳路一线，后逐渐拓展到交通路、武汉路、南京路、黄石大道等路段，至2000年已经形成胜阳港商业街区，至今仍为黄石的市级传统商业中心。铁山区的商业用地主要分布在铁山大道两侧，下陆区的商业用地主要分布在下陆大道的新下陆街至铜花路段、老下陆街

1. 黄石简介，湖北文化精品地图，http://www.cnhubei.com/xwzt/2012/hbwh/dsz/huangshi/
2. 矿产资源，黄石市人民政府网站，http://www.huangshi.gov.cn/xwdt/dqgk/201902/t20190228_511953.html

两侧，西塞山区的商业用地主要分布在上窑至中窑湾的南侧，形成了所在区的区级商业中心。

2000年以来，在团城山片区行政中心西侧、杭州路沿线的购物中心、休闲娱乐、金融保险、信息、艺术传媒等新兴业态发展迅速，市级商业商务中心区逐渐形成。在团城山杭州西路北侧，靠山面湖，自然环境优越，酒店用地分布较为集中。在沿江城区的胜阳港片区，黄石大道—颐阳路—湖滨路—天津路的围合街区内仍保持着城市传统商业区的地位，商业业态也处于不断更新的状态，建筑密度大，往来人口密集。社区级商业网点方面，主要分布在胜阳港片区的芜湖路，西塞山区的黄思湾八卦嘴，黄石港片区的新街口，下陆地区的新下陆，团城山片区的皇姑岭等，这些地点形成了较有规模的小型商业点。[1]

1. 魏哲，《黄石市转型期城市空间结构演变研究》，四川成都：西南交通大学城乡规划学，2017年，第52-53页。

2. 根据黄石市地方志编纂委员会，《黄石市志》，中华书局，2001年，第22-40页内容整理。

表2-3 黄石近代重工业企业/机构简表[2]

企业/机构名称	创办时间	涉及重要人员
湖北开采煤铁总局	1875年	盛宣怀
湖北铁政局	1890年	张之洞
大冶铁矿	1890年	张之洞
汉阳铁厂	1890年	张之洞
李士墩煤矿	1890年	张之洞
王三石煤矿	1891年	张之洞
下陆机车修理厂	1891年	张之洞
萍乡煤矿局	1898年	盛宣怀
湖北水泥厂	1907年	程祖福
汉冶萍煤铁厂矿有限公司	1908年	盛宣怀
富源煤矿股份有限公司	1909年	周晋阶
道士楸煤矿	清末	–
汉冶萍煤铁厂矿有限公司大冶钢铁厂	1913年	盛宣怀
湖北官矿公署	1915年	高松如
大新铜矿	1916年	–
富池炼铜厂	1916年	–
富华煤矿公司	1916年	涂瀛洲
黄石港电灯股份有限公司	1923年	–
大冶厂矿	1924年	季厚堃
利华煤矿公司	1924年	柯润时
湖北象鼻山铁矿局	1926年	詹大悲
黄石港电气股份公司	1926年	吴松涛
湖北公矿局	1927年	潘康时
湖北大冶利华煤矿股份有限公司	1927年	王季良

企业/机构名称	创办时间	涉及重要人员
杨武山煤矿	1927年	–
华昌肥皂厂	1933年	–
源华煤矿股份有限公司	1936年	–
日铁"大冶矿业所"	1938年	香春三树次
大冶株式煤炭会社	1939年	–
华新水泥股份有限公司	1943年	王涛
磐城水泥工厂	1945年	–
华新公司大冶水泥厂（筹备处）	1945年	王涛
大冶电厂（筹备处）	1945年	黄文冶
资源委员会华中钢铁有限公司（筹备处）	1946年	程义法
华记水泥厂保管处	1946年	–
华中钢铁有限公司	1948年	张松龄
铁山采矿厂	1948年	张松龄

3.居住空间结构

1890年以后，黄石地区陆续在老铁山、得道湾、下陆、石灰窑等处修建了一批矿冶工人住宅，但仅供职员、工程技术人员和少数技术工人居住，形成了初步的居住空间。由于工业带来的人口聚集，促进城市其他服务性功能的出现和发展，也促进了更丰富的城市空间的形成与城市规模的扩张，城市建成区的规模快速扩张，使得黄石港和石灰窑两镇开始不断扩展，相互集聚，为形成黄石城市进一步奠定了基础。

4.交通空间结构

码头是反映黄石近代工业化城市发展时期最具有代表性的空间要素。作为连接运矿道路和长江水运之间的节点，码头既体现了近代工业的发展，也体现了水运的特点。黄石在这段时期出现的重要码头有3座，同时沿江出现大规模的码头用地，主要集中在石灰窑地区，成为城市功能空间的要素之一。三座码头分别为：

老汉矿码头：在铁山至石灰窑运矿铁路修建之后，于1893年在石灰窑江岸兴建装矿码头一座。码头前沿水深约2.5—3.5米，配有钢囤船一艘，并在沿岸陆地建有储藏矿货的货场及相应设施，这座码头是黄石市近代工业史上的第一座码头。

日矿码头：由于大冶铁矿销往日本，1899年，矿局在石灰窑江岸修建第二座码头，码头前沿水深为5—7米，专门运送到日本的矿石。

新汉矿码头：1908年，在老汉矿码头上游兴建了第三座码头，码头前沿水深为3-4米，陆域有储矿货场，简易房屋等设施，同时铁路修至码头货场。

这些码头与黄石地区的矿冶生产密切相关，构成了黄石城市空间的重要组成。

2.4 黄石矿冶工业文化遗产构成

黄石矿冶工业文化遗产由铜绿山古铜矿遗址、汉冶萍煤铁厂矿旧址（含大冶铁矿"天坑"）和华新水泥厂旧址共同组成。

2.4.1 铜绿山古铜矿遗址

1.遗产概况

铜绿山古铜矿遗址位于湖北省东南部长江中游南岸的

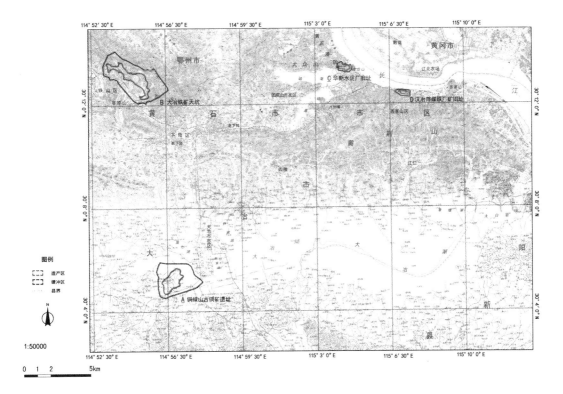

图16 黄石矿冶工业文化遗产区划总图

黄石矿冶遗址显示遗产区和缓冲区边界的卫星影像总图

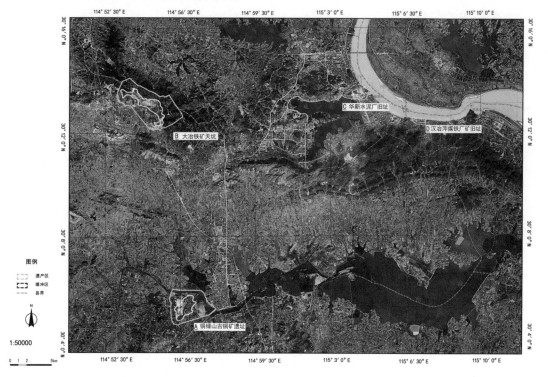

图17 黄石矿冶工业文化遗产区划卫星影像总图

大冶有色金属公司铜绿山矿区内。从1973年至今，在南北约2000米，东西约1000米的古矿区范围内，考古学家们发现了古矿井、炼铜炉、古代炉渣等遗址遗迹，并出土了采掘工具、生活用具等，它们共同形成了一个集采矿、冶炼和铸造为一体的规模宏大的商周时代青铜器铸造基地。依据这些遗址分布的地理位置，将其通称为铜绿山古铜矿遗址。

铜绿山古铜矿遗址是一处以采矿遗址和冶炼遗址为核心的古代矿冶遗址，是商周时期重要的青铜原料生产基地，代表了中国商周时期青铜采冶技术的较高水平，展现了中国文明起源多元化的过程，见证了中国青铜文明的出现。

2.遗址的地理位置及自然条件[1]

铜绿山古铜矿遗址位于大冶市铜绿山镇，大冶有色金属公司铜绿山矿区内，矿区面积7.8平方公里。地理坐标地跨东经114°30′-115°20′，北纬29°40′-30°15′。北临

1. 根据《全国重点文物保护单位记录档案——铜绿山古铜矿遗址》地理位置、自然与人文情况整理。

图18　铜绿山古铜矿遗址全景（图片来源：彭雪摄）

大冶湖中心河及鲤泥湖铜铁矿床，南接铜山铜矿床、大冶市钢铁厂，东与经过石头嘴铜铁矿的大金公路为界，西与黄牛山铁矿毗邻。

铜绿山矿区周围的地形南高北低，依照相对高度可分为低山、丘陵残丘、湖盆三种地形。低山区在矿区南部，湖盆区在矿区北部，丘陵残丘区在矿区中部，界于低山区和湖盆区之间，由铜绿山、仙人座、大岩阴山、小岩阴山、破钟山、蛇山等丘陵构成，相对高差小，地形起伏不大。

铜绿山矿区属亚热带气候，一年中四季分明，夏热冬寒。气温适宜，雨量充沛，光照充足，林木生长茂盛。这为古代深井开采提供了充足的支护用材，也为古代冶炼提供了充足的燃料。

铜绿山矿区的古代交通以水运为主，陆运为辅。由于该矿区北部濒临大冶湖，水运经大冶湖，出漳源口进入长江。沿长江上溯可达楚郢；顺长江而下可达吴越地区；北上经汉水，过随（随州）枣（枣阳）走廊可进入中原；南下从岳阳进入洞庭湖，可与湘、资、沅、澧四水相通。

3. 历史沿革[1]

铜绿山古铜矿遗址，古属大冶县安昌乡西阳里马叫堡。有关史籍记载，大冶县（现改为县级市）为五代十

1. 根据《全国重点文物保护单位记录档案——铜绿山古铜矿遗址》历史沿革、调查发掘保护工程文物展示情况整理。

图19 铜绿山古铜矿遗址周边环境（图片来源：彭雪摄）

国时南唐始建。唐天祐二年（公元905年），吴国在武昌郡永兴县设置青山场院，进行采冶生产，宋乾德五年（公元967年），南唐国主李煜升青山场院，并析武昌三乡与之合并，取"大兴炉冶"之意，将县名定为"大冶"。据清同治六年《大冶县志》记载："铜绿山在县西马叫堡，距城五里，山顶高平，巨石对峙，每骤雨过时，有铜绿如雪花小豆点缀土石之上，故名。""绵延数巘，土色紫赤，或云古出铜之所。"

新中国成立以后，地质部门进行了详细勘探，得知铜绿山的矿产资源极为丰富，以铜、铁为主，并伴生有金、银、钴、镓、钼、锌等。大冶矿区是全国六大铜基地之一，铜矿储量大，品位高，埋藏浅，易于开采。

表2-4 铜绿山古铜矿遗址年代发展表[1]

名称	类型	时期	考古工作
I 号矿体（仙人座）	采矿遗址	战国至汉代	1974年2月至5月，考古发掘此遗址残存部分，接露面积约120平方米。
II 号矿体（铜绿山）	采矿遗址	春秋时期	1974年2月至3月，考古发掘面积50平方米。
III 号矿体（蛇山尾）	采矿遗址	西周时期	1974年1月至1985年7月进行考古发掘。
IV 号矿体（蛇山头西）	采矿遗址	春秋中晚期，唐代前后	1979年12月至1981年1月期间考古发掘。
V 号矿体（蛇山头东）	采矿遗址	春秋时期	1974年1月至1985年7月进行考古发掘。
VI 号矿体（乌鸦卜林塘）	采矿遗址	战国至西汉时期	1974年1月至1985年7月进行考古发掘。
VII 号矿体（大岩阴山/铜锣山）	采矿遗址	1号发掘点时代为春秋时期，上限可能到西周	1979年9月至1980年6月，考古发掘面积400平方米。1982年将该点发掘现场颁布为全国重点保护单位。
		2号发掘点时代分别为商代晚期、西周、两周之际、春秋时期	1979年3月至1980年5月，分三个阶段进行考古发掘，发掘面积1000平方米。
		5号发掘点时代为春秋时期	1975年8月至11月、1976年2月至4月，分两个阶段进行抢救性发掘，发掘面积共计100平方米。
VIII、IX、X号矿体	采矿遗址	商至西汉	1974年1月至1985年7月进行考古发掘。
XI 号矿体	采矿遗址	西周早中期	1983年8月至1985年7月期间进行考古发掘，发掘面积511平方米。
	冶炼遗址	春秋早期	1976年5月至1979年1月、1979年12月至1980年6月进行考古发掘，发掘面积1700平方米。

（1）铜绿山古铜矿遗址的考古发掘和研究历程[2]

1973年10月，铜绿山矿在露天剥离时在古矿井巷道中发现铜斧、铜锛以及木槌、木铲、陶罐等。该矿将保存完好的一把铜斧寄给中国历史博物馆后，引起了中国历史博物馆的高度重视。随即派孔祥星会同湖北省博物馆王劲到铜绿山矿进行矿冶遗址调查。

1974年1月到1975年，湖北省博物馆王劲率黄石市、大冶县文物考古人员及铜绿山、铜山口、龙角山、丰山等铜矿考古人员开始对铜绿山古铜矿遗址进行第一次考古发掘。

1976-1979年夏，黄石市博物馆主持组织铜绿山铜铁矿、铜山口铜矿、丰山铜矿、大冶红卫铁矿等单位考古人

1. 根据《全国重点文物保护单位记录档案——铜绿山古铜矿遗址》调查、发掘、保护工程、文物展示情况和黄石市博物馆，《铜绿山古矿冶遗址》，文物出版社，1999年，第6页矿床和矿石特征部分内容整理绘制。

2. 根据黄石市博物馆，《铜绿山古矿冶遗址》，文物出版社，1999年，第12-16页相关内容整理。

员发掘Ⅶ号矿体1、2、3号点及Ⅺ号矿体和柯锡太村冶炼遗址。

1979年秋–1980年夏，国家文物局黄景略负责组织包括中国社会科学院考古研究所、河南省博物馆、内蒙古昭乌达盟文化站、湖北省博物馆、黄石市博物馆等国内多家单位的专业人员对铜绿山古铜矿遗址进行大规模考古发掘。

1980年6月2日，中国社会科学院考古研究所所长夏鼐在美国纽约大都会博物馆召开的中国古代青铜器学术会上作了《铜绿山古铜矿的发掘》的演讲。

1981年–1985年夏，由黄石市博物馆主持发掘Ⅺ号矿体古采矿遗址。

1999年12月，《铜绿山古铜矿遗址发掘报告》由文物出版社正式出版发行。这是中国第一部矿冶考古发掘报告。

2001年，铜绿山古铜矿遗址被评为中国20世纪100项考古大发现之一。

2014年8月，《铜绿山古铜矿遗址考古发现与研究（二）》由科学出版社出版发行，该书收录了最新的研究成果，也是对中国矿冶考古研究比较全面的一次展示。

图20　铜绿山古铜矿遗址馆内遗址本体展示（图片来源：彭雪摄）

（2）铜绿山古铜矿遗址的保护、记录和展示历程[1]

在铜绿山古铜矿遗址发掘过程中，对遗址的保护、记录及宣传、展示工作也随之持续进行。

－　保护措施的推行

1979年4月，中国科学院自然科学研究所所长仓孝和

1. 根据政协大冶市委员会，《中国青铜古都：大冶》，文物出版社，2010年，铜绿山古铜矿遗址大事记内容和《全国重点文物保护单位记录档案——铜绿山古铜矿遗址》调查、发掘、保护工程、文物展示情况整理。

以及国家文物局向冶金部发出保护铜绿山古铜矿遗址的呼吁。

1979年5月12日，新华通讯社在《内部参考》上印发了黄石博物馆对铜绿山古铜矿遗址选择重点进行保护的要求。

1979年8月，冶金工业部和国家文物局联合在黄石召开第一次文物保护座谈会并形成《纪要》，决定将铜绿山Ⅺ号矿体采矿遗址永久保留。

1979、1991年中国科学院考古研究所所长夏鼐先后两次考察铜绿山古铜矿遗址。

1981年4月，冶金工业部和国家文物局在黄石召开第二次文物座谈会，决定将原Ⅺ号矿体交给矿山生产，Ⅶ号矿体采矿遗址永久保留。

1982年国务院发布《第二批全国重点文物保护单位的通知》（国发【1982】34号）将铜绿山古铜矿遗址列为全国重点文物保护单位。

1984年在Ⅶ矿体1号点发掘原址上建成铜绿山古铜矿遗址博物馆。

1990年1月，湖北省召开省长办公会，专题听取生产与文物部门对保护遗址的意见，省政府认为遗址应原地保护，不同意搬迁，并将此意见呈报国务院。

1990年7月15日，国务院秘书长罗干主持召开铜绿山古铜矿遗址文物保护协调会，听取中国有色工业总公司、国家文物局、湖北省人民政府对遗址保护的意见。提出：文物保护是主题，妥善保护是前提，矿山生产建设要服从文物保护，在妥善保护好文物的前提下，兼顾矿山生产，为矿山生产创造一些有利条件。

1991年6月，国务院办公厅委托国家计委和国家文物局在黄石召开评审会，邀请文物、考古、采矿、冶金、地质、工程等方面32位高层次专家参加，对中国有色金属工业总公司提出的《铜绿山古铜矿遗址搬迁保护方案》和湖北省人民政府提出的《铜绿山古铜矿遗址原地保护和合理开采方案论证报告》进行评审，最后基本取得一致意见，同意原地保护方案。

1991年8月，国务院正式批复将铜绿山古铜矿遗址进行原地保护。

图21 铜绿山古铜矿遗址采矿陈列厅展品（图片来源：铜绿山古铜矿遗址博物馆提供）

1993年至1999年制定、完成了《铜绿山古铜矿遗址保护规划》、有害生物防治工程、二号点保护工程等文物保护工程。

1994被列入中国世界文化遗产预备名单。

1997年黄石市政府公布了铜绿山古铜矿遗址保护范围和建设控制地带。

1998年，联合国教科文组织世界遗产委员会专家分两批来遗址考察并就申报工作提供咨询意见。

2002年至2004年又着手修建文物仓库和安防、消防监控系统工程的前期准备工作。

2009年11月12日，湖北省文物局同意黄石市人民政府将铜绿山古铜矿遗址委托大冶市人民政府管理。同年，大冶市召开专题会议，研究部署铜绿山古铜矿遗址保护、治理、开发工作。

2010年国家文物局批准了《铜绿山古铜矿遗址保护规划》。

2011年国家文物局批准了《铜绿山古铜矿遗址考古工作计划》。

2011年大冶市政府颁布了《铜绿山古铜矿遗址保护管

理办法（试行）》。

2013年铜绿山考古遗址公园正式列入第二批国家考古遗址公园立项名单。

– 记录

自1973年铜绿山古铜矿遗址被发现以来，建立、健全和完善了铜绿山古铜矿遗址的文字记录档案。到目前为止，已经运用发掘、测绘、摄影、摄像文字记录和卫星遥感等科学手段，基本完成了对铜绿山古铜矿遗址及出土文物的建档工作，为遗址的保护和研究提供了翔实准确的资料。

– 展示及宣传的历程

从国家文物局到湖北省、黄石市、大冶市各级人民政府和文物部门都十分鼓励和支持铜绿山古铜矿遗址进行积极而广泛的宣传和展示。

1976年铜绿山考古发掘文物标本室将出土文物对外展示。

1977年举办了"铜绿山考古发掘成果汇报展览"。

1984年举办了"铜绿山古铜矿遗址陈列"及正式对外展示Ⅶ号矿体1号地点400平方米遗址大厅。

1993年，在保护区内兴建了冶炼陈列馆，在室内复原了春秋早期鼓风炼铜竖炉模型，在室外复原了春秋早期冶炼遗址考古发掘现场。并先后在遗址内兴建矿石林、广场和环山水泥马路。还结合为文物保护而进行的防渗工程实施了大面积绿化工作，为观众创造了良好的参观环境。常年对遗址古坑木实施微生物治理工作。

图22 铜绿山古铜矿遗址展厅（图片来源：铜绿山古铜矿遗址博物馆提供）

图23 铜绿山古铜矿遗址（图片来源：彭雪摄）

1998年12月，铜绿山古铜矿遗址被湖北省人民政府授予"湖北省级爱国主义教育十大示范基地"称号。

2000年铜绿山采矿遗址出土文物陈列馆对外开放战国至汉代采矿遗址复原工程。

2001年，铜绿山古铜矿遗址被评为"中国20世纪100项考古大发现"之一。同年，结合景观建设的铜绿山2号点商代晚期采矿遗址保护工程竣工。先后有关铜绿山古铜矿遗址的《大冶之火：铜绿山古铜矿遗址》《铜绿山——中国古矿冶遗址》《铜绿山古矿冶遗址》等专著出版；《湖北古矿冶遗址调查》《湖北铜绿山春秋战国古矿井遗址发掘简报》《湖北铜绿山东周铜矿遗址发掘》《湖北铜绿山古铜矿再次发掘》《湖北铜绿山春秋时期炼铜遗址发掘简报》等多篇论文及多期铜绿山古铜矿遗址发掘简报获得发表。

"人民日报海外版""中国矿业报""中国旅游报""九江日报""湖北日报""黄石日报""有色金属报"等多家媒体，也对铜绿山古铜矿遗址进行了广泛的宣传，展示了铜绿山古铜矿遗址的历史和文化价值。

2016年11月，铜绿山古铜矿遗址新博物馆开工建设，项目总建筑面积12273.5平方米，其中展厅3443平方米，新博物馆属于铜绿山大遗址公园的一部分，分成6个展馆，按找矿、采矿、冶炼等5个不同主题布展，与原建成的博物馆连成一体。新博物馆对外开放后，能让人们更加了解青铜文化，同时更能展现青铜文化的发展史和变迁。[1]

4.遗产构成

铜绿山古铜矿遗址的遗产构成有Ⅶ号矿遗址、Ⅵ号矿遗址、Ⅸ号矿遗址、冶炼遗址，经考古发掘确认铜绿山古铜矿遗址的古采冶遗址范围约2平方公里。

铜绿山古铜矿遗址从1973开始陆续进行了考古发掘工作，直至1979年共清理出露天采场7处和保存完好、规模宏大的地下开采区18处，竖（盲）井231个，平（斜）巷100条，井巷总长约8000米，老窿采空区达70多万立方米；古冶炼场50余处，古炼铜炉29座（其中春秋时期10座，战国时期2座，宋代17座），40万吨古代炼铜炉渣的分布面积约14万平方米；经分析测试，存在"氧化矿-铜"

---

1. 铜绿山古铜矿遗址新博物馆主体工程基本完工，大冶市人民政府网站，http://www.hbdaye.gov.cn/xwzx/rdgz/201903/t20190329_520755.html

和"硫化矿－冰铜－铜"两种冶炼技术，提炼粗铜纯度达
93%以上，生产粗铜至少10万吨；出土的文物有木制、石
质以及铜、铁生产工具千余件，筑炉工具、木炭及冶炼辅
助原料、陶器、照明器具、生活用品和兵器等多件套。[1]
由于工矿的后续开采，遗址持续遭到破坏，现状保留较好
的有Ⅶ号矿遗址、Ⅵ号矿遗址、Ⅸ号矿遗址和冶炼遗址。

（1）遗产构成[2]

Ⅶ号矿遗址。Ⅶ号矿体位于矿区中段，地点原名大岩
阴山，又称铜锣山。山顶海拔高程为91.9米。矿体由上、
下两部分组成。上部：矿体出露地表，下部：隐伏矿体。
由于现代露天生产，铜锣山55米标高以上的浅层矿体和原
始地表大部分被矿山机械剥离掉，一些矿体上部的古代开
采遗迹已经被毁坏，所以，Ⅶ号矿体中许多发掘清理的古
代坑采已经不存在井筒上段和井口。另外，由于矿山整体

1-2. 根据黄石市博物馆，《铜绿山古矿
冶遗址》，文物出版社，1999年，
相关内容整理。

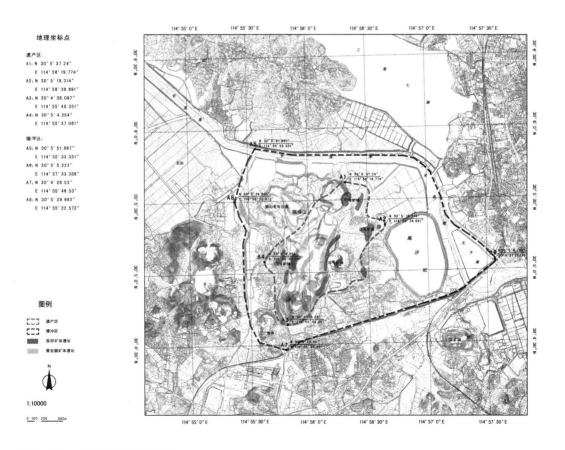

图24　铜绿山古铜矿遗址遗产区划图

爆破及重型机械的碾压，使矿体松动、井巷变形、支护坍塌。经地质钻探和地质雷达测探，古代井巷一般在保护下来的地表以下 15 米深的范围内，即高程 55 米至 40 米之间。1975–1980 年期间考古发掘，1982 年Ⅶ号矿体被列为全国重点文物保护单位。

Ⅵ号矿遗址。Ⅵ号矿体位于矿区北段，地点原名乌鸦卜林塘，长约 320 米、宽 10–30 米，厚 5.6–27.16 米。走向北 25° 东，倾向南东，斜角 65°。现已被填土场覆盖，遗址遭到一定程度的破坏。1974 年 1 月至 1985 年 7 月进行考古发掘。

Ⅸ号矿遗址。Ⅸ号矿体位于矿区的东北段。北与Ⅲ号矿体相连，南高北低，呈斜坡状，海拔高程为 42.48 米。现已被填土场覆盖，遗址遭到一定程度的破坏。1983 年 8 月至 1985 年 7 月期间进行考古发掘。

冶炼遗址。冶炼渣：在采矿区周围堆积大量炉渣，古代炼渣由北向南集中分布在Ⅳ矿体、Ⅶ号矿体以西、柯锡太村与蛇山尾之间、熊家湾以西以及铜绿山以东以南等十几处，古冶炼渣堆积 4 米厚，约有 40 万吨。由于矿山大面积的开采以及开山筑路等因素，造成矿渣地面部分缺失。1973 年 11 月开始考古发掘。冶炼炉：位于铜山村内，古代炼炉竖炉由炉身、炉缸和炉基组成。保存相对较好，但是由于房屋的建设，将其埋没。在发掘古矿遗址时同时进行发掘。

图 25　采矿遗址（图片来源：彭雪摄）

（2）采矿遗址[1]

铜绿山采矿遗址可分为露天采矿遗址和井下采矿遗址两大类。

在铜绿山共发现古代露天采场7个。主要分布在Ⅱ号矿体、Ⅰ号矿体、Ⅳ号矿体、Ⅺ号矿体和Ⅵ号矿体。

井下采矿遗址是铜绿山矿区古代开采的主要形式。在Ⅰ、Ⅱ、Ⅲ、Ⅳ、Ⅴ、Ⅵ、Ⅶ、Ⅷ、Ⅸ、Ⅺ号矿体中均发现有井下开采。其开采年代，始于殷商、迄于西汉，延续时间长达1000余年。经过大规模考古发掘的有：Ⅰ号矿体采矿遗址、Ⅱ号矿体采矿遗址、Ⅳ号矿体采矿遗址、Ⅺ号矿体采矿遗址、Ⅶ号矿体1号、2号点和5号点采矿遗址，总计发掘面积2181平方米，共清大量理竖（盲）井、平（斜）巷、采矿工具。

Ⅶ号矿体采矿遗址。

Ⅶ号矿体位于矿区中段，即7～15勘探线之间的东部，由Ⅶ-1和Ⅶ-2上下两部分矿体组成。

Ⅶ号矿体1号点采矿遗址位于铜锣山的北坡，海拔高程53.8米。1979年9月至1980年6月，中国社会科学院考古研究所派殷玮璋同志主持对该遗址进行了考古发掘，发掘面积400平方米。发掘出土了几十个竖（盲）井和几十条平巷以及7处保存较好的井下排水系统。[2]该发掘点

图26 Ⅶ号矿体2号古井发掘现场（图片来源：政协大冶市委员会，《图说铜绿山古铜矿》，中国文史出版社，2011年，第88页图16）

1. 根据黄石市博物馆，《铜绿山古矿冶遗址》，文物出版社，1999年，第9-11页相关内容整理。

2. 根据《全国重点文物保护单位记录档案——铜绿山古铜矿遗址》调查、发掘、保护工程、文物展示情况整理。

出土的竖井、平巷支护框架结构分别为板木尖头双卯、圆木双榫穿接式和板木平头双卯、圆木双榫立柱式。出土的生产工具有木铲、木瓢、木槌、船形木斗、草绳、竹筐、竹篓等。该发掘点的时代为春秋时期，上限可能到西周。

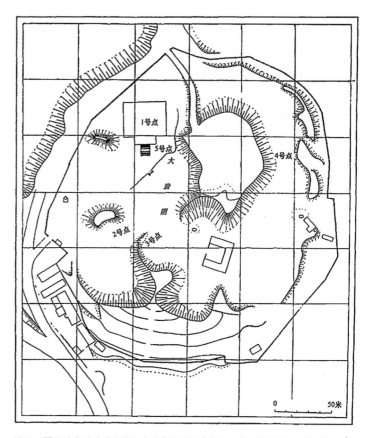

图27　Ⅶ号矿体采矿遗址发掘点分布图（图片来源：黄石市博物馆，《铜绿山古矿冶遗址》，文物出版社，1999年，第58页图三二）

　　Ⅶ号矿体2号点采矿遗址位于铜锣山西南坡，海拔高程65米。对该点的发掘工作分三个阶段进行。1979年3-4月为第一阶段，1979年5-6月为第二阶段，1979年11月至1980年5月为第三阶段。发掘面积1000平方米，发掘出土竖（盲）井101个，平（斜）巷36条。依据出土井巷支护框架结构的不同和打破关系及碳十四测定结果，该遗址的时代分别为商代晚期、西周、两周之际、春秋时期。[1]该发掘点出土的竖井支护框架结构有五种，即：板木平头双榫双卯穿接式、板木平头单榫单卯套接式、板木尖头双

1. 根据《全国重点文物保护单位记录档案——铜绿山古铜矿遗址》调查、发掘、保护工程、文物展示情况整理。

卯、板木双榫穿接式、板木矛状单榫单卯套接式、板木尖
头双卯、圆木双榫穿接式。出土的生产工具有木铲、木
锹、木槌、木桶、木瓢、木钩、木锤球、木梯、竹篓、竹
筐、竹火签、石锤、草绳等。

图28　Ⅶ号矿体1号点采矿遗址现状

　　Ⅶ号矿体5号点采矿遗址位于铜锣山的北坡，1号发掘
点的东南面，发掘时海拔高程为55米。1975年8月至11月和
1976年2月至4月由黄石博物馆主持配合矿山生产分两个阶
段进行了考古发掘，发掘面积为100平方米，出土竖井22个，
该发掘点的开采时代为春秋时期，且该遗址点现已不复存
在。[1]该发掘点出土的竖井支护框架结构为板木尖头双卯圆
木双榫穿接式。出土的生产工具有木铲、槌、竹篓、竹筐等。

　　（3）冶炼遗址

　　铜绿山矿区冶炼遗存最为突出的是遍布矿区的古代炼
渣，经地质部门测算，约在40万吨以上，炼渣堆积最厚者
达4米以上，其间还夹有大量炼炉壁的残块。

　　为了深入研究古代冶炼技术，考古人员曾选择了两处
先秦时期的冶炼场进行考古发掘。其一在矿区西部的柯锡
太村，共清理出2座战国时期的炼铜炉残体。其二在铜绿
山东北坡的Ⅺ矿体采矿遗址的上部，清理出10座春秋早
期的炼铜炉残体，其中有的炼铜炉除上部炉身坍塌外，炉
缸、炉基部分尚保存完好，除炼铜炉外，还发现大量与冶

1. 根据《全国重点文物保护单位记录档
案——铜绿山古铜矿遗址》调查、发
掘、保护工程、文物展示情况整理。

图29 战国秦汉时期采矿遗址全景，发现5个竖井、10条平巷、1条斜巷（图片来源：政协大冶市委员会，《图说铜绿山古铜矿》，中国文史出版社，2011年，第121页图77）

炼有关的遗迹和遗物。

XI号矿体冶炼遗址位于铜绿山东北坡，海拔高程36–46.4米。1975年调查发现。1976年5月至1979年1月，对该遗址进行了三个阶段的考古发掘。1979年12月至1980年6月，河南省博物馆、中国社会科学院考古研究所再次对该遗址进行

图30 铜绿山矿区内堆积的古代炼渣，经检测为炼铜渣（图片来源：政冶大冶市委员会，《图说铜绿山古铜矿》，中国文史出版社，2011年，第184页图205）

了考古发掘。发掘面积1700平方米，发掘出土炼铜残炉12座。[1] 该遗址的时代为春秋早期。文化堆积可分7层，其中第④层炼铜炉开口层，为春秋文化堆积层，第⑤层为春秋文化层，第⑥层为西周晚期到春秋早期文化层。炼炉炉基坐落在此层。发掘出土的10座（保存较好的）炼炉均保存着炉基、炉缸，炉身均已坍塌。保存较好的是6号炉。6号炉炉基落在前期的残炉上，前期残炉坐落在自然淤泥层，残存高度34厘米，残面作为6号炉基底。风沟沟壁均被烘烤，质硬。西南沟长140、宽47、高47厘米。沟的中段放置石块，石块支撑缸底，沟底平直。西北沟长60、宽32、高32厘米左右，沟门被工作台封住，成暗沟。炉缸的水平截面成长方形，长67.5、宽27、残深60厘米。炉缸窝底呈椭圆形。内壁、外壁及缸底均选用耐火材料夯筑而成。金门呈拱形，朝南，内宽37、外宽27、高19、进深40厘米。

图31　炼铜炉遗址模拟展示（图片来源：铜绿山古铜矿遗址博物馆提供）

5.遗产对经济、社会的影响

黄石地区是三楚矿冶文化发源地与传承地。以铜绿山为中心的黄石地区先秦矿冶文化，始于西周，兴于春秋战国，与楚文化的发展历程和阶段同步，是楚文化发展历程的重要体现和组成部分。三楚概指楚国强盛时期的疆域。自成王恽元年（公元前671年），楚国将黄石地区纳入版图，黄石地区一直都处于三楚地区的核心地带，是矿冶文化发展与传播的中心。黄石地区丰富的矿产资源和先进的采冶技术，是楚文化快速发展强大的物质基础和重要标志。

（1）丰富的矿产资源是青铜文化的物质基础

金正耀对殷墟妇好墓葬的部分青铜器物、殷墟西区的数件青铜器及湖北铜绿山古矿渣、矿石、古铜锭等进行过铅同位素比值测定。根据他的分析，妇好墓有6件青铜器的铅同位素比值和铜绿山古矿遗物样品的铅同位素比值接近，因此，其铜矿料可能来自铜绿山地区。另外，盘龙城也有部分铜器铅同位素比值落在铜绿山样品的范围内，也有可能利用了铜绿山的铜矿料。[1]

楚人从西周初年立国，历经春秋战国时期，吞并了几十个诸侯国。几乎统一了现今我国版图的南半部，所谓"汉阳诸姬，楚实尽之"是也。因此楚国控制的矿山资源也是非常的丰富。它们西起湖北大冶，东至安徽的铜陵地区。已发现的有湖北大冶铜绿山、阳新港下、江西瑞昌铜岭、安徽南陵江木冲、铜陵的万迎山等，另外还有位于湖南西部的麻阳古铜矿。[2]黄石地区丰富的铜矿资源作为战略物资，铸造兵器和礼器，供作战使用和外交礼物，为楚国的强盛奠定了物质基础。

图32　铜绿山古铜矿遗址矿石林（图片来源：彭雪摄）

（2）先进的矿冶技术是荆楚文化的重要组成部分

荆楚文化是指具有湖北地方特色的文化。古代的"荆楚"概念，其地域范围大致以今天的湖北省行政区划为主，故湖北人往往将本省称为"荆楚大地"。所谓荆楚文

1. 易德生，《商周青铜矿料开发及其与商周文明的关系研究》，武汉：武汉大学历史地理，2011年，第59页。
2. 杜胜国，《先秦时期楚国地质矿冶技术与社会经济发展研究》，武汉：中国地质大学科学技术史，2005年，第35页。

化，作为一种具有鲜明地域特色的文化形态，从断代的静态角度看，它主要是指以当今湖北地区为主体的古代荆楚历史文化；从发展的动态角度看，它不仅包括古代的历史文化，还包括从古到今乃至未来湖北地区所形成的具有地方特色的文化。因此，"荆楚文化"也可以理解为具有湖北地方特色的文化。[1]

湖北是楚文化的发祥地，楚国作为春秋战国时期的大国和强国之一，在800多年的历史长河中创造了灿烂辉煌的文明成果。楚国独步一时的青铜铸造工艺、领袖群伦的丝织刺绣工艺、八音齐全的音乐、偃蹇连蜷的舞蹈、巧夺天工的漆器制造工艺、义理精深的哲学、汪洋恣肆的散文、惊采绝艳的辞赋、恢诡谲怪的美术，都是十分宝贵的文化遗产。[2]

楚国自始封丹阳至被秦灭亡，共有大小城邑270余座，目前考古发现并公布的楚文化城址约有50余座，湖北有江陵楚纪南城、当阳季家湖楚城、宜城楚皇城、襄阳邓城、云梦楚王城、大冶鄂王城等。[3]先进的铜、铁矿冶技术是楚国辉煌科技成就的重要组成部分，极大地推动了当时生产力的快速发展，促进了楚国综合国力的增强，直接影响到楚文化的各个层面。

青铜冶铸工艺是构成楚文化的六要素之首。[4]大冶铜绿山古铜矿的开采不晚于西周，到楚庄王（公元前613–公元前591）以后，楚国铜矿的采掘、冶炼，青铜铸造等都已超越中原与吴越，在春秋中晚期位列诸国之首。以大冶铜绿山古矿区为中心的黄石矿冶技术是楚国社会经济发展水平和国家综合实力的重要标志。

铁的出现和铁器的冶铸使用，是古代社会生产力发展的标志。铸铁柔化工艺最早出现在楚国，大冶铜绿山古矿井所出三柄六角形锄和四柄斧是白心柔化铸铁材料的重要历史证据。

（3）矿冶管理中心的三座古城，是春秋战国时期城市建设制度的创新

长江中下游流域地区是中国最为重要的铜、铁、金矿成矿带，也是中国先秦时期粗铜的主要产地，处于这一地带的大冶地区铜矿采冶业的兴起和发展也就成为必然。大

1-3. 荆楚文化，百度百科，https://baike.baidu.com/item/%E8%8D%86%E6%A5%9A%E6%96%87%E5%8C%96/1471962?fr=aladdin

4. 王生铁，《楚文化的六大支柱及其精神特质》，世纪行，2004（06），楚文化的主要构成可概括为六大支柱，分别是青铜冶铸、丝织刺绣、木竹漆器、美术音乐、老庄哲学及屈骚文学。

冶地区铜矿采冶业的兴起应该最迟不晚于商代中后期，这一时期，对于粗铜资源的占有和利用是一个政治集团或国家强盛的标志之一。因此，为了获得这里丰富的铜矿资源，就得加强对这一地区的控制，同时对矿冶生产进行有效管理。春秋、战国至汉代早期正是大冶地区铜矿采冶业鼎盛时期，五里界城、鄂王城、草王嘴城应该就是这一时期铜矿采冶业管理中心，即负责生产秩序、资源管理、粗铜的调配交换以及运输等项职能。[1]文献与考古实物资料证实，至迟从春秋时期开始，大冶地区矿业管理已经进入比较规范时期。

五里界、鄂王城、草王嘴三座古城遗址，是"春秋、战国、西汉时期各政治集团为管理大冶地区铜矿的采冶而修筑的城址"[2]，是"首次被确认的直接与经济生产有关的城址"[3]，是城市建设制度的创新，五里界、鄂王城均为楚国所建，是楚文化创新精神的重要体现。古城均临湖、河而建，有通畅便利的水路通道；古城周围均有丰富的铜矿资源和密集的古铜矿采冶遗址，形成以城址为中心的遗址群。

2.4.2 汉冶萍煤铁厂矿旧址（含大冶铁矿天坑）

1.遗产概况[4]

清光绪十六年（1890年），湖广总督张之洞用官款在汉阳大别山脚下创办汉阳钢铁厂，光绪二十年（1894年）汉阳钢铁厂竣工投产。与此同时，张之洞还在大冶铁山（现大冶铁矿）开办铁矿，开采矿石供汉阳钢铁厂炼铁之用。为将矿石从铁山运往石灰窑江边经长江运抵汉阳钢铁厂，光绪十七年（1891年）4月，开始修筑铁山至石灰窑全长35公里的运矿铁道。光绪十八年（1892年）10月，运铁矿道竣工通车，该铁路沿用至今。

光绪二十二年（1896年），经张之洞保举，清廷批准，由天津海关道兼津海关监督盛宣怀接办了汉阳钢铁厂和大冶铁矿。为了扩大生产规模，吸引更多的投资，光绪三十四年（1908年）3月24日，经清政府农工部注册批准，盛宣怀将汉阳钢铁厂、大冶铁矿、萍乡煤矿合并组成汉冶萍煤铁厂矿有限公司（以下简称汉冶萍公司），开始"商

1-3.根据政协大冶市委员会，《中国青铜古都：大冶》，文物出版社，2010年，大冶五里界古城、鄂王城、草王嘴古城与古铜矿采冶业关系推测。

4.根据《全国重点文物保护单位记录档案——汉冶萍煤铁厂矿旧址》历史沿革和大冶钢厂志编纂委员会《大冶钢厂志（1913-1984）》，大冶钢厂志编纂委员会，1985年，第45-46页内容整理。

办"时期。

（1）汉冶萍煤铁厂矿旧址

汉冶萍煤铁厂矿有限公司是中国近代最大的钢铁煤联营企业，历时58年（1890–1948年），先后经历了清政府官办、官督商办、商办、日本侵占下的大冶矿业所、国民政府资源委员会华中钢铁有限公司经营等多种经营方式。1915年前，该企业的钢总产量几乎占中国钢铁产量的100%。目前认定的汉冶萍煤铁厂矿旧址遗产构成，主要包括冶炼铁炉、高炉栈桥、日欧式建筑群（日式住宅四栋，欧式住宅一栋）、瞭望塔、张之洞塑像、汉冶萍界碑，他们共同展现了汉冶萍煤铁厂矿的发展历程。

（2）大冶铁矿天坑

大冶铁矿天坑位于黄石市铁山区铁山街道办事处冶矿路社区象鼻山，西距武汉市104公里，东距黄石市区25公里，东南距大冶市区15公里。

大冶铁矿于19世纪90年代建矿，经历了晚清、中华民国、中华人民共和国三个历史时期，曾隶湖北铁政局、汉阳钢铁总厂、汉冶萍公司、"日铁"大冶矿业所、华中钢铁有限公司、武汉钢铁公司。大冶铁矿通过重建，生产规模扩大，用大型机械化生产取代了小生产，将过去分散的采场联成一个整体，建成东露天采场。东露天采场1955年动工基建，1958年正式投产，2003年露天开采结束，转入地下开采是中国近代史上第一座采用机械化开采的大型露天矿山，具有极高的历史价值。[1]

2.创建背景

（1）汉冶萍煤铁厂矿创办背景[2]

1908年成立汉冶萍煤铁厂矿有限公司后，由于辛亥革命建立了资产阶级民主政府，中国的资本主义又获得了一些民主和自由的权力，在这种情况下，汉冶萍公司决定乘机扩充生产，以图事业发展。汉冶萍公司的扩充计划主要是在大冶建一座新式炼铁厂，1916年9月，李维格致函汉冶萍公司董事会，请刊发"汉冶萍煤铁厂矿有限公司大冶钢铁厂"铜质印章，以凭昭信，并于1917年大规模兴建。

图33 张之洞（1837—1909）（上）
盛宣怀（1844—1916）（下）

（图片来源：武钢大冶铁矿矿志办公室，《大冶铁矿志（1890—1985）》，科学出版社，1986年）

1.《第七批全国重点文物保护单位申报登记表——大冶铁矿天坑》全国重点文物保护单位登记表内容整理。
2. 根据大冶钢厂志编纂委员会，《大冶钢厂志（1913-1984）》，大冶钢厂志编纂委员会，1985年，第47-57页相关内容整理。

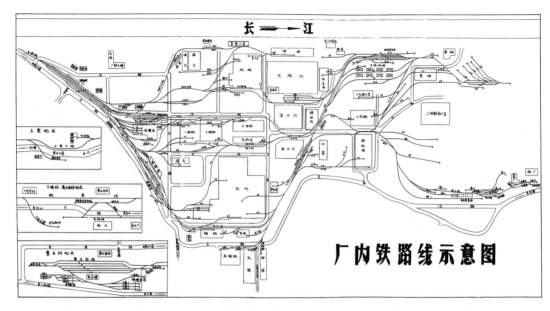

图34　厂区铁路线示意图（图片来源：大冶钢厂志编纂委员会，《大冶钢厂志（1913-1984）》，大冶钢厂志编纂委员会，1985年，第79页）

大冶钢铁厂的两座化铁炉，为美国固定式化铁炉，炉高27.44米，容积为800立方米，设计生产能力为每炉日产铁450吨。就当时来讲，化铁炉之大，设备之先进，都称亚洲与远东一流。

（2）大冶铁矿天坑创办背景[1]

清光绪三年（1877年），盛宣怀聘英国矿师郭师敦详细勘察铁矿，历时13年，于光绪十六年（1890年）二月底勘察结束，终堪得大冶铁矿"百年开采亦不能尽"。"每年开采10,000吨，可供开采两千年"。"矿石系海麦太德（即铁养，其色红）与麦泥太德（即吸铁石之类）相和之质，内含硫磺一百分一百分之六（即一百分之六厘），磷光一百分一百分之十二（即一百分之一分二厘）"，"红铜百分之二十七"。同年，张之洞致电李鸿章，决定开办大冶铁矿。

清光绪十六年（1890年），张之洞命人开始圈购矿山山地及山厂工程用地，很快购得了铁门坎、铁山寺、纱帽翅、大冶庙、老虎垱、白杨林等矿区，随着山地的圈定，矿局在铁山营造了办公室、机房、电报房、宿舍、营房。光绪十九年（1893年），大冶铁矿正式投入生产，当年出矿约3000多吨。开采地点为铁门坎，系露天分层开采，矿山采矿机械设备很少，钻眼多用钢钎铁锤，手工作业。光

1. 根据武钢大冶铁矿矿志办公室，《大冶铁矿志（1890-1895）》，科学出版社，1986年，第62-80页内容整理。

绪三十三年（1907年），萍乡煤矿建成，汉阳铁厂技术改造完工，盛宣怀决定将汉阳铁厂、大冶铁矿、萍乡煤矿合并，成立"汉冶萍煤铁厂矿有限公司"，简称"汉冶萍公司"。据民国十三年（1924年），汉冶萍公司编的《汉冶萍公司事业纪要》称："冶矿在大冶县城外，起自石灰窑至得、铁两山，周围约二百方里。"购地面积合108,000亩。

3.遗址的地理位置及自然条件

（1）汉冶萍煤铁厂矿旧址

早在清光绪三年（1877年），时任轮船招商局督办的盛宣怀就曾选中黄石港东吴庙建厂。至张之洞在清光绪十六年（1890年）办炼铁厂时，盛宣怀又建议在大冶江边设厂，但未被张之洞采纳，而选择了汉阳大别山脚下。至民国二年（1913年），汉冶萍煤铁厂矿有限公司选定石灰窑下1公里的袁家湖进行建设新钢厂，这一决定完全出于经济地理角度的考虑：第一，袁家湖区有一片面积五平方公里的平地，是大冶县沿江一带最宜设厂的地方；第二，袁家湖距离铁矿石藏量丰富、品质优良的铁山仅26公里，在铁山至石灰窑江边的运矿铁路基础上，只需修筑1公里多的铁路即可连通铁山与新钢铁厂；第三，袁家湖地区沿长江流向展开，水源充足；第四，长江沿岸，水深底坚，可建优良码头，既便于进料，又便于出货，且袁家湖距汉阳钢铁厂水路只有100多公里，便于两厂统一，新钢铁厂所需煤焦等大宗原材料，皆可由水路从湖南运达；第五、汉阳、大冶铁矿和袁家湖新钢铁厂在长江沿岸一线，便于汉冶萍公司（设在上海）指挥。[1]

（2）大冶铁矿天坑[2]

大冶铁矿天坑矿区有标准轨距铁路与武（昌）九（江）铁路相接，有公路与106国道相连，交通便利。该地区属副高带内季风气候，四季分明，夏热冬寒。雨量多集中在4–8月份，约占全年降雨量的三分之二。暴雨也主要集中在4–8月，暴雨对矿山的影响很大。

大冶铁矿天坑处于淮阳山字型构造前弧西翼与使用新华夏构造体系的（以梁子湖北北东向断裂带和大磨山——鄂城隆起带为主）复合地段。大致与传统构造区划的下扬子褶皱带西部大冶复式向斜构造部位相当。构成东露天采

1. 根据大冶钢厂志编纂委员会，《大冶钢厂志（1913-1984）》，大冶钢厂志编纂委员会，1985年，第4-7页相关内容整理。
2. 根据《第七批全国重点文物保护单位申报登记表——大冶铁矿天坑》自然与人文环境内容整理。

场边坡主要地层岩性：南帮为大理岩，北帮为闪长岩，岩石大部分坚硬，完整性尚好，抗风化能力较强，具有较好的岩石强度。但由于构造发育和岩石蚀变，形成不利于稳定的结构体，即不稳定边坡。

4.历史沿革[1]

1890 年 3 月 19 日，总理海军事务衙门奏请清廷，批准开办大冶铁矿，作为汉阳铁厂的原料基地。

1890 年 6 月底，张之洞设大冶矿务局，开办大冶铁矿，委任林佐为总办，委员五人驻扎在铁山铺，开始圈购矿山山地及山厂工程用地。

1891 年 4 月 13 日，张之洞委任林佐兴修大冶铁山至石灰窑的运矿铁道。

1892 年 3 月 25 日，张之洞向清廷上奏《炼铁厂添购机炉请拨借经费折》，要求拨借白银 30 万两。

1892 年 10 月 16 日，从铁山至石灰窑的运矿铁路竣工通车，全长 35 公里。

1893 年，大冶铁矿正式投入生产，当年产矿约 3000 多吨。

1894 年 5 月 8 日，张之洞因建铁厂、铁路、枪炮等厂所用水泥值银 20 万两以上，故批准在大冶开办湖北水泥厂。

1896 年 5 月 24 日，盛宣怀接办汉阳铁厂（包括大冶

1. 根据武钢大冶铁矿矿志办公室，《大冶铁矿志（1890-1985）》，科学出版社，1986 年；大冶钢厂志编纂委员会，《大冶钢厂志（1913-1984）》，大冶钢厂志编纂委员会，1985 年；《全国重点文物保护单位记录档案——汉冶萍煤铁厂矿旧址》《第七批全国重点文物保护单位申报登记表——大冶铁矿天坑》历史沿革相关内容整理。

图 35　大冶铁厂天坑照片（图片来源：黄石市文物局提供）

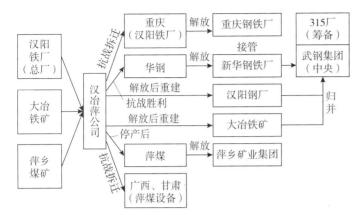

图36　汉冶萍煤铁厂矿历史演变图

（图片来源：根据李百浩、田燕，《文化线路视野下的汉冶萍工业遗产研究》，《中国工业建筑遗产调查与研究：2008中国工业建筑遗产国际学术研讨会论文集》，清华大学出版社，2009年，第112页汉冶萍公司变迁图重新绘制）

铁矿和马鞍山煤矿等），改官办为官督商办。

1898年3月22日，成立"萍乡等处煤矿总局"，委任张赞宸为总办。

1899年4月7日，盛宣怀与日本八幡制铁所长官和田签订《煤铁互售合同》。合同规定日本制铁所每年购买大冶铁矿矿石5万吨，期限15年。

1904年1月15日，盛宣怀以大冶铁矿矿山及矿山建筑物作抵，向日本兴业银行借日金300万元，签订《大冶购运矿石预借矿价正合同》及三个附件。将大冶铁矿的全部财产抵押给了日本。从此，大冶铁矿主权旁落。

1908年3月16日，大冶铁矿与汉阳铁厂、萍乡煤矿全并，成立了"汉冶萍煤铁厂矿有限公司"，清政府农工商部颁发登记执照，改"官督商办"为商办。

1909年5月16日，汉冶萍公司召开第一届股东大会，出席大会股东约500人，选出了权理董事9人，查帐董事2人，组成董事会。董事会推举盛宣怀为总理，李维格为协理。大会批准了盛宣怀在大冶建设新铁厂的动议。

1911年10月，日本西泽公雄以部分现款支付矿价，维持大冶铁矿矿石生产，以保证矿石运往日本。

1912年4月13日，汉冶萍公司召开股东常会批准盛宣怀辞职，选赵凤昌为董事长、聘张謇为总经理（未到任），李维格、叶景葵为经理。

1913年12月2日，汉冶萍公司与日本制铁所、横滨正金银行签订了五大合同，汉冶萍公司向日本借款1500万日元，40年为期，年息7厘；以公司现有全部财产及因本借款新添之一切财产作抵押担保；40年内向日本交售头等矿石1500万吨，生铁800万吨，偿还本利；聘用日人大岛道太郎为最高工程顾问，池田茂幸为会计顾问。

1914年11月，湖北巡按使段芝贵委余观海为湖北巡按使公署委员，并派其赴大冶，协助汉冶萍公司在石灰窑袁家湖购买大冶铁厂用地。同时，成立购地局。

1916年10月3日，启用"汉冶萍煤铁厂矿有限公司大冶钢铁厂"铜印。

1921年3月30日，民国政府（北京）财政部税务处核准，凡大冶铁厂所炼生铁运销出口，概予免纳捐税。年底，大冶铁厂建筑工程竣工。

1922年12月10日，成立汉冶萍总工会，选举刘少奇为委员长。同时，公司为了压缩开支，将铁山采区停止开采，集中到得道湾一个采区开采。

1923年1月13日，大冶铁矿下陆机厂工人要求增加工资，遭到矿局拒绝，遂举行罢工。2月3日，矿局答应了工人条件，罢工取得胜利。12月，大冶铁厂2号高炉停炼。

1924年，汉冶萍煤铁厂矿有限公司将大冶铁矿和大冶

图37 汉冶萍煤铁厂旧址冶炼铁炉

铁厂合并，成立大冶厂矿管理机构。

1925 年 1 月 11 日，汉冶萍公司向日本借款 850 万日元的借款合同在日本东京正式签订。

1927 年 12 月，国民政府通知汉冶萍煤铁有限公司和大冶铁矿，告知以即派人接管大冶铁矿，并致函日本驻上海领事，告知日方以后购买铁砂，须向国民政府整理汉冶萍公司委员办理。

1928 年 3 月初，国民政府农矿部通知汉冶萍公司，决定于 3 月 15 日前接管汉冶萍煤铁厂矿一切财产。4 月，日本为进一步加强对大冶铁矿的控制，在大冶厂矿成立了工务所。11 月，日本集中力量掠夺大冶铁矿的矿产资源，把大冶铁矿变成了八幡制铁所的原料基地，大冶铁矿成了八幡制铁所的开采机构。

1929 年，汉冶萍公司投资 33749 元，开辟了狮子山第三层厂位。

1930 年 12 月，国民政府农矿、工商两部合并成立实业部，整理汉冶萍公司委员会停止工作。

1933 年 1 月 18 日，中华矿业学会要求国民政府接管大冶铁矿，制止矿石运销日本。

1933 年 3 月，国民政府军政部兵工署资源委员会，负责拆迁重要冶炼设备，运往四川大渡口另建钢铁厂（现重庆钢铁公司）。3 月间开始拆卸，6 月间开始迁运，至 1939

图 38　汉冶萍煤铁厂旧址高炉遗址

年迁运结束。

1938 年 4 月，大冶县政府向大冶厂矿传达军政部关于停止开采铁矿石的密令。6 月，国民政府经济部召开会议，决定由国政部负责处置大冶铁矿。8 月 6 日，钢铁厂迁建委员会所雇装运设备、器材的两艘木驳在黄石港上游遭日机轰炸，除少数器材捞获外，余皆毁沉。8 月，汉口卫戍司令部爆破队长阎夏阳带领 100 多名士兵，将大冶铁厂的重要设备炸毁。10 月 20 日，大冶铁山被日本侵略军占领，日本制铁株式会社在日军刺刀的保护下，直接开采大冶铁矿。10 月 25 日，日本侵略军强占武汉。11 月，日本军部正式决定把大冶铁矿托给日本制铁株式会社经营。日本制铁株式会社在大冶成立了"大冶矿业所"（简称"日铁"），任命斋藤为所长，强占了汉冶萍公司所属大冶铁矿和湖北省建设厅所属象鼻山铁矿及鄂城的西山、雷山。大量的机器设备源源运进大冶铁矿。

1939 年 6 月，盛恩颐应日本要求，派襄理赵兴昌和人事课课长盛渤颐到大冶，向日本制铁株式会社大冶矿业所办理了财产移交手续。10 月，"日铁"恢复开采大冶铁矿。大冶铁厂改成"日铁"大冶矿业所生活基地及修理厂。

1945 年 8 月，日本投降。"日铁"大冶矿业所将大冶的全部财产（包括汉冶萍公司原有的和沦陷后"日铁"通过掠夺而增加的），交给上海盛恩颐集团。盛恩颐怕遭到中国人民和国民党的反对，对己不利，电告重庆国民政府经济部。经济部复电称"日铁"大冶矿业所由国民党政府接管，不准盛恩颐插手。9 月，国民政府经济部派往汉口的"湘鄂赣区"特派员李景潞委派代表朱若萍接收了"日铁"大冶矿业所，成立了"日铁保管处"。

1946 年 2 月，国民政府资源委员会派刘刚接管"日铁保管处"，改称"经济部资源委员会大冶厂矿保管处"。7 月，撤销"经济部资源委员会大冶厂矿保管处"，成立"华中钢铁公司筹备处"。

1947 年 4 月，国民政府资源委员会和经济部共同组织汉冶萍公司资产清理委员会，以孙越崎为主任委员。要汉冶萍公司将一切资产、契据、帐册、档案一律点交清理委员会接管；自抗战起至接管之日起，对其资产如有任何处理及移动等情，应逐项叙明详情及理由。

1948年2月16日，在上海市警察局协助下，盛恩颐向清理委员会作出了移交。同日，在汉冶萍公司总事所原地，设立了清理委员会上海临时办事处，开始清理工作。汉冶萍公司名称从此在中国历史上正式消亡。

1948年7月10日，在石灰窑（现西塞山区）正式成立了"华中钢铁有限公司"。原汉冶萍公司所属大冶铁矿及"日铁"开采过的管山（青备山），统归华中钢铁有限公司采矿厂经营。

图39 汉冶萍煤铁厂旧址

1949年5月16日，铁山解放。武汉军事管制委员会派王厂、陈希接管"华中钢铁有限公司"。6月1日，正式宣布对"华中钢铁有限公司"实行军管。武汉军事管制委员会后改"华中钢铁有限公司"为"华中钢铁公司"。

1951年1月，在重工业部钢铁局领导下，成立了新厂建设设计组。成立了大冶资源勘探队，开始大冶铁矿地质勘探工作。

1952年经中央批准，在汉口的中南钢铁局改称华中钢铁公司（新华中钢铁公司），原在黄石的华中钢铁公司改为大冶钢厂，隶属新华中钢铁公司。

1953年5月，新华中钢铁公司地矿处派15名行政、专业人员组成地质组进驻铁山，参与 429 队的勘探工作。8
月，成立矿山科，大冶钢厂将设在铁山的原华钢铁山保管
处保养组的人员和矿山山地及田地、房产、设备、水电设
施，移交给新成立的华中钢铁公司地矿处矿山科。

1954 年 1 月，华钢地矿处在铁山成立矿山工程队。7
月，429 队撤离铁山。苏联国立采矿企业设计院（列宁格
勒）设计采场。11 月，华中钢铁公司改组，成立武汉钢铁
公司（简称武钢），矿山工程队隶属武汉钢铁公司。

1955 年 7 月 1 日，矿山开始基建。8 月 15 日，狮子山
开工剥离，25 日尖山开工剥离。8 月，第一批电铲（三台）
运抵铁山，铁山筹备处成立了一支 70 多人的安装队，鞍
钢大孤山矿派来了 3 名有经验的机电工人。12 月，第一台
电铲从得道湾开上了尖山，穿孔机也开上了山。大冶铁矿
结束了 1890 年开办以来小生产的历史，开始了机械化的大
生产。

1958 年 7 月 1 日，大冶铁矿天坑正式投入生产，提前
半年完成了与冶炼同步投产的任务。达到了国内外同类型
矿山的建设速度。9 月 15 日，毛泽东主席在中共湖北省
委第一书记王任重和书记张平化的陪同下，来大冶铁矿视
察，登上了尖山 180 米水平。

1961 年进行采场分析，东露天采场剥离欠帐累计达
141122 吨，工作台阶经设计多五个，象鼻山滞后一年施工。

1966 年 4 月，东露天采场恢复生产。采场逐渐由山坡
露天变为凹陷露天采场。

图40　汉冶萍广场

图41　汉冶萍煤铁厂旧址场景展示

1973 年，长沙黑色冶金矿山设计院根据武钢公司用矿的需要和东露天采场的条件，同大冶铁矿一起进行了"东露天深部运输改造方案设计"。

1974 年，"东露天深部运输改造方案设计"由冶金部以（74）冶基字第 007 号文批准。

1976 年，大冶铁矿开始对东露天运输工程进行自营施工。

1978 年，象鼻山北帮边坡出现大滑移后，大冶铁矿计划技术科对象鼻山采区的开采境界再次进行修改。

1996 年 7 月 1 日，东露天采场北帮边坡尖 F9 区发生边坡滑坡，其规模高 240 米，宽 105 米，滑方量达 88000 立方米。

1998 年 7 月，降特大暴雨，东露天采场坑积水深 26 米，采场淹至负 120 米。

2002 年 5 月，黄石市人民政府将"汉冶萍煤铁厂矿旧址"公布为黄石市文物保护单位。

2002 年 11 月，湖北省人民政府将"汉冶萍煤铁厂矿旧址"公布为湖北省文物保护单位。

2004 年 7 月，冶钢集团成立"汉冶萍时期遗址"保护工作领导小组。

2005 年，大冶铁矿天坑同铜绿山古铜矿遗址捆绑被国土资源部公布为首批国家矿山公园（黄石国家矿山公园）。

2006 年 6 月，国务院将"汉冶萍煤铁厂矿旧址"公布为全国重点文物保护单位。

2009 年 1 月，市文物部门在第三次全国文物普查田野调查中发现大冶铁矿天坑，作为文物普查新发现纳入不可移动文物进行保护。

5. 遗产构成

（1）汉冶萍煤铁厂矿旧址遗产构成[1]

冶炼铁炉。冶炼铁炉位于西塞山区湖北新冶钢有限公司厂区内。冶炼铁炉于 1919 年 12 月 8 日动工兴建，1921 年 5 月，1 号化铁炉身建成，6 月 1 日，汉冶萍公司在大冶钢铁厂设置开炉筹备处，筹备开炉炼铁事宜。冶铁高炉是我国现存最早的钢铁冶炼炼炉，是当时的"亚洲第一高炉"。

1. 根据《全国重点文物保护单位记录档案——汉冶萍煤铁厂矿旧址》基本状况描述整理。

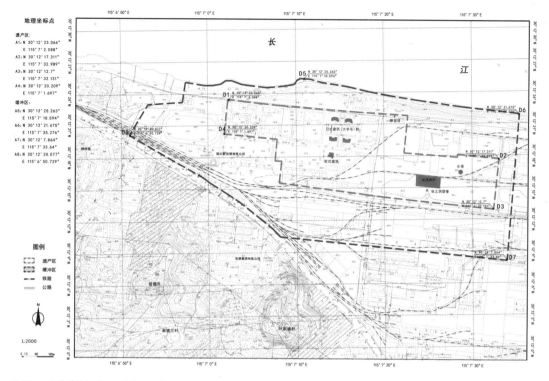

图42 汉冶萍煤铁厂矿旧址遗产区划图

图43 冶铁高炉（图片来源：左图为吴建新摄汉冶萍高炉遗址，右图为作者实地调研拍摄）

高炉栈桥。高炉栈桥位于西塞山区湖北新冶钢有限公司厂区内，其主要作用是运输矿石及燃料。

日欧式建筑群。日欧式建筑群位于湖北新冶钢有限公司厂区西总门外行政区主干道南北两侧，是厂方为解决当时工程技术及管理人员办公和生活起居，于1917年以后相继陆续动工兴建并竣工。日式建筑现存四栋，"大"字号楼是厂部的高级管理及工程技术人员使用的宿舍楼，位于

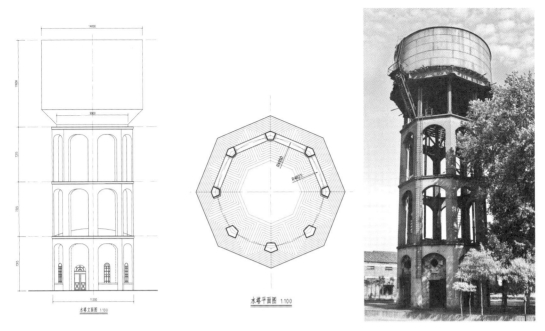

图44　水塔现状及设计立面图、平面图（图片来源：黄石市文物局提供）

图45　高炉栈桥照片（（图片来源：黄石市文物局提供）

行政区主干道北侧西栋（1—4号楼），保存状况完好，每栋两层，占地面积192平方米。

欧式建筑，仅存公事房一栋，是当时大冶铁厂厂部办公楼，为典型欧式建筑，占地面积240平方米，共三层，保存完好，现是老干部活动中心的一部分。

瞭望塔。瞭望塔旧址位于湖北新冶钢有限公司厂区公安处后侧江堤上，约建于1918年，其主要功能为警戒、报

图46　日式建筑群大字号楼实景（图片来源：上图为作者实地调研拍摄，下图为黄石市文物局提供）

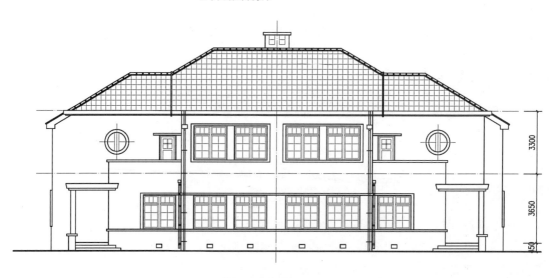

大字号宿舍正立面图 1:100

图47　日式建筑群大字号楼建筑立面图（根据档案图纸绘制）

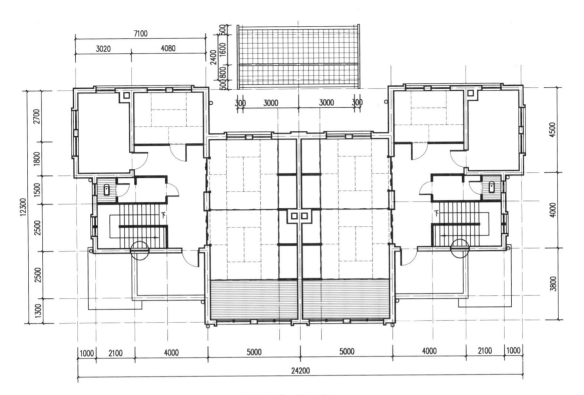

大字号宿舍二层平面图 1:100

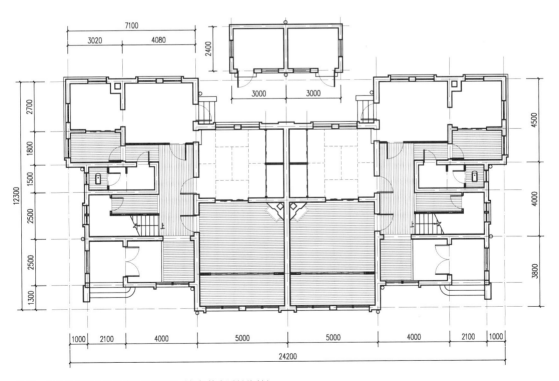

图48　日式建筑群大字号楼建筑平面图（根据档案图纸绘制）

图 49 欧式建筑实景（图片来源：左图为作者实地调研拍摄，右图为黄石市文物局提供）

现第一招待所北立面图 1:100

图 50 欧式建筑立面图（根据档案图纸绘制）

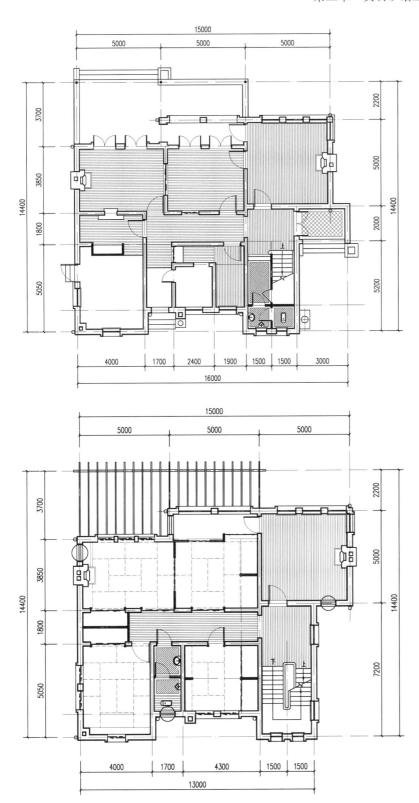

图51　欧式建筑平面图（根据档案图纸绘制）

警。瞭望塔平面呈等边六角形，全高约13米，塔身高约11.1米，最大直径2.6米。塔分上下两层：上层为敞开式，下层在六个不同方位设12个椭圆形瞭望孔，塔门朝东，旋转楼梯上下。该塔用23.2×10.8×6厘米的带有"铁锤钢钳"交叉标识的红砖和米灰色砖（无标识）错缝平砌。整个建筑坚固结实、美观，为欧式建筑风格，该瞭望塔保存良好。

张之洞塑像。张之洞塑像位于西塞山区湖北新冶钢有限公司厂区内。1914年时任汉冶萍煤铁厂矿公司董事长的盛宣怀有感于张之洞创办汉冶萍公司，在汉阳铁厂建立张之洞石像。1926年7月国民党政府资源委员会在大冶铁厂筹建华中钢铁有限公司并接管汉阳铁厂。1948年元月将张之洞塑像由汉阳迁至华钢。此像为1986年按原状恢复建造。

汉冶萍界碑。1913年5月，汉冶萍公司决定在石灰窑以下地区兴建大冶铁厂，1914年11月开始圈地，1915年开始征地，1918年底汉冶萍公司大冶新厂厂基征购完毕，在东起西塞山，西达石灰窑镇，南抵黄荆山北麓，北至长汉中心，共计征地4186亩，同时设立"汉冶萍界"界碑。界碑高70厘米，25厘米见方，青石制作，"汉、冶、萍、界"四字，分刻于石碑四面。

图52　瞭望塔（左）张之洞像（中）界碑（右）

（图片来源：左、中图为作者实地调研拍摄，右图为黄石市文物局提供）

（2）大冶铁矿天坑遗产构成[1]

由象鼻山、狮子山、尖山三个矿体组成，是大冶铁矿的主要采场。整个采场东西长2400米，南北宽900米，上下落差444米，坑口面积达108万平方米，是世界第一高陡边坡，亚洲最大人工采坑。

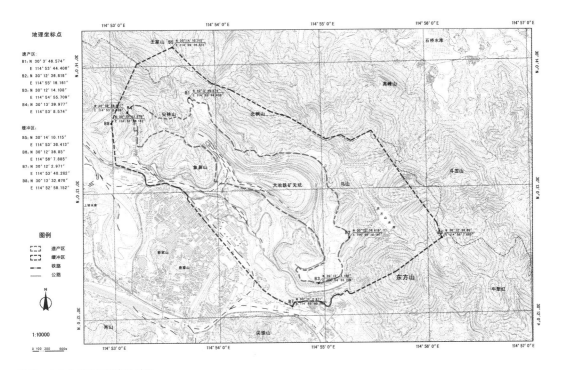

图53　大冶铁矿天坑遗产区划图

6. 遗产对经济、社会的影响

黄石是洋务运动时期中国近代第一批重工业城市之一。1908年，中国第一家钢铁煤联合企业——汉冶萍煤铁厂矿有限公司成立，大冶铁矿是其重要组成部分。1913年，汉冶萍公司筹建大冶钢铁厂，大冶钢铁厂在20世纪20年代具有较大规模的生产能力，其产铁能力占长江流域钢铁厂的50%，占全国的31%，甚至超过汉阳铁厂。大冶铁矿是中国第一座用机器开采的大型露天铁矿。

钢铁工业是近代国家工业化的主导产业，汉冶萍公司的诞生，大冶钢厂和大冶铁矿的突出技术贡献，是中

1. 根据《第七批全国重点文物保护单位申报登记表——大冶铁矿天坑》相关内容整理。

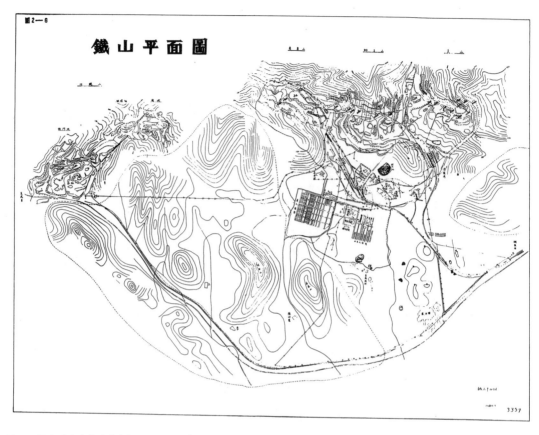

图54 铁山（大冶铁矿前身）平面图（图片来源：武钢大冶铁矿矿志办公室，《大冶铁矿志（1890-1985）》，科学出版社，1986年，第240页）

国民族资本主义发展的一个重要标志，它在推动中国乃至亚洲现代工业的发展方面，起到了很大的作用。在近代重工业的发展时期，以大冶钢铁厂为代表，发展了重工业的重要门类钢铁工业，实现了从机器采掘向工业冶炼的转变。

同时，汉冶萍公司的诞生也对近代中国的社会结构、风俗习惯产生了深刻的影响。从清光绪二年（1876年）外籍矿师进入黄石地区勘矿开始，外国工程师、工匠和沿海近代工业较发达地区一批技术工人的到来，给本地区带来了新思想、新文化，从而使原有的矿冶文化传统也发生了一定的变化，改变了人们的生活方式和习俗，使黄石地区成为全国洋务运动中心之一，不仅出现了新式工矿企业，思想文化也发生了变化，并迅速融入近代社会。

黄石地区诞生了中国近代最早的产业工人，地区产业工人的形成和近代先进机器设备的出现，一批高级知识分子的到来，给黄石矿冶生产传统产生较大的影响，也带来了商业的繁荣，改变了地区经济结构。

2.4.3 华新水泥厂旧址

1.遗产概况[1]

华新水泥厂旧址位于黄石市黄石港区黄石大道145号。旧址地处黄石市中心地段，其北为黄石大道，直线距离长江约500米，东、南、西三面均为民宅，南距磁湖500米。

华新水泥厂旧址现存有3台湿法水泥窑（其中1、2号窑设备1946年从美国进口，由美国爱丽斯公司生产。3号窑于1975年开始扩建，1977年正式投产，被命名为"华新窑"）、2台四嘴装包机等生产设施及生产线、运输线、厂房和管理用房等配套设施。旧址占地面积约54000平方米。华新水泥厂旧址是我国近代最早开办的三家水泥厂之一，原名大冶湖北水泥厂，创建于清光绪三十三年（1907年）。1946年9月28日，在现址兴建了华新水泥股份有限公司大冶水泥厂，1949年初，第一台湿法水泥窑建成投产后，技术装备水平和生产规模能力，曾誉为"远东第一"。1950年，华新水泥股份有限公司和大冶水泥厂合并，后经社会主义公有制改造成为"华新水泥厂"。2005年起老厂区陆续停产。华新水泥厂旧址现存的1-3号湿法水泥窑是"华新水泥厂"历史进程中的重要见证，不仅具有重要的文物价值，而且从水泥生产工艺的角度看，代表了当时先进的生产力，在中国水泥发展史上具有很高的价值。

2.创建背景[2]

清光绪三十三年（1907年），清政府为增强国力，发展民族工业，决定建设南北大动脉——粤汉铁路，当时的湖广总督张之洞经过考察发现黄石黄荆山上的岩石是制造水泥的上等原料。后经德国化学家化验后得出"大冶黄荆山的矿石乃是生产水泥的石灰石最佳原料"的结论。故张之洞上书，力陈开办水泥实业的利害，最后光绪皇帝朱批"依议，钦此"，批准湖广总督张之洞创办大冶湖北水泥厂

1. 根据《第七批全国重点文物保护单位申报登记表——华新水泥厂旧址》相关内容整理。
2. 根据华新厂志编纂委员会，《华新厂志（1946-1986）》，华新厂志编纂委员会，1987年，第39页相关内容整理。

图 55　华新水泥厂旧址保护更新改造前厂区全景（图片来源：黄石市文物局提供）

（即为华新水泥厂前身）。

　　张之洞委托程祖福经营湖北水泥厂，他从德国购得当时国际最先进的两条日产 200 吨旋窑水泥生产线，这两条生产线就是华新水泥厂的前身。华新水泥厂最早叫华记湖北水泥厂，使用"宝塔牌"商标，年产水泥 4-5 万吨，与北方唐山的启新水泥厂相抗衡，一北一南平分天下。

　　3.遗址的地理位置及自然条件[1]

　　华新水泥厂旧址地处湖北省东南部，长江中游南岸的黄石市区。幕阜山北侧，为幕阜山向长江河床冲积平原的过渡地带。全厂占地总面积 77 公顷。

　　华新水泥厂旧址地处黄石市中心地段，其北为黄石大道，紧邻长江，南距磁湖 500 米。黄石市境内村村通公路，对外通往全国各地，沪蓉高速公路横贯市区北隅，上通渝蓉，下通宁沪；武（昌）黄（石）九（江）铁路，东连浙赣线，西接京广线；水路依托长江可出海对外交通便利，区位优势明显。

　　4.历史沿革[2]

　　1907 年初，清政府湖广总督张之洞出示招商，谕请国人自办水泥厂。2 月，湖北差委程祖福上书应招。7 月 28 日，张之洞批准商办湖北水泥厂，委任程祖福为总办。8 月 9 日，张之洞向皇帝禀奏此事。8 月 21 日，清光绪帝朱批："依议，钦此。"同年，程祖福集股 42 万银，开始建厂。

1. 根据《第七批全国重点文物保护单位申报登记表——华新水泥厂旧址》自然与人文环境和华新厂志编纂委员会，《华新厂志（1946-1986）》，华新厂志编纂委员会，1987年，第523-547页相关内容整理。
2. 根据《第七批全国重点文物保护单位申报登记表——华新水泥厂旧址》历史沿革整理。

1909 年 5 月 2 日，湖北水泥厂建成。6 月 11 日，湖广总督批准发给营业执照。1910 年"宝塔牌"水泥在南洋劝业会上获头等金、银质奖牌各一枚。

1914 年 4 月，北洋政府国务院 331 号文批准保商银行与华丰兴业社让渡呈文，11 日，启新接管湖北水泥厂。23 日，湖北行政公署布告改名"华记湖北水泥厂"，使用原商标。10 月 6 日，农商部 1461 号文批准启新报告，正式归并。

1915 年 4 月 16 日，"宝塔牌"水泥在美国巴拿马赛会上获一等章。

1923 年华记厂生产的水泥，参加上海商标陈列所第三次展览会，获得最优等奖证。

图 56　清朝光绪皇帝朱批建立大冶湖北水泥厂（图片来源：湖北水泥遗址博物馆提供）

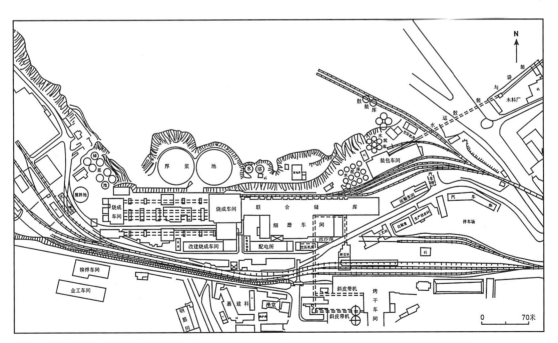

图 57　华新水泥厂旧址平面图（图片来源：华新水泥厂旧址第七批全国重点文物保护单位申报登记表第 19 页）

1924年8月，北京商标局以835号文，签发了华记水泥厂营业执照。

1933年，国民政府实业部以工字第8097号文批准，发给华记湖北水泥厂营业执照。

1934年10月，华记厂更名为"启新华记水泥厂"。

1937年7月7日发生芦沟桥事变后，国民政府筹划将华记厂迁往后方。

1938年7月，国民政府经济部部长翁文灏，拨60万元专款，授命王涛将华记厂拆迁到湖南辰溪。

1939年4月15日，辰溪梨子湾水泥厂开始安装设备，同时改名"华中水泥厂"。5月4日，昆明水泥厂股份有限公司成立，公推缪云台为董事长，王涛为总经理，茅伯笙为协理。12月开始兴建。

1940年，因欠启新1000多万元债款无力偿还，原湖北水泥厂的产权被政府判给启新。

1941年6月4日，华中水泥股份有限公司成立。

图58 华新水泥厂全貌及周边环境（图片来源：黄石市文物局提供）

1943 年 5 月 1 日，华中、昆明两厂在重庆中国银行召开股东联席会议，成立华新水泥股份有限公司。

1945 年 8 月 11 日，成立大冶水泥厂筹建处。9 月 8 日，张宝华和交通银行驻美代表施博群与美国爱立斯公司签订日产一千吨水泥机器合同。11 月，华新公司由昆明迁汉口。

1946 年 1 月 12 日，启新公司与华新公司订立契约，将原华记厂资产 1800 万元所有权价让给华新。3 月 30 日，选定枫叶山为厂址，至年底购地 890 亩。9 月 28 日，正式破土动工建厂。

1947 年 2 月，大冶厂开始设备基座工程施工。3 月，开始厂房建筑工程。

1948 年元月，大冶厂开始设备安装。2 月，经济部以新字 3369 号文发给执照。

图 59　华新水泥厂旧址局部

1949 年 2 月 28 日，二号水泥窑点火，调试设备。4 月 5 日出熟料。4 月 9 日，水泥磨试车投产。5 月 1 日，大冶筹建处撤消，王涛兼任经理，张传奇、陈育麟为副经理。5 月 15 日，黄石解放。5 月 30 日，军管代表王焕宇、姜珊、王健进驻大冶厂。6 月 15 日，军管代表刘友三接管华新公司。9 月 1 日，中原临时人民政府公管企业部企密 21 号文通知，华新公司隶属该部领导。

1950 年 4 月，华新公司从武汉迁到黄石，与新厂合并。12 月下旬，第二条生产线（一号窑）建成投产。12 月 30 日，中南工业部工办字第 604 号文指示，改组华新公司董事会。

1951 年 1 月 16 日，召开了董事会第一次会议，结束了军管。公司直属中南工业部领导。8 月 1 日，中央私营企业局颁发华新"堡垒牌"商标注册证。

图 60　华新水泥厂旧址局部

1952 年 1 月，经中央财政部批准，华新公开发行股票，以七折优惠价收缴股额，计划增资 280 亿元。7 月 15 日，经公司董事会股东会一致通过，华新水泥股份有限公司所属昆明水泥厂作价 152.6 亿元，移交给西南财经委员会管辖。本年底，华新由中南军政委员会领导改属中央重工业部建筑材料工业局管理。

1953 年 8 月，全厂总动员，支援 2 号窑安全运转 100 天，2 号窑制订了"三清、三勤、十看"的安全运转方案。9 月 8 日，经中央重工业部审批，华新水泥公司改为华新水泥厂，厂名前面加"公私合营"，全称为"公私合营华新水泥厂"。

1954 年 1 月 9 日和 29 日，1，2 号窑分别安装"水冷却"。

1955 年 5 月 17 日，华新生产的 #300、#400 混合硅酸盐水泥，送往日本、印度、叙利亚、巴基斯坦等国家展出。

1966 年 9 月 9 日，华新改名为"东风水泥厂"。

1970 年 1 月 2 日，恢复华新水泥厂厂名。

1972 年 6 月 8 日，编制了 3 号窑扩建方案。

1975 年 9 月 22 日，3 号窑破土动工。

1977 年 7 月 1 日，3 号窑试车投产。

1980 年 5 月，1 号水泥窑实施了增挂耐热钢链条的新技术。

1981 年 1 月 14 日，美国爱立斯公司派出代表，来到华新进行技术调查访问。

1992 年 11 月 16 日，华新水泥股份有限公司筹备委员会成立。

1997 年 6 月，公司生产的 1 千吨具有特性的"华新牌"大坝水泥运往长江三峡工程工地。10 月 24 日，公司成为三峡工程建设需用水泥的主供应商。

2000 年 12 月 31 日，公司被评为"2000 年三峡水泥质量比对试验第一名"。

2005 年 5 月，华新水泥股份有限公司黄石分公司老厂区陆续停产。

2007 年 7 月，华新老厂全部关停，光荣完成了它的历史使命。

华新水泥厂旧址的保护工作由此开始。

2008年12月，第三次全国文物田野调查中，将华新水泥厂旧址作为第三次全国文物普查新发现，及时向市政府报告，要求加强华新水泥厂旧址的保护工作，并将其纳入文物保护。

2009年3月，黄石市政府召开专题会议，确定了华新水泥厂旧址的保护。

2010年5月17日，黄石市水泥遗址博物馆成立。

图61 华新水泥厂旧址局部

自2008年12月对华新水泥厂旧址进行了全面调查以
来，建立、健全和完善了，包括生产线、运输线、厂房、
管理用房等在内的华新水泥厂旧址的档案记录工作，已运
用测绘、摄影、摄像文字记录和航片等科学手段，基本完
成了对华新水泥厂旧址的建档工作，为保护和研究工作的
开展提供了翔实准确的资料。

5.遗产构成[1]

华新水泥厂旧址现保存了3条湿法水泥窑、装包车间
旧址、磨房旧址，设备包括2台贝式四嘴装包机、高耙机、
低耙机等生产设施及生产线、运输线、厂房和管理用房等
配套设施。

（1）1–3号湿法水泥窑旧址

1–2号湿法水泥窑。1946年从美国进口，由美国爱
丽斯公司生产。直径3.5米，长145米，是一种钢制圆胴，
胴体内部砌耐火材料，胴体倾斜，窑头低，窑尾高，与地
面成4°的夹角。回转窑是煅烧设备，煤粉在其中燃烧产

1. 根据《第七批全国重点文物保护单
位申报登记表——华新水泥厂旧址》
文物本体状况内容整理。

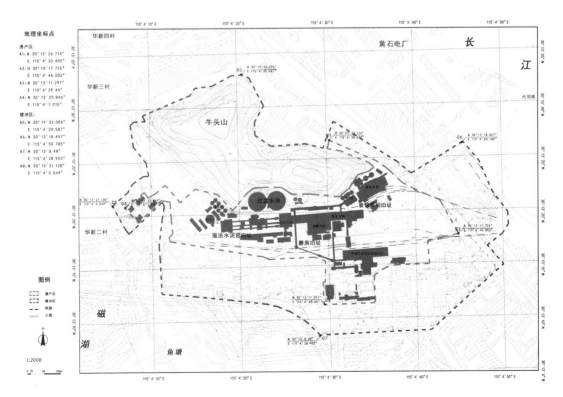

图62　华新水泥厂旧址遗产区划图

生热量；又是给热设备，物料吸收热量进行烧结；还是运输设备，物料顺着斜坡在回转窑旋转过程中从进料端输送到出料端，在输送过程中依次完成干燥、煅烧、冷却的过程，形成熟料。水泥窑台时产量25吨，日产熟料1800吨，平均标号为650号，马力为400HP，墩座14座（1个窑7座）。

3号窑（即华新窑）。窑型规格同1–2号窑基本相同，但墩座改为6座，设备性能通过国产化已多有改进，由兰州石油化工厂制造。1975年9月20日破土动工，1977年7月1日投产，一次试车成功，增加年生产水泥能力23万吨。

图63　保护更新前1至3号窑窑尾全景（图片来源：黄石市文物局提供）

图64　保护更新前1至3号窑窑中至窑头全景（左）1至3号窑窑中至窑尾（右）

（2）装包车间旧址

装包车间旧址内有包装设备——贝式四嘴装包机，1946年从美国进口，由美国爱丽斯公司生产，马力为25HP，台时能力60~70吨。1975年，进行技术改造，加大出灰叶轮，扩大出灰嘴，使台时装包能力提高。

图65　保护更新前装包运输设备（图片来源：黄石市文物局提供）

（3）磨房旧址

磨房旧址现有高耙机、低耙机等配套设备，1946年从美国进口，由美国爱丽斯公司生产。高耙机、低耙机是生料球磨机（2.74×3.96米）的配套设备，为浮选与输送设备。

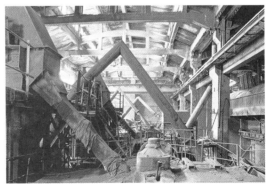

图66　保护修缮前磨房局部及设备（图片来源：黄石市文物局提供）

图67　过滤水池（图片来源：黄石市文物局提供）

（4）过滤水池

过滤水池为圆形，直径约52.5米，用钢筋混泥土
制成。

6.遗产对经济、社会的影响

华新水泥厂是我国近代最早开办的水泥厂之一，于
1907年创建，现存创建时期窑墩、办公楼等设施。该旧
址还有保存完好的湿法水泥窑3台，其中1、2号窑始建
于1946年；3号窑是20世纪70年代修建，被国家列为水
泥工业的定型设备，并命名为"华新窑"，随后在我国推
广建设了几十条生产线，代表我国水泥行业当时的先进水
平，成为中国水泥工业的一个里程碑。

黄荆山石灰石成为水泥制造的优质原料，大冶湖北水
泥厂的开办，改变了中国水泥工业的布局，打破了唐山启
新洋灰公司独霸中原水泥市场的局面，也开创了湖北水泥
工业的历史。华新水泥厂汇聚了当时中国水泥工业领域的
各方精英，管理人员的科技意识比较强，科学管理逐步形
成，同时为华新日后成为"中国水泥工业的摇篮"奠定了
基础。

第三章
黄石矿冶工业文化遗产文物价值梳理

3.1 铜绿山古铜矿遗址遗产价值

3.1.1 历史价值

铜绿山古铜矿遗址是中国已发现的年代早、延续时间长、规模最大、技术体系最为完整的古代矿冶遗址。根据对出土文物的考证和同位素^{14}C测定，铜绿山古铜

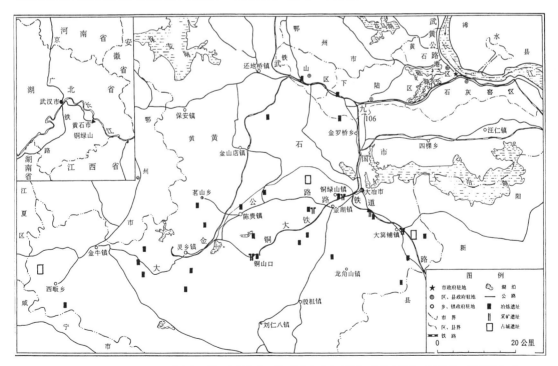

图68　铜绿山古铜矿遗址位置图（图片来源：黄石市博物馆，《铜绿山古矿冶遗址》，文物出版社，1999年，第4页图一）

矿开采年代从商代晚期开始，经西周、春秋，直到战国至西汉时期，延续千余年。[1]从铜矿储藏数量、矿石品位、开采时间、采掘技术、冶炼工艺、产品输出范围这些指标来看，铜绿山古铜矿遗址都达到了极高的水平。

3.1.2 科学价值

根据勘探调查，铜绿山矿区发现的古代露天采场有7个、地下采区18个、采矿坑道约为100万立方米、井巷总长约8000米；据已出土的固矿井支架推算，铜绿山古矿区所用木料超过3000立方米；古代采场内遗留的铜矿石达3万–4万吨（铜品位为12%–20%）；人工堆积的矿石废石土渣有70余万立方米；发现古代冶炼遗址场地50余处；铜绿山矿区12个矿体中，10个矿体有古人开采遗迹；[2]出土完整的炼铜炉10余座；出土的采掘、提升用金属工具近千件。这些遗存反映的黄石古代矿冶技术水平成熟、工具先进、体系完整、规模宏大、影响广泛，集中再现了中国青铜时代矿冶技术成就，成为人类古代矿冶工业技术的非凡范例，并对世界矿冶技术史和后世采冶技术有着深远的影响。

1. 根据黄石市博物馆，《铜绿山古矿冶遗址》，文物出版社，1999年，第184页内容整理。
2. 根据大冶市铜绿山古铜矿遗址保护管理委员会，《铜绿山古铜矿遗址考古发现与研究（二）》，科学出版社，2014年，第ix页内容整理。

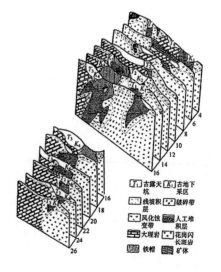

图69 古采区在各勘探线分布图（图片来源：杨永光、李庆元、赵守忠，《铜录山古铜矿开采方法研究》，有色金属，1980年第4期，第87页图4）

　　铜绿山古铜矿遗址至迟从商代晚期开始，经西周、春秋战国至西汉时期，延续开采上千年，采选兼备，结合露天开采和地下开采，运用了以铜斧、铜锛、铜镢三大器类为主的一大批先进的生产工具，以古代传统手工生产方式实现了矿井提升、排水、通风、井巷和采矿场支护、造渣与配矿等一系列技术复杂的矿冶技术要求，运用分地进行并互有分工的采矿、冶炼和铸造工序管理方式，实现了对铜矿资源自成体系的大规模开采和利用活动。

　　铜绿山古铜矿遗址揭示了古代传统采冶技术的完整系统和突出成就。通过铜草花判断铜矿的位置是古人最早的探矿方法之一，采用了较为先进的浅井和重砂分析法追踪富矿，使用先进金属工具开拓井巷；采用榫卯木支护结构；创造性运用下向式井巷交错法或上向式方框支柱填充法采矿生产；开创了矿山生产使用木制机械的先河。同时在冶炼方面，创先使用鼓风炉竖炉炼铜，可以持续进行冶

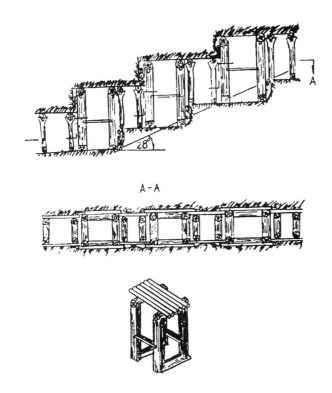

图70　阶梯式斜井（巷）（图片来源：杨永光、李庆元、赵守忠，《铜录山古铜矿开采方法研究》，有色金属，1980年第4期，第91页图12）

炼，而且操作简便；掌握了当时居于世界领先地位的配矿技术和提炼工艺。这一系列技术都凸显了中国古代劳动人民的伟大创造力。

铜绿山古铜矿遗址中发掘出的大量矿冶采掘工具也展现了铜绿山古代采矿技术高超水平，而矿冶工具的发展与演变，也反映了采矿技术的不断进步和生产力的巨大变革。黄石古代铜矿大规模开采和冶炼，也为后世铁矿的开采和冶炼提供了技术基础和规模化生产的组织管理经验。

经考古研究证实，铜绿山持续1000余年的矿冶生产未曾间断，隋唐时期，又在原有遗址上继续开采，并在此期间形成了由探矿、挖矿、铲装、选矿、排水、提升、装运

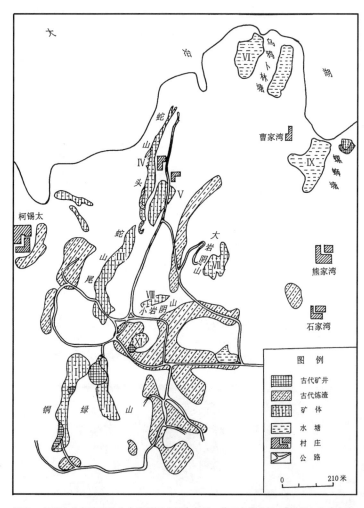

图71　铜绿山古铜矿遗址分布范围图（图片来源：黄石市博物馆，《铜绿山古矿冶遗址》，文物出版社，1999年，第13页图五）

以及铜矿资源的萃取、冶炼等技术环节构成的一套完整的古代传统矿冶技术体系。该体系内涵丰富，互相联系，在长期的矿冶活动中不断演进和发展，充分反映了古代人们的创造精神，集中再现了中国青铜时代矿冶技术成就，成为人类古代矿冶工业地质探矿、矿山开采和金属冶炼等矿冶技术方面的独特范例，并对世界矿冶技术和后世采冶技术有着深远的影响。

铜绿山古铜矿遗址不仅促进了古代科学知识的积累和技术的发展，也成为先秦时期古代矿冶开发史上生产水平的最高代表，实现了人类自石器时代跨入青铜时代的一大历史进步，并直接影响了铁器时代的发展，东周时期中国出现的生铁制器较欧洲早1800多年，为人类社会的发展进步做出不可磨灭的贡献。

3.1.3　社会价值

铜绿山古铜矿遗址所延续的黄石地区矿冶生产传统，具有独特的文化特色和发展模式，并且渗透到该地区社会组织、民俗民情和人民生产生活的方方面面。铜绿山古铜矿遗址所蕴含的矿冶文化在2000多年的采矿、冶炼和制造发展史上，体现了独特的包容、坚韧的精神、创造性的思维方式、深沉的情感表达等因素。人们为战胜各种困难，在崎岖的山地上，在地下井巷的底层，坚忍不拔，艰苦奋斗，不断完善和改进工具，积累经验，不断创造，攻克难关，使当时的生产规模及矿冶技术水平达到了前所未有的高度。

铜绿山矿冶业的率先崛起，带动和促进了当时黄石地区整个社会经济文化的大发展，使黄石地区出现了人类社会第一次空前大繁荣。考古发现表明，黄石（大冶）城乡迄今尚保存的古文化遗址100多处（此外还有古城址及古墓葬群），其中，商周时期的遗址居多，分布的范围广。包括市区的下陆、铁山和大冶的大部分乡镇，几乎没留下空白，表明了这个地区当时的人口密集，经济发达繁荣，都与当时矿冶业的发达紧密相关。其中与铜绿山古铜矿遗址密切相关的有三座古城，经进一步考古确定，这几处城址均与铜矿的开采冶炼、经济生产有密切关系，并随着矿冶开采活动不断向铜矿资源富集的地方转移，作为管理生产机构中心的城市也随之转移。

铜绿山古铜矿遗址的生产工具也同样反映出当时的社会经济状况。铜绿山采集的汉代铁斧、铁锄上的铭文说明铜绿山已经由西周、春秋时期的奴隶制和封建领主制的地区属性生产方式转变为封建社会由国家统一调配的经济管理发展模式。

根据考古材料证明，楚国至迟在春秋晚期实现了对鄂东南地区的有效统治，战国时期楚人进入鄂东后，黄石地区冶铸业在原有规模的基础上得到了较大程度的提升，这也归功于楚人对矿冶工业的积极开发与有效管理。当时铜绿山矿区的粗铜年产量在1700–2500吨左右[1]，为楚国称霸争雄提供了强大的物质基础。

3.1.4 文化价值

铜绿山古铜矿遗址所代表的古代矿冶生产传统成为中国青铜文化的物质基础和历史源头，铭刻了青铜文明发展、鼎盛和繁荣的足迹。

《左传》云："国之大事，在祀与戎。"而"祀"与"戎"，都离不开青铜原料。青铜在先秦时期关系到国家的命脉，是最重要的战略资源。先秦时期中国先民创造了辉煌而独特的青铜文明，正如美籍华裔考古学家张光直先生所说：已发现的中国青铜器的数量，相当于世界（其它地区）出土青铜器数量的总和；已发现的中国青铜器的种类，也是世界（其它地区）出土青铜器种类的总和。现代科技检测分析表明，先秦时期中原王朝的铜料可能部分来源于长江中下游地区。

铜绿山古铜矿遗址的发现和发掘，为古代青铜文化的大量铜金属原料来源问题、中原王朝南下获取铜资源的机制与方式、铜料的运输通道等问题提供了可靠的科学依据，证明了东方的青铜文化是一部独立、完整的历史。考古研究证实，铜绿山是商周至战国时期中国主要的铜产基地之一，在铜绿山矿区的地表，堆积的古炉渣据估算总量

1. 龚长根、郭恩，《铜绿山古铜矿与楚国的强盛》，全国第七届民间收藏文化高层（湖北 荆州）论坛文集，2007年，第155页。

约有40万吨，说明这里曾向社会提供了几万吨铜金属。铜绿山大量铜金属的开采冶炼，保证了当时社会以铜作为礼器和兵器的需要，并在一定程度上解释了在众多考古遗址中出土的大量大型青铜器的原料来源。

铜绿山古铜矿遗址还清晰地展示了由于生产工具改变而带来的社会文明的进步及其对于政权经济军事实力的支撑作用。从铜绿山古铜矿遗址出土的采掘工具来看，春秋以前的奴隶制社会主要依靠铜制工具，如铜斧、铜锛等，至战国时期采掘已被封建社会的象征——铁工具所取代。另有研究表明，铜绿山的铜金属资源是楚国兴起、发展和强大的重要原因之一，对楚文化和中华文化的发展起到重要的支撑作用。

铜绿山古铜矿遗址的发现和发掘揭示了中国青铜文化的起源，它所代表的古代矿冶生产传统，作为一种社会形态的独特写照，其重要性不仅在生产物质方面，更在于国家与文明的制度层面，黄石古代矿冶工业文化遗产为中国乃至世界青铜文明找到重要的原料产地和历史源头，见证了中华文明由于铜的出现而由原始社会过渡为奴隶社会以及因为铁器的使用而演变至封建社会的社会形态变化，为人类社会的发展和进步做出了重要贡献。

附录：铜绿山古铜矿遗址铜矿采冶技术[1]

1. 探矿

重砂法和工程法探矿技术的采用。

铜绿山矿区属矽卡岩型接触交代型含铜磁铁矿床，生成于中生代后期花岗闪长斑岩和三叠系大冶灰岩接触带内。矿区内矿体多，储量大，品位高，埋藏浅，而且大部分矿体出露地表或接近地表。这一特定的地质环境，为古代开发利用铜绿山矿山提供了有利条件。由于矿体出露地表，使不少铜的氧化物，如孔雀石、蓝铜矿、赤铜矿等经雨水的冲洗而形成"每骤雨过时，有铜绿如雪花小豆点缀土石之上"的自然

1. 根据韩汝玢、柯俊主编，《中国科学技术史（矿冶卷）》，科学出版社，2007年，第二章中国古代采矿技术中铜绿山古铜矿遗址相关内容整理。

景观。这是古人认识这个矿区的明显标志。此外，矿区内遍地生长的铜草（海洲香薷）也可能成为古代找矿的指示植物。虽然到现在我们还没有发现铜绿山古铜矿利用矿体露头和指示植物找矿的文献资料，但《管子》一书中有关矿物共生关系的记述，可以说明这种找矿方法的存在。《管子·地数》篇记载："上有丹砂者，下有黄金。上有慈石者，下有铜、金。上有陵石者，下有铅、锡、赤铜。上有赭者，下有铁。此山之见荣者也。""荣"当指矿苗，即矿体露头。它说明，我国古代就知道利用矿体露头找矿。[1]

重砂法方面，在发掘铜绿山古铜矿各个时期的古矿井中，都发现一种类似现代淘金斗的船形木斗，同时在井下还发现木杵和木臼。我们认为，这是一组利用矿物和岩石比重不同，即运用重砂分析法，鉴定岩粉和高岭土中的细粉矿物含量的工具。当用肉眼无法鉴定矿土中有多少金属含量时，则将矿土在木臼中捣碎，装入船形木斗，然后在水中淘洗，泥土洗走后，金属矿物沉于盘底，沉淀愈多，说明品位愈高。采用重砂分析法，可以追踪富矿开采，达到指导井巷掘进方向的目的。铜绿山现代开采证实，凡是铜矿富集的地方，古代都进行过开采，说明用这种方法指导井巷开采是行之有效的。[2]

工程法方面，主要是利用探井，用于探矿的竖井，一般比用于矿石提升的井小。古人凭经验找到铜矿后，先进行露天开采，当露采达到一定深度时，则转为地下开采。为追踪矿脉，当时已采用丌凿竖井探矿。在考古发掘中，发现有一

1-2. 黄石市博物馆，《铜绿山古矿冶遗址》，文物出版社，1999年，第188页。

图72　铜草花，植物学名海州香薷，为先民寻找铜矿的指示植物（图片来源：政协大冶市委员会，《图说铜绿山古铜矿》，中国文史出版社，2011年，第81页图7）

图73　C型木斗（图片来源：《图说铜绿山古铜矿》，第177页图195）

部分断面小的竖井，分布密集，有的开凿在花岗闪长岩内证明无矿；有的开凿在绢云母化矽卡岩内，证明接近矿体；有的则开凿在矿体内，并沿着矿脉进行跟踪开采。

- 商代时期

探井，用于探矿的竖井，一般比用于矿石提升的井小，铜绿山商代探矿井井口尺寸一般在48厘米*48厘米。探槽，是露天开掘的槽坑，可用于与竖井联合开采，可边探矿边开采。可见商代探矿至少有两种方法，第一种为淘沙法，即重砂探矿法；第二种探井和探槽均为探矿工程法。

由于铜绿山均赋存着大量粒状孔雀石，即古代称之为"铜绿"，其绿色，是古代工匠寻找铜矿的重要指示。雨水冲刷可以把铜绿显露出来，可能对重砂找矿法的发明有着启发作用。重砂找矿法是利用淘沙盘对软岩层取样，用水淘洗，留取碎屑矿物进行观察，根据其中矿石碎屑的成分及数量多少的变化，追踪要找的矿物来源。它对于寻找由稳定矿物（例如金、锡、铜、铁等）所组成的矿床氧化带、砂矿床等有显著的效果。

浅井探矿可揭露基岩，直接观察到矿化及地质状况。铜绿山矿体地表都覆盖着铁帽，其地下的隐伏矿体可以通过探井圈定范围。其优点是可在岩层的横向和纵向勘探，使工程探矿运用自如。

- 西周时期

西周时期的找矿技术仍然是一些木质淘沙盘、探矿竖井、探槽，其找矿方法基本上与商代相当，即淘沙盘重砂选矿法、浅井法及探槽法，但是使用更加娴熟。

- 东周时期

东周时期的找矿方法包括两类六种：一类是地质找矿法，其中又包括重砂找矿法、共生矿找矿法、利用风化矿找原生矿法；另一类是探矿工程法，其中包括浅坑法、探槽法、浅井法。

- 秦汉魏晋南北朝时期

汉代已有文献对矿山进行记载，如《汉书·地理志》和《续汉书·郡国志》及其注，都记载了我国汉代时期的铁、铜矿产分布情况。

秦汉之后，矿物识别技术和找矿技术都有了一定的增长和发展。矿物识别技术方面有东晋炼丹家葛洪的《抱朴子》、初唐《金石薄五九数决》《九丹诀》、唐陈少数《大洞炼真宝经九还金丹妙诀》、唐独孤滔《丹方鉴源》等矿物识别理论著作；找矿技术方面，如南朝梁的《地镜图》，新的找矿方法使更多的矿山得到认识和利用。

2.地下开采

铜绿山古铜矿的生产，从商代晚期开始历经了西周、春秋、战国至秦汉几个不同时期。战国以前从地表矿体露头向下开拓竖井，达到富矿带时，即开拓平巷，平巷下部再开凿盲井，这样跟踪矿脉，逐渐向下延深，有矿即采，无矿即停。井巷的开拓过程，又是采矿过程，井巷开拓愈多，采矿工作面也愈多，矿石的产量也愈高。有的采矿点数条平巷平行排列，沿矿脉走向水平延伸，平巷与平巷之间有时用巷道贯通。上层采完后，在平巷底部向下开凿盲井，于一定部位扩帮，再进行下一水平的开采。

战国至汉代采用的是上向式方框支柱充填法。这种方法是将斜巷开拓到矿体底盘，再凿穿脉平巷进入矿体，在

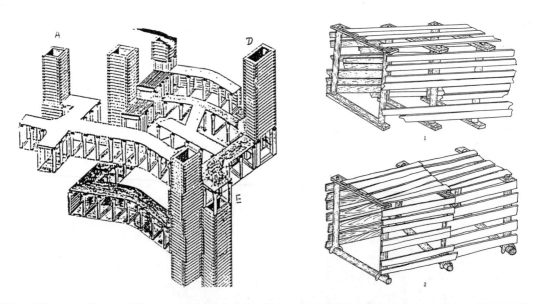

图74　Ⅰ号矿体古矿井开拓示意图（左）平巷支护框架结构示意图（右）（图片来源：左图为政协大冶市委员会，《图说铜绿山古铜矿》，中国文史出版社，2011年，第14页图七；右图为黄石市博物馆，《铜绿山古矿冶遗址》，文物出版社，1999年，第22页图八）

富矿带内用大方框平巷沿矿体走向水平伸展，然后用小方框平巷回采矿石。下层采完后再采上层。上层方框的底梁坐落在下层方框的顶梁上。上层采的矿石经手选后运到地表，将贫矿及废石充填到下层巷道。这样既有效地处理了下层采空区，保证了上层采矿的安全，又减少了大量废石的运输。

– 商代时期

商代主要以露天开采为主，井下开采技术逐渐形成。

古代露天开采的优点是铜矿资源利用充分，回采率高，贫化率低，但需剥离大量废石。为了减少剥离工作量，有效地采掘地层深部的矿石，古代矿工依据地形和矿体赋存特征，采取以地下开采为主的矿区开发方式，即开凿窿道，进行系统的山地工程。井下开采技术是从地表向地下开掘许多通达矿体的巷道，形成提升、运输、通风、排水系统，其中有伐木、运输、木材加工、凿岩、测量、支护、回采、通风、排水、提运等作业及管理。

图75　Ⅵ号矿体乌鸦塘古露天坑（图片来源：杨永光、李庆元、赵守忠，《铜录山古铜矿开采方法研究》，有色金属，1980年第4期，第88页图5）

在矿山测量方面，主要内容是测定井巷等工程的位置及其有关尺寸，其中亦包括巷道定向及测定各种距离。铜绿山古铜矿遗址在测量工具方面也有考古证据，在Ⅶ号矿体2号点出土过1件木垂球，一般认为其是测量的木垂球。

在地下开拓方面，铜绿山古铜矿遗址已采取联合开拓法，即用两种或两种以上的方式来开拓巷道，有槽坑与竖井联合开拓法、竖井–平巷–盲竖井联合开拓法、竖井–斜巷–平巷联合开拓法3种。

– 西周时期

方框支柱法和水平分层棚子支柱填充法在西周时期发展到较为成熟的阶段，其中方框支柱法又分为单框垂直分条回采方框支柱法和单层方框开采法。

图76　木垂球（图片来源：黄石市博物馆，《铜绿山古矿冶遗址》，文物出版社，1999年，图版二三）

铜绿山西周早期井巷主要是由竖井、平巷、盲井组成的联合开拓巷道；西周晚期井巷由竖井、平巷组成的联合开拓井巷。

– 东周时期

春秋战国时期，地下联合开采已初具规模。铜绿山春秋采矿场的井巷是纵横交错，层层叠压的，有的地段平巷叠压

图77　西周时期的井巷断面（图片来源：杨永光、李庆元、赵守忠，《铜录山古铜矿开采方法研究》，有色金属，1980年第4期，第88页图6）

了三层，其间皆有一个或一个以上的竖井使之相连。利用若干条平巷围绕竖井而成组布置，是该遗址的地下联合开拓特点。古代工匠在掘进过程中，通过几个竖井在矿体中拓展平巷，平巷的底部又开掘盲井，继续向下采掘。今揭露的一组井巷中，不足60平方米的范围内，竟发现了7个盲井。盲井之间的距离多在2米左右，有的几乎是紧挨在一起，反映出古代工匠利用多采幅竖分条（在剖面上）和多条巷道（在平面上），以最大限度地切割矿体。另外，古人还在废巷中充填废石，以减轻采空区的压力，增强采掘工作的安全系数。

这一时期铜绿山古铜矿遗址主要有单框竖井分条开采法、单层方框开采法、链式方框支柱法、方框支柱填充法、护壁小空场法，在东周7种常见的开采方法里面，占有5种。

－ 秦汉时期

西汉时期，铜绿山采场达到了其技术上的全盛期，其单体开采的规模有了很大的提高。如Ⅰ号矿体的西汉矿井，其开拓系统与战国时期矿山基本相同，即从地表开挖竖井到一定深度，便向四边掘进中段平巷，在中段巷道的中部或一端，下掘盲井直达采矿场；其在掘进破碎带和围岩蚀变带内的巷道，采用了完全棚子封闭式支架，与现代该地质构造带内采用的钢筋混凝土封底的封闭式支护形式相同，再次证明古人对井巷掘进中出现的地压现象有足够的认识和对策。今将开拓系统示解如下：

图78　开拓系统示解（根据杨永光、李庆元、赵守忠，《铜录山古铜矿开采方法研究》，有色金属，1980年第4期，第88页古矿井联合开拓方案改绘）

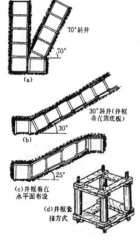

图79　斜井的两种支护方式（图片来源：杨永光、李庆元、赵守忠，《铜录山古铜矿开采方法研究》，有色金属，1980年第4期，第89页图8）

竖井断面大体呈方形，采用经加工的方木或圆木密集垛盘支护，相当稳固，完全可以同现代的木结构井架相媲美。平巷断面大，距离长，支护坚固，人可以直立行走，采掘作业比较方便。一般的掘进断面为174厘米×197厘米–240厘米×224厘米，支护断面为120厘米×150厘米–180厘米×160厘米。井底掘有3米深的水窝，类似现代的井底水仓。有的井延伸到潜水面以下近30米。当时的采深已达90余米。

先秦矿山使用的一些采矿方法，如水平分层采矿法、方框支护充填采矿法、房柱采矿法、横撑支架采矿法，发展到汉代便达到了相当成熟的阶段，且被最后确定下来，成为后世长期沿用的工艺模式。铜绿山已普遍使用水平分层采矿法和方框支柱充填法、横撑支架采矿法。

3　井巷开拓与支护

铜绿山古铜矿遗址的井巷大多数开凿在矿体富集的接触破碎带内，围岩松软。为了防止井巷坍塌，战国以前主要采用榫卯结构木支护技术。战国至西汉时期竖井主要采用垛盘结构、平巷采用鸭嘴结构等符合力学原理的木支护技术。经支护后的井巷，能有效地承受顶压、侧压、底压。

－　商代时期

商代的井巷支护技术已趋于规范，支护木选材、支护木构件的形状及尺寸规格已有一定标准，便于统一制作与组装。井巷支护的方框采用杆件组成，杆件间的榫卯节点或碗口节点的接触面，当被井巷围岩变形所产生挤压时，使节点牢固结合。

铜绿山古铜矿遗址主要体现的竖井支护方法有：平头透卯单榫内撑式支护竖井、平头榫卯接串联式竖井支护、柱卯内撑筒式竖井支护。平巷支护方法有圆周截肩单榫接

图80　铜绿山古铜矿遗址Ⅶ号矿体1号地点采矿遗址井巷支护体系（图片来源：黄石市文物局提供）

图81　铜绿山古铜矿遗址商代晚期竖井（图片来源：政协大冶市委员会，《图说铜绿山古铜矿》，中国文史出版社，2011年，第90页图19、20、22）

框架式平巷、叉式柱脚榫接柱头框架式支护平巷。

— 西周时期

西周时期，铜绿山在井巷支护方面有了很大发展。

竖井支护：尖头透卯榫接内撑式支护竖井（这类支护型式，以支护背材为区别，竖井背材采用木棍垂直插塞，井口为正方形，西周晚期面尺寸比早期大一些，早期净断面为42厘米×42厘米至50厘米×50厘米之间，晚期为55厘米×55厘米至57厘米×57厘米）、剑状单透卯单榫串联套接式支护竖井、藤条圈支护竖井。

平（斜）巷支护：圆周截肩单榫透卯接框架式平巷（框架有4根木构件组成，立柱为圆木，柱脚、柱头为单榫，顶

图82　西周时期2号竖井单榫卯支护结构（左）西周时期10号竖井支护方框（右）（图片来源：政协大冶市委员会，《图说铜绿山古铜矿》，中国文史出版社，2011年，第93页图25、26）

梁和地袱为半圆木，其两端为平头，并凿有卯眼，与柱头的
榫头交卯）；上榫卯下杈框架式平巷（框架立柱为上榫下杈
构件，通高100厘米，直径8厘米，上榫与顶梁卯接，下杈
与圆木地袱吻接）。马头门主要见于井巷相通处。

图83 马头门机构示意图（1.双榫立柱马头门2.鸭嘴；图片来源：黄石市博物馆，《铜绿山古矿冶遗址》，文物出版社，1999年，第21页图七）

一 东周时期

（1）竖井支护技术的发展

尖头透卯榫接内撑式木棍背柴支护竖井，主要见于铜
绿山。该式竖井与西周时期的相近，不同的是：竖井方框
中的榫木，西周用木板，春秋直接采用带树皮的圆木；为
增加框架间的牢固性，采用了吊框结构。

平口接榫方框密集垛盘式竖井支护。基本特点是：将
四根圆木两端砍削出台阶状搭口，四根一组搭接成一个框
架，层层叠压，堆砌构成密集跺盘式框架。由于框架层层
叠落，无须另加背板封闭。在铜绿山，主要见于春秋晚期
至战国矿坑。铜绿山12线春秋晚期采矿遗址的50平方米
范围内清理出8个竖井和一条斜巷。竖片井口方形，口径
一种为80厘米×80厘米，一种为120厘米×120厘米。框
木的每根枋木尺寸10厘米×10厘米。出土有铜斧、铜锛
13件，木锹、木铲、木槌、木瓢、竹篓，盛满孔雀石的竹
篮、船形木斗和残陶器等。开采探度至少达50余米。

战国早期时，矿山井巷支护结构有了很大改进，平口

接榫方框密集垛盘式在铜绿山已广泛使用起来。这种构件节点简单，便于制作、架设。各构件节点互相紧抵，受力性能良好。

（2）平巷斜巷支护技术的发展

圆周截肩单榫透卯接框架式巷道，主要见于铜绿山春秋时期。该式巷道支护较西周没有什么新特点，只是巷道断面扩大，支护木用料加大。例如Ⅶ（2）X10巷道最大净断面120厘米×80厘米，即净宽80、净高120厘米。铜绿山12线春秋晚期斜巷，其支护形式同上。

鸭嘴亲口排架式平巷支护，主要见于铜绿山战国时期。该式支护的每副排架由五根构件组成，即两根立柱，一根顶梁，一根地袱，一根内撑木。地袱两端砍出平口榫，立柱与平口相接。立柱上端树杈以鸭嘴形结构托撑顶梁。在紧贴顶梁之下的两杈上凿有开口榫，以亲口结构嵌入内撑木，组成鸭嘴与亲口混合结构框架口。在顶梁上和立柱外以排列整齐的木棍或杂乱的木板构成背板及顶棚。

－ 秦汉时期

战国至西汉，"企口接方框密集竖井支架""鸭嘴式巷道支护"、马头门、梯形框式支护平巷等人工支护的地压管理技术，在铜绿山已普及使用。铜绿山古铜矿遗址Ⅰ号矿体采矿遗址竖井支护框架为密集法搭口式，井框构件直径一般在20厘米左右。井口一般为110–130厘米见方。为了使竖井与平（斜）巷连接贯通，在竖井底部安装了马头门结构。平（斜）巷支护结构为鸭嘴与亲口混合结构的支护框架。即以两端有榫口的圆木作地状，两根上端有杈的圆木作立柱，立柱立于地状的榫口之上，再在立柱顶端的杈内架一横梁，紧贴横梁之下嵌入内撑木，形成一组支护框架，最大的平巷内高160厘米、宽190厘米。

湖北铜绿山先秦时期的采矿井巷主要采用人工木架支护技术，它是针对矿山的接触带和破碎带这种软岩层而创新的。至汉代，随着矿山氧化带的减少和凿岩技术的进步，利用坚固矿体的自然抗压能力来支护地压管理的技术逐步扩展，而且成功率高。铜绿山汉代铜矿遗址，其采空区由原来的人工木架支护法转为以自然支护法为主，就是一个明显的标志。

图84　竖井、斜巷、平巷互相贯通（左）平巷巷顶用木棍支护（右）（图片来源：政协大冶市委员会，《图说铜绿山古铜矿》，中国文史出版社，2011年，第101页图41、43）

4　采掘装卸

– 商代

采掘工具：铜绿山商代采掘工具共出土5件，有铜斤、铜锛等。铜锛，体显薄，刃部较宽，锋利，既可用于采掘，也可用来加工木材；铜斤，为椭圆銎直体圆刃式，形体似钺，树丫加工呈钩状木柄纳入銎中；采掘工具还没有完全废除石器，铜绿山遗址中发现石锤。

装载工具：有铲矿用的木锨、木铲、木撮瓢和盛矿用的竹筐。

– 西周时期

采掘工具：分为木制与金属工具。金属工具有铜斤、铜锛、铜锄、铜镢、铜斧等；木制工具有木槌、锛，多系用整木削制而成。

铲装工具：这类工具多以木制工具为主，有铲、瓢、锨、耙等。装矿工具多为竹质，有篓、筐等。

– 东周时期

春秋时期的采凿工具有铜器和木石器，并有少量铁器，铜绿山古铜矿遗址出土有铜锛、铁锛、木锛、铜斧、铜锄等。

战国时期的采凿工具主要为铁器，铜绿山古铜矿遗址出土有铁斧、铁钻、铁锤、铁耙、铁锄、木槌等。铲矿工具改用了铁柄耙、六角形等形状的铁锄。由此可见，铁器出现后，矿山铲矿工具已有质的变化，必然会大大提高劳动工效。

凿岩工具与凿岩技术：铜绿山春秋中期遗址出土多件

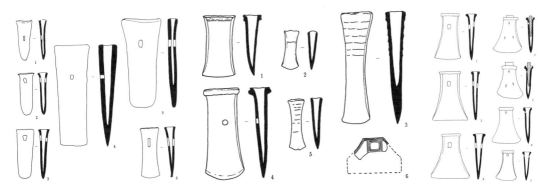

图85　铜绿山采集铜质工具（图片来源：黄石市博物馆，《铜绿山古矿冶遗址》，文物出版社，1999年，第165页图九六、第164页图九五、第167页图九七）

大型青铜斧，大型铜斧的出现和悬挂式采掘的使用，是春秋凿岩技术的一项重要成果。

春秋时期出土的装载工具有木锹、木铲、竹筐、木匾担等。

－ 秦汉时期

秦汉矿山出土的采矿工具主要是铁器，有铁斧、铁锄、铁锤、铁钻、铁针等。铜制、石制工具极少。

铜绿山还以竹筐作为装矿主要工具。

5. 矿井防水排水系统

矿体底盘的围岩是裂隙溶洞发育、含水性强的大理岩，而且井巷已低于当地地下水位20余米，因此地下水已成为深井开采的巨大威胁。为了疏开地下水，保证生产顺利进行，古矿井中已形成了一套完整的排水系统。采掘面和巷道中渗出的地下水，用互相衔接的木水槽，将水引入专门设置的排水巷道，通过排水巷道，将水集中于井下集水井，然后用木桶和提升工具将水排出地表。[1]

－ 商代时期

排水：商代的排水工具有木水槽和木桶，前者固定于巷道，使汇集的水经水槽流入水仓，后者主要用在井巷低洼处盛运积水吊至地面。

－ 西周时期

地面防水排水包括井口防水措施和疏水沟、槽。井口防水设施，在支护背柴与围岩的间隙处，有的用青膏泥密封，有的用土坝充实，使井口高于地面，有的是在矿山地面搭建简易草棚；沟、槽作为布置地面自流引水系统，疏水沟的构筑是在地表依地势挖沟筑垅，将水汇集于低洼处，并截住流向井口的地表水。

地下排水防水包括排水设施，排水系统、井下防水设施、排水工具等。铜绿山西周地下排水巷道有木板拼合式、板壁式和棍壁式；铜绿山西周排水系统中有直接排水、集中排水和分段排水三种；铜绿山井下排水措施有两种，一种是隔水层，即在排水沟内侧涂抹青泥膏防止渗水；二是截水闸墙，即将废弃的平巷或临时不用的平巷设

图86　Ⅰ号矿体采矿遗址出土的长方形木水槽（图片来源：黄石市博物馆，《铜绿山古矿冶遗址》，文物出版社，1999年图版二九）

图87　Ⅰ号矿体采矿遗址出土的带系木撮瓢（图片来源：《铜绿山古矿冶遗址》图版三〇）

图88　Ⅰ号矿体采矿遗址出土的穿系木水桶（图片来源：同图87）

1. 根据黄石市博物馆，《铜绿山古矿冶遗址》，文物出版社，1999年，第189页相关内容整理。

置闸墙截住涌水；排水工具主要是指木桶和竹浇桶。

－　东周时期

排水：利用废弃的巷道作排水渠道；开拓较窄的排水平巷，巷底面和沟帮贴有木板拼成木水渠；沿平巷一侧设置木水槽。排水通道主要有两种，一种是排水巷道，一种是排水槽。

堵水：有两种，一是使用方框支柱填充法后，经填充的采场涌水量有明显的减少，二是用坑木和黏土封闭涌水的巷道。

排水工具：与西周时期区别不大，主要有桶、葫芦瓢、半圆形水槽、带系撮瓢。

6.运输与提升

铜绿山古铜矿的矿井提升，大致经历了两个阶段。战国以前采用人工提升，战国至汉代用辘轳提升。前期由于井浅巷短，下放材料、提升矿石只需用人工搬运即可。随着生产规模的扩大、井巷开拓的加深，仅仅依靠人工搬运已不能满足矿山生产发展的需要。到战国时期，开始使用木制辘轳进行提升。在古矿中出土的木辘轳轴说明，早在两千多年前，我国在矿山生产中已使用木制机械。[1]

－　商代时期

商代时期，铜绿山有转向滑柱、扶梯、木钩等简单机械。

转向滑柱由一立柱与一绳卡木组成。卡木凹口对应滑柱凹槽，用篾捆在一起，组成一孔，以控制绳索在孔内滑动，滑柱的作用与定滑轮相同，仅改变作用方向，便于操作。

扶梯出土于竖井井壁旁，梯窄，一般内宽仅15–18厘米，梯柱细，直径仅3厘米，该梯的作用可能是为工匠在井筒内上下运作时提供攀扶功能。

－　西周时期

西周时期提升工具包括木手提、木钩、绳索、木滑车等。

滑杆：应是井口的一件提升设备，相当于滑车的作用。

转向滑柱：立轴为木柱，轴上端有两个凹槽，其作用

1. 根据黄石市博物馆，《铜绿山古矿冶遗址》，文物出版社，1999年，第189页相关内容整理。

是在巷道拐弯处转向时起到定向滑轮的作用。

平衡石锤：按其形状应该区分为两种功用，其中一种功用应是桔槔配件中的坠石。

— 东周时期

东周井巷提升方式约可分为两种，即一段提升和分段提升，一段提升是从井底将矿石一次提升到井口，分段提升是多个一段提升的综合作业。提升工具包括绞车、木钩、绳索等。

— 秦汉时期

木制绞车在秦汉魏晋南北朝时期已用于铜绿山的矿井提升。

7. 通风照明技术

铜绿山古代井下通风是利用井口高低不同所产生的气压差形成自然风流进行通风，同时采用关闭废弃巷道的办法来控制风的流向，使风达到最深的作业面。

发掘清理古矿井时，发现有大量明显烧痕的竹签残段，分析认为，此系古代用于井下照明的遗物。竹签燃点低、烟尘少，资源丰富，既可扎成火把，也可单根使用，是理想的照明用材。[1]

— 商代时期

通风：主要以自然通风为主，主要是靠多个井口来增加风量。不同高低井口形成的进风和回风，在有些季节还是能产生自然风压的。

照明：铜绿山井巷中发现一些半剖细竹竿，一端有火烧痕，应该是一束束竹火把用于井下照明。还发现有竹筒式火把，另一处发现油脂，可能是竹筒式火把的燃料。

— 西周时期

通风：在铜绿山古铜矿遗址中，有的井底遗留30厘米左右厚的竹材燃烧灰烬及残留的竹筐，明显是人工烧火遗存，应该与通风有关。在井底燃竹加热可造成井内的空气负压，促进空气对流，为了使井下空气流通顺畅，有时也设矿井通风构筑物，遮断风流和控制风量，将新鲜风流导入作业的地点。西周晚期，铜绿山的矿井通风

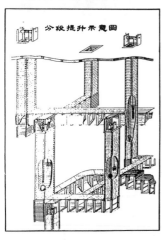

图89 Ⅺ号矿体出土西周时期木梯（上）分段提升机示意图（下）（图片来源：政协大冶市委员会，《图说铜绿山古铜矿》，中国文史出版社，2011年，第179页图200、第22页图十五）

1. 根据黄石市博物馆，《铜绿山古矿冶遗址》，文物出版社，1999年，第190页相关内容整理。

构筑物有风墙、风障。即在废弃的巷道内，用土封堵起来成为风墙。在 VII 号遗址就发现有用泥抹糊封堵后的风障。

照明：采用移动火把式或固定火把式。燃料有两种，多采用干竹篾片呈束点燃，也发现了油脂和竹筒形火把装置。

－　东周时期

通风：与西周时期相似，主要还是依靠自然通风，有些地段的采场采用了人工通风，方法一是人造气温差环境，在井底烧火，造成负压井底，形成空气对流；方法二是构筑屏障，以遮断风流和控制风量，将新鲜风流导入作业点。

井下照明：至战国，我国已经出现了照明用灯，铜绿山已发现井下用灯的燃料为竹签火把。

8.鼓风竖炉炼铜技术[1]

铜绿山矿区内遗存的数十万吨古代炼渣，以及发掘出土的战国时期及以前的12座炼铜竖炉和其他冶炼遗物，为研究我国古代的冶炼技术提供了重要的实物资料。

－　筑炉材料

通过取样分析，当时主要选用红色黏土、铁矿粉、石英碎屑、高岭土、木炭粉为筑炉材料。红色黏土、高岭土是较好的耐火材料，铁矿粉、石英碎屑等矿物质羼和其中可以提高炼炉的强度、延长炼炉的使用寿命。炼炉内壁有多层挂渣，而且有明显的补炉痕迹，证实每座炼炉曾多次使用。发掘和化验资料还说明，炼炉的不同部位选用的耐火材料也有所不同。外炉壁一般用红色黏土，而炉缸内壁、炉缸底部及金门等部位则捣搪了一层高岭土。这证实当时的冶炼工匠对不同物料的耐火性能有了明确认识。

－　炼炉构筑的特点及功能

发掘出土的10座春秋早期的炼炉炉身均残，仅遗存有炉基、炉缸。缸底至炉顶约1.5米，加上炉基部分，炉全高在2米以上。除炉基建于地平面以下外，炉缸和炉身都高于地平面，这一构筑形式已具备了竖炉的特点。

炉基部分有"十"或"T"形风沟，使炉缸下部形成空腔。当停止冶炼时，可在风沟内烧炭加温，防止炉缸

1. 根据黄石市博物馆，《铜绿山古矿冶遗址》，文物出版社，1999年，第190-191页相关内容整理。

冻结，便于渣液或铜液的排放。炉缸截面近似椭圆，长轴两端各设一鼓风口，可以对称鼓风。鼓风口略向下倾斜，这样可使缸内受风均匀，保证炉内物料的充分反应。

炉缸前壁设有一拱形金门，其主要作用是排放炼渣和铜液。冶炼时，用高岭土等强耐火物质将金门封堵。放渣时，在堵门墙上沿捅一小孔，可排除炉内炼渣；放铜时，在堵门墙下部捅一小孔，铜液即可流出。金门的另一作用是开炉点火，补炉时捣搪炉缸。

炉身部分的炉壁，往上逐渐向内收缩，使内壁形成一定的炉腹角。这样既有利于保持炉温，也有利于物料在炉内的反应。

模拟试验证实了以上炼炉各部结构及功能的分析是正确的。

－ 整粒技术

铜绿山古铜矿遗址的考古发掘中发现，每座炼炉旁都遗存有石砧和石球，使用痕迹十分明显。石砧、石球主要用于破碎矿石，使之达到一定粒度，然后入炉冶炼，这样有利于氧气的循环，也有利于炉内物料受热均匀，加快还原反应的速度。

－ 造渣与配矿技术

冶炼过程实际上就是造渣过程，渣型越好，说明冶炼技术越高。铜绿山矿区内遗存着数十万吨古代炼渣，这些炼渣呈薄片状，表面光滑，上有波纹，说明渣的流动性能良好。而渣的流动性是由渣的硅酸度决定的，要调整好渣的硅酸度，就需要配矿技术，即入炉的物料要达到合适的比例。数百个渣样的分析表明，渣的成分合理，硅酸度合适，反映了我国古代成功地运用了配矿技术。

－ 炉温控制技术

铜绿山古铜矿遗址发掘出土的炼铜竖炉，采用的是炉内加热，这在冶金技术上是一次飞跃。当时选用的燃料是木炭，木炭不仅作燃料，而且还加入了炉内反应。经测试，渣溶点在1200℃左右，这一温度很适合铜的冶炼。当炉温低于这一温度时，不利于矿石中铜的过热和还原；如果炉温过高，矿石中的铁也开始溶解，不利于铜铁的分

图90　5号炼炉和石砧（图片来源：政协大冶市委员会，《图说铜绿山古铜矿》，中国文史出版社，2011年，第189页图216）

图91　6号炼炉，炉基和炉缸保存完好（图片来源：《图说铜绿山古铜矿》第189页图217）

离。铜绿山古铜矿遗址的炼渣，含铜量一般都小于0.7%，说明矿石中的铜得到了较充分的还原。渣中铁的含量在30%–50%，说明矿石中的铁仍然保存在渣中。这是我国古代炉温控制技术的具体体现。

– 冶铜技术

通过对铜绿山古铜矿遗址遗存的炉渣进行的分析测试表明，遗址存在两种冶炼技术，即除了采用冶炼氧化矿石的"氧化矿—铜"工艺外，至迟在春秋早期已经掌握了"硫化矿—冰铜—铜"的工艺。经过上述冶铜工艺，生产出的粗铜，纯度已达93%以上。据测算，铜绿山古铜矿至少生产了10万吨以上的粗铜，为当时社会经济及文化的发展作出了巨大贡献。

3.2 汉冶萍煤铁厂矿旧址（含大冶铁矿天坑）遗产价值

3.2.1 历史价值

汉冶萍煤铁厂矿（以下简称"汉冶萍公司"）旧址是我国现存最早钢铁工业遗址，是中国早期工业化的重要历史文物，是中国近现代发展进程中的重要见证。[1]

大冶铁矿天坑是大冶铁矿的主要采场，原是汉冶萍煤铁厂矿有限公司的一个重要组成部分，是见证日本军国主义掠夺中国矿产资源的第一家铁矿山，是一代伟人毛泽东视察过的唯一一座铁矿山，是中国第一支大型地质勘探队——429地质勘探队成立的地方，是中国第一批女地质队员诞生地，是中国最早聘请外国专家运用地质科学勘探发现的一家大型铜铁矿床。因此，大冶铁矿天坑对于研究中国铁矿开采发展史具有十分重要的意义。[2]

3.2.2 科学价值

汉冶萍煤铁厂矿有限公司作为中国现代矿冶生产活动

图92　1、3号炼铜炉遗存的粗铜（图片来源：黄石市博物馆，《铜绿山古矿冶遗址》，文物出版社，1999年，图版四〇）

1. 根据《全国重点文物保护单位记录档案——汉冶萍煤铁厂矿旧址》价值评估内容整理。
2. 根据《第七批全国重点文物保护单位申报登记表——大冶铁矿天坑》价值评估内容整理。

的先行者和近代唯一一家生产经营具有跨省、跨国、跨行业规模雏形的大型公司,集采铁、开煤、炼焦、冶炼钢铁于一体,还经营铁路和水上航运事业。

汉冶萍公司引进的设备和运用的工艺均属当时主流。经过大规模的技术引进,特别是在吸取了第一次的经验教训的基础上进行的第二次技术改造,使中国首次成功建立起从采矿、生铁冶炼到轧钢的一整套技术,并生产出高质量的钢铁制品,实现了产业技术的建构。通过汉冶萍公司的技术引进,近代中国的新式钢铁产业实现了器物层面的系统建设。

到20世纪20年代初,汉冶萍公司除拥有汉阳铁厂、大冶铁矿、萍乡煤矿三大主体厂矿外,还有大冶铁厂及众多的合资、附属厂矿。汉冶萍公司总事务所设在上

图93 汉冶萍煤铁厂旧址局部

海，其企业除向国内各省扩展外，还适时向国外发展。三大主体厂矿分布于湖北、江西，随着公司经营状况的改善，还审时度势地兼并合办了国内许多工矿企业。1912年，其附属厂矿遍及全国7省，或独资经营或合营或租采10多处铁矿、煤矿、镁矿和铁厂。如安徽的振冶铁矿、龙山铁矿，辽宁的海城镁矿，湖南的常未锰矿，江苏福宁门煤矿，南京的幕阜山煤矿等。国内合资企业有江西都乐煤矿，河北龙烟铁矿，湖北汉口扬子机器制造公司等。1917年与国外合办的合资企业有日本九州制钢公司，曾与美国西稚图钢铁公司、香港大采洋行发生贸易关系，在日本的东京和大阪、英国的伦敦设立了事务所。[1]

汉冶萍公司集采铁、开煤、炼焦、冶炼钢铁于一体，把上海、汉阳、大冶、萍乡等地联成一体，还经营铁路和水上航运事业，打破地区、行业壁垒，在多省数地实现资本、资源、产业、人才的大整合，标志着中国民族工业探索产业链的大联合，开始进入近代化发展轨道。

汉冶萍公司组织了水路和铁路运输相结合的联运系统，这是我国近代第一家采用联合运输方式以提高运输效率的公司。大冶铁矿建设之初，即兴修了从饮山至石灰窑的运矿铁路。在汉阳晴川阁及大冶石灰窑修建卸矿码头，长江开辟汉冶航线，自备轮船将矿石运到汉阳，通过厂内铁路送进汉阳铁厂。大冶运矿铁路全长31公里，是湖北省境内第一条铁路，铁路器材及机车全部购自德国，工程技术人员及工匠也聘自德国。该铁路是个独立的运输系统，与国内其他铁路没有任何联系，一切设施自建。[2]

汉阳运输所拥有拖轮25艘、钢驳31艘，在长江开辟了汉申、汉冶、汉湘三条航线。[3]萍乡煤矿创建初期，运输主要依靠水路，开辟了汉湘水运航线。煤炭依靠肩挑车推到萍城长潭码头，然后再装船运往汉口、长沙等地。1899年，萍乡至安源铁路开通，全长7.23公里，是江西省第一条铁路，且为我国煤矿最早自办的专用铁路之一。安源煤焦先用火车运抵萍乡城西，然后改取水道顺渌江至株

图94 汉冶萍煤铁厂旧址档案

1. 黄伪，《汉冶萍公司的发展历史与现实启示》，南方文物，2009（04），第189页。
2. 李百浩、田燕，《文化线路视野下的汉冶萍工业遗产研究》，《中国工业建筑遗产调查与研究：2008中国工业建筑遗产国际学术研讨会论文集》，清华大学出版社，2009年，第116页。
3. 黄伪，《汉冶萍公司的发展历史与现实启示》，南方文物，2009（04），第188页。

洲，再转湘江、越洞庭、过岳阳，最后沿长江到达汉阳。汉湘航线长约千里，设株洲、长沙、岳州（阳）、汉阳运输所。1905年，株萍铁路全线通车，全长90.29公里，沿途共设9站。[1]1909年粤汉铁路长（沙）株（洲）段通车，并与株萍铁路相衔。此后，萍矿的焦炭由株萍、粤汉两路联运，直达武昌，1913年，大冶铁矿开炉炼铁，又由武昌运萍煤抵大冶石灰窑。公司销往日本的铁矿石、生铁，用轮驳运往芜湖，再装日轮出口，并设芜湖转运站。

大冶铁矿天坑是中国近代史上第一座采用机械化开采的大型露天矿山，拥有极具科研价值的大冶群标准地层剖面、大冶式矿床和石香肠等3个珍稀级矿业地质遗迹；其东露天采场、硬质岩绿化复垦基地等2个珍稀矿业生产遗址，是中国近现代铁矿开采发展进程中的重要见证，具有极高的历史价值和科学价值。大冶铁矿天坑是世界第一高陡边坡，亚洲最大人工采坑。[2]

日式建筑是"汉冶萍公司"历史进程中的重要见证，建筑学的角度，其形制在国内是少见的，在中国建筑史上具有很高的价值。

3.2.3 社会价值

汉冶萍公司在我国近代新式钢铁生产中占有突出地位。1915年之前，它是中国唯一以新法生产的钢铁联合企

1. 根据王淼华，《萍乡煤矿创办初期的困境与株萍铁路的兴建》，山海经，2015（23），第206页相关内容整理。
2. 根据《第七批全国重点文物保护单位申报登记表——大冶铁矿天坑》价值评估内容整理。

图95 黄石国家矿山公园矿业博览园

业，之后中日合资的本溪湖煤铁公司和鞍山铁厂相继建成投产，这两家企业虽然规模较大，但实际上完全被日本控制；1923年以前，汉冶萍公司的钢铁产量占据了中国新式钢铁总产量的大半份额；1937年之前，汉冶萍公司拥有最大规模的炼铁高炉。

汉冶萍公司对新式钢铁企业及其技术的影响还体现在抗战时期。这一时期是中国钢铁企业发展的一个特殊时期，由于战争的需要，中国必须在后方建立自己的钢铁企业，而战争使中国很难在技术上获得其他国家的帮助，这意味着必须完全独立地建成这些钢铁企业。虽然汉冶萍公司在此时已经衰败，但其保留下来的设备和技术经验却发挥了显著的作用。

汉冶萍公司实现了钢铁行业技术人员的中外交替，也培养了中国近代最大规模的钢铁产业技术工人，实现了技术人员的本土化。作为战前最大规模的钢铁企业，其工程师们的经验对于后方较大规模钢铁厂的设计建设和生产来说显得非常珍贵，而且这些规模较大钢铁厂的设计、建设都有来自汉冶萍公司的工程师们参与。

汉冶萍公司的技术和产品一直得到国内外同行的认可。1912年，汉冶萍的钢铁产品获得巴拿马世界博览会奖牌。1914年1月，在意大利罗马举办的世界博览会上，萍乡的焦炭、大冶的铁矿砂和汉阳的钢铁产品同时获得最优奖。当时欧美冶金专家普赞汉阳铁厂的产品，上海各铸造厂家更是唯汉阳铁厂生铁是用。联系中国南北的京汉铁路所采用的钢轨大部分来自汉冶萍公司。为中国革命做出特殊贡献和功勋的"汉阳造"步枪也是采用汉阳铁厂的钢材生产的。

3.2.4 文化价值

在汉冶萍经历的半个世纪由官办、官督商办至股份制式商办这样一个历史过程中，一直与各个社会制度、政治意识密切关联。作为一个对于中国现代工业化进程具有开端意义的工业联合体，汉冶萍煤铁厂矿是在中国由传统社会向近代社会过渡的新旧、东西文化碰撞的社会背景下，受到"洋务运动"主张的"师夷长技以制夷""中体西用"的实用经世思潮深刻影响，而产生的中国历史上第一家用新式机械设备进行大规模生产的钢铁联合企业。

汉冶萍煤铁厂矿是19世纪末20世纪初，中国大规模引进西方先进工业技术时期的最早的大型重工业企业代表，也是亚洲最早的近代钢铁联合企业，并远远早于日本的八幡制铁所和印度的塔塔尔钢铁公司，到20世纪20年代以前，它仍是中国唯一的钢铁煤炭联合企业，开创了亚洲现代矿冶工业的先河，体现了土法炼钢与新式钢铁业并存的早期现代矿冶生产特点，见证了变迁成形于外来文化冲击下和对西方文化的吸纳与融合之中的中国新式钢铁工业的发展特点，曾被誉为"东亚第一雄厂"。

图96 黄石国家矿山公园矿井

3.3 华新水泥厂旧址遗产价值

3.3.1 历史价值

华新水泥厂于清末创建，见证了中国民族工业从萌芽、发展，到走向现代的历史进程。华新水泥厂旧址保存的湿法水泥窑、四嘴装包机、高耙机、低耙机等生产设施及生产线、运输线等工业遗存，是我国现存生产时间最长、保存最完整的水泥工业遗存，它的"湿法水泥生产工艺"，代表了当时水泥行业先进的生产力。

3.3.2 艺术价值

华新水泥厂的"湿法"水泥回转窑、水泥储库等标志性建筑，体现了水泥工业特有的景观特征，具有美学价值。华新水泥厂的厂区选址、工艺布局、工业建筑、设备设施等经历了近60年的营造与发展，尤其是其"湿法"水泥回转窑、水泥储库等标志性建筑、构筑物，向人们展示着20世纪时期水泥生产建造的工艺流程、技术装备和水泥厂风貌，具有水泥工业特有的工业景观特征和工业美学价值。

3.3.3 科学价值

华新水泥厂的设备引进和选址建设，代表20世纪中叶"湿法"水泥制造工艺和水泥厂规划建造的世界先进水平，具有典范价值。1946年，华新水泥厂购买了美国先进"湿法"水泥制造工艺的全套设备及技术资料，并聘请了美国专业设计师进行规划设计。主要美国设备、技术资料和安装图纸保存完整，为世界水泥发展史有关"湿法"水泥制造工艺发展的研究提供了重要实证。

图97 华新水泥厂旧址局部

华新水泥厂近60年的发展，浓缩了中国水泥工业发展中"湿法"水泥制造工艺应用的典型阶段，具有见证价值。我国"湿法"水泥制造工艺经历了从引进设备、到熟练应用、到自主研发、直至技术淘汰的发展历史。华新水泥厂记述了"湿法"水泥制造工艺从设备引进投产、到超出设计产量、水泥窑扩建、到停产的发展历程。

20世纪50、60年代，华新水泥厂为国家建设和行业发展做出了突出贡献，具有精神价值。20世纪50、60年代，华新水泥厂在生产能力和水泥质量方面处于国内领先的地位，其水泥产品不但为新中国建设做出突出贡献，还远销海外为中国建材生产在国际上赢得声誉。1915年4月16日，"宝塔牌"水泥在美国巴拿马赛会上获一等章。1923年华记

图98　华新水泥厂旧址矿渣库

厂生产的水泥，参加上海商标陈列所第三次展览会，获得最优等奖证。1955年5月17日，华新生产的#300、#400混合硅酸盐水泥，送往日本、印度、叙利亚、巴基斯坦等国家展出。1997年6月，公司生产的1000吨具有特性的"华新牌"大坝水泥运往长江三峡工程工地。10月24日，公司成为三峡工程建设需用水泥的主供应商。2000年12月31日，公司被评为"2000年三峡水泥质量比对试验第一名"。

华新水泥厂旧址所保存的完整的厂区环境、工艺布局、生产线设施与设备、标语构筑物等遗存，代表了一个时代水泥工业的先进理念与技术，其中蕴涵着丰富的科学价值，对材料科学、机械工程学、工业建筑学、工业考古学等多学科均具有重要意义。

3.3.4 社会价值

华新水泥厂作为曾经的先进生产力代表，以科学的规划选址、工艺布局理念为起点，先进的技术工艺与设施设备为支撑，并持续发展与完善，在相当长的一段时间内华新的水泥生产技术在中国水泥工业发展中发挥着举足轻重的科技影响力。

华新水泥厂旧址是全民科学普及教育和遗产保护宣传的重要基地。华新水泥厂作为我国重要近现代工业遗产，厂房建筑、生产设备以及档案资料的保护与展示，将在全民科学普及教育和遗产保护宣传价值方面发挥重要作用。

3.3.5 文化价值

"华新水泥厂"的前身"湖北水泥厂"则是在相同的社会背景下，同样出于自办工业、修建铁路、富国强兵的目的，利用黄石地区丰富的高品位石灰石矿产，而由国家主张兴建的中国最早的水泥厂之一。华新水泥厂作为当时钢铁厂生产的大型配套厂矿，也直接反映了当时清廷"自强新政"的政治主张。

第四章
黄石矿冶工业文化遗产突出普遍价值研究

4.1 遗产特点

4.1.1 矿冶生产活动

人类社会的每一次变革，人类文明的每一次进步，无不镌刻着文化发展的烙印。矿冶生产是人类最早进行的认识自然、改造自然的活动之一。从某种意义上说，一部人类文明发展史，就是一部矿冶发展史。黄石是长江流域历史上最早开发的地区之一，黄石的矿冶文化史，是中国社会文明发展史的一个缩影。

黄石位于长江中游、湖北省东南部，具有30万年的人类生活史、3000多年的矿冶开发史，素有"青铜古都""钢铁摇篮""水泥故乡"的美誉，是中国青铜文化的发祥地之一、中国近代钢铁工业的摇篮。

黄石处在长江中游铁铜等多金属成矿带西段，矿源丰裕，素有"江南聚宝盆"之称。黄石矿冶文化源远流长、底蕴深厚，在中国矿冶文化史和中国文明史中具有举足轻重的地位。30万年前，古人类就在黄石打制石器，狩猎生息，石龙头遗址留下了他们的足迹；6000多年前，黄石先民在这里烧陶筑炉，捕鱼农耕，鲇鱼墩遗址记录了他们简朴粗犷的生活场景。

近3000年前，先民早在商代即开始了大兴炉冶、开矿炼铜，铜绿山古矿冶遗址的条条井巷和熊熊炉火创造了灿烂辉煌的青铜文明，黄石成为华夏青铜文化的发祥地。商周铜都，"山顶高平，巨石垒峙，骤雨过时，有铜绿如雪花小豆点缀于土石之上。"[1]铜绿山因此而得名。考古研究表明，黄石地区铜绿山铜矿采冶历时千余年，为楚地制造青铜器提供铜料，成就了楚国700余年的繁荣。

进入铁器社会后，各朝各代仍在这里采矿冶铸造刀剑，铸钱币抵御外侮，制造农具，发展生产。三国时置"铁官""马头"管理冶铁和运输。[2]据梁人陶宏景所纂《古今刀剑录》记述："吴王孙权以黄武五年，采武昌铜铁，作千口剑，万口刀，各长三尺九寸，刀方头，皆是南铜越炭作之。"当时的武昌，包括今日之大冶与鄂城，所指采武昌铜铁，即指大冶、鄂城等地矿山而言。[3]

唐代置"青山场院"，后建"大冶县"，宋朝设立"富民钱监及铜场""磁湖铁务"衙门督冶。《晋书地理志》载："武昌郡鄂有铁官。"《隋书食货志》载："江南人间钱少，晋王广听于鄂州（武昌县治）白纻山有铜矿处锢铜铸钱，于是诏听置十炉铸钱。"《太平寰宇记》古逸本载："大冶县白雉山，山高一百一十五丈，其山有芙蓉峰，前有狮子岭，后有金鸡石，西南出铜矿，自晋、宋、梁、陈已来置炉烹炼。"《方舆纪要》云："大冶县铁山，县北四十里有铁矿，唐、宋时于此置炉，烧炼金铁。"宋设磁湖铁务于铁山。淳熙十年（公元1184年）南宋政府还在铁山设置铁山寨。可见自三国至两宋，铁山之开采未停，山边冶炼之炉火未熄。[4]

明洪武七年（公元1374年）朱元璋置兴国冶，黄石地区铁山是兴国冶官铁主要产地，年产额在一百万斤以上。大使赵景先还创立七宝庙，以佑炉冶，明洪武十八年（公元1385年），因存铁过多，明朝政府下令，停办各地官铁冶，铁山官方之采炼遂罢。[5]可见黄石地区历代均为冶炼官铁之地。

清光绪十五年（1889年），湖广总督张之洞督鄂，兴建汉阳铁厂，开办大冶铁矿作为原料基地。1893年，使用

1. 湖北省大冶县志地方志编纂委员会，清同治六年《大冶县志》，湖北科学技术出版社，1990年。

2. 黄石市地方志编纂委员会，《黄石市志》，中华书局，2001年，第4页。

3-5. 武钢大冶铁矿矿志办公室，《大冶铁矿志（1890-1985）》，科学出版社，1986年，第62页。

机器露天开采的大型矿山——大冶铁矿投入生产，标志着这片热土上绵延了三千年之久的矿冶生产活动，开始进入了机械化、现代化的新时代。光绪三十四年（1908年），盛宣怀合汉阳铁厂、大冶铁矿、萍乡煤矿成为"汉冶萍煤铁厂矿有限公司"，这是亚洲最大的钢铁联合企业。随后，又在黄石地区新建大冶铁厂、中国第二家近代水泥厂湖北水泥厂（华新水泥厂前身）、湖北最早的新式炼铜厂富池炼铜厂、湖北最早在井下作业使用凿岩机的富源煤矿公司。由此，黄石实现了近代采矿与冶炼相结合，成为中国近代著名的钢铁工业基地，20世纪50年代，毛泽东主席曾先后两次视察黄石。

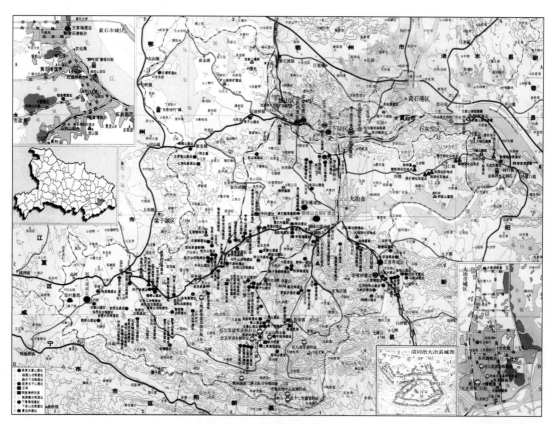

图99 黄石市市区、大冶市文物图（图片来源：国家文物局主编，《中国文物地图集湖北分册》（上），西安地图出版社，2002年第128页）

建市后，黄石依托丰富的矿产资源，迅速发展成为集采、选、炼于一体的综合型矿冶城市，为古老的矿冶文化注入了现代工业元素，并先后建成了全国十大特种钢厂之一的大冶特殊钢集团公司、全国十大铁矿之一的大冶铁矿、全国三大水泥集团之一的华新水泥集团公司等国家大型骨干企业，成为名副其实的"钢城"和中国重要的工业基地。

由上可见，黄石的矿冶工业经过几千年的发展，采矿从手工开采，发展到大型机械化作业；黑色冶金从山边置炉烹炼，发展到电炉冶炼；冶铜从就地置炉发展到现代化大型冶炼厂；建材业从昔日的烧制石灰，发展到现代化水泥集团公司，黄石是名副其实的矿冶之城。而黄石的矿冶生产从古延绵至今，脉络之清晰，持续时间之长，在中国乃至亚洲地区均属少见。黄石矿冶城市的文化传统与黄石矿冶生产活动的历史发展轨迹一脉相承，深刻地反映了黄石的文化底蕴。

以铜绿山古铜矿遗址、汉冶萍煤铁厂矿旧址（含大冶铁矿天坑）、华新水泥厂旧址，这三处工业遗产为代表的黄石矿冶工业文化遗产是黄石矿冶生产活动遗存中的精华，也是黄石悠久深厚的矿冶生产传统载体。

4.1.2　矿冶相关遗址

（1）石龙头遗址[1]

1971年冬，在兴修大冶湖水利工程时，在原大冶县章山公社石龙头村（现为西塞山区河口镇石龙头村）的一个洞穴中，发现了大量哺乳动物化石。随即考古学家和古人类学家对这处洞穴遗存进行了考古发掘。石龙头遗址南临大冶湖、北接章山，由二迭纪中原层灰岩、泥灰岩、硅质层等构成。出土有豪猪、大熊猫、中国鬣狗、虎、东方剑齿象、中国犀、野猪、斑鹿、鹿、牛亚科等动物的牙齿和骨骼化石。遗址中还清理出石核、石片、砍砸器、刮削器等88件打制石器。这些石器的原料大部分为石英岩，部分为燧石。得到的结论是，大冶石龙头的石制品就其技术水平或文化发展阶段而论，与北京人者相当或稍晚，但仍属

1. 根据李炎贤、袁振新、董兴仁、李天元，《湖北大冶石龙头旧石器时代遗址发掘报告》，古脊椎动物与古人类，1974（02）相关内容整理。

旧石器时代初期。这一结论同时得到地层、古生物方面的支持。而石龙头遗址揭示的黄石地区先人使用硬度为7的石英岩作砍砸器,其抗击打的能力远比石灰岩强。这说明,远古人类对不同岩石的性能已经有了认识,这是后来金属矿物开发和利用的基础,黄石的矿冶文化因此而揭开序幕。

(2)鲇鱼墩遗址[1]

鲇鱼墩,位于磁湖湖区中心,面积约0.1平方公里,西高东低呈缓坡状。该遗址考古文化堆积层共分五层,虽经湖水的长期浸泡和数千年雨水的冲刷,但文化层仍有1.3米厚。其中第四层、第五层厚约0.6米,为新石器文化堆积层,是一处人类居住与墓地相邻的遗址。该遗址出土的红烧土证实,古人曾在此烧土垒房。红烧土中的稻谷壳,说明当时人们已经开始种植水稻,大米成为主要食物,并有一大批精美的石器、陶器出土。

新石器时代与旧石器时代的区分主要在于原始农业的出现,石器由打制变成磨制,家畜驯养,以及陶制品开始出现并广泛应用。陶器的烧制,陶窑的建造,高温的取得,为其后的金属冶炼奠定了技术基础。当烧陶器的陶炉温度高达1000度,与红铜熔点接近时,青铜时代随之诞生。

(3)鄂王城城址[2]

鄂王城城址为2001年6月25日公布的第五批全国重点文物保护单位,位于湖北省大冶市高河乡胡彦贵村,城址北距高河乡2千米。城垣依岗地而筑,南高北低,高出附近地面约5~10米,面积约11万平方米左右。城垣保存较好,发现有缺口7处,其中两处疑为城门遗迹。城外有护城河。城内南部有夯土台基,面积达2000平方米,发现椭圆形窑址两处,金器、铜器、铁器及建筑用瓦等。在鄂王城西部以及西南、西北岗地上发现有成群的封土墓,据初步统计,共117座,其中较大的封土墓有18座,高约2.5~3.5米。墓向为南北向,墓内有填白膏泥、木炭、卵石的现象。鄂王城城址对于东周楚城的研究具有重要的意义。

1. 根据湖北日报(荆楚网),《矿冶黄石黄石矿冶文化遗迹与旅游景区》,2012年,相关内容整理。
2. 根据《全国重点文物保护单位记录档案——鄂王城城址》基本情况整理。

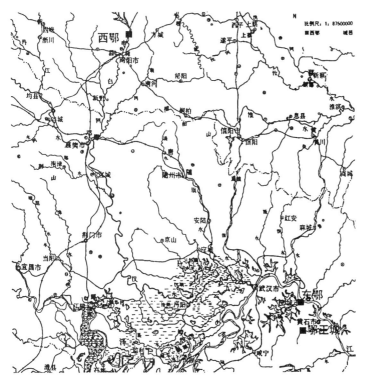

图 100　鄂王城城址位置示意（图片来源：朱继平，《"鄂王城"考》，中国历史文物，2006年第5期，第33页）

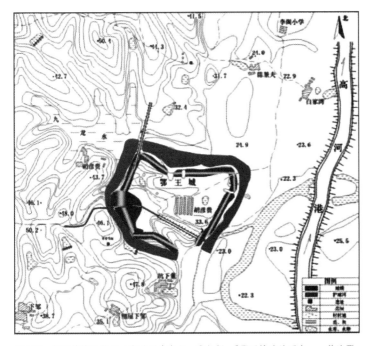

图 101　鄂王城城址位置示意（图片来源：龚长根，《鄂王城遗址研究——兼论鄂、楚封鄂王》，湖北理工学院学报（人文社会科学版），2021年第1期，第26页图1）

（4）五里界古城[1]

五里界古城位于大冶市东南部的大箕铺镇五里界村，为省级重点文物保护单位，是一座南北向长方形土筑城垣的城址，面积103290.73平方米。城址周围有21处居住遗址和冶炼遗址。湖北省文物考古研究所分别于2003年和2004年对其进行了局部考古发掘，发掘面积共计1425平方米。五里界古城呈南北向长方形，四周有城墙，城内发现有大型房屋建筑基址、灰坑、灰沟和水井，城垣外有人工开凿的壕沟，南垣外距南垣约100米处有一条古天然河流，从城址西南角流经古城南垣下，在城址的东南角与东垣外壕沟水流会合后流入南来的河流，最后流向大冶湖，城内地势西高东低。五里界古城出土的遗物极少，主要是陶质生活器皿、铜炼渣和矿石，铜炼渣多呈片状，厚约2厘米左右，根据出土的陶器形态和炼渣时代特征来判定，五里界古城的时代应为春秋时期。古城可能为春秋时期与采矿、冶炼有关的城

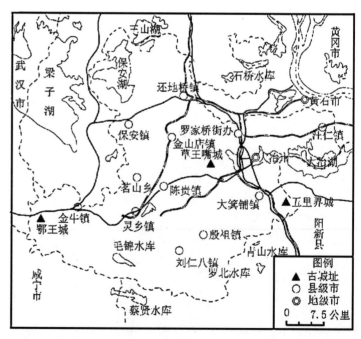

1. 根据朱俊英、黎泽高，《大冶五里界春秋城址及周围遗址考古的主要收获》，江汉考古，2005（01）相关整理。

图102　五里界古城、草王嘴古城位置示意图（图片来源：湖北省文物考古研究所，《湖北省大冶市草王嘴城西汉城址调查简报》，江汉考古，2006年第3期，第12页图一）

址，极有可能为冶炼生产过程中的一处仓储、转运、管理场所，是矿石和冶炼的初加工产品的集散地，是周围遗址居住者的经济生活中心，春秋以后可能由于采矿冶炼的重心转移，该城遭到废弃，直到宋代城内才有人类活动。

（5）草王嘴古城[1]

草王嘴古城位于大冶市金湖街道办事处田垅村，于1984年文物普查时发现，1992年被公布为湖北省文物保护单位。城址平面呈不规则长方形，面积约55000平方米。草王嘴古城四周城垣保存较好。从城外东南角150米发现的一口陶井圈水井的纹饰和形制观察，可能为西汉时期。城内遗物有陶器和铜器，分有生产工具、建筑材料和生活用具，生产工具有7件，建筑材料以泥质灰陶为主，生活用具多是陶器，只有1件铜壶。另外，在垣外东南角的田垅自然村有铜炼渣堆积。草王嘴古城采集的遗物及城内文化堆积层内包含、分布的遗物以西汉时期的为主，可以确定草王嘴古城建筑于西汉以前，使用于西汉早中期。

三座古城具有面积都不大、使用的年代相对较短、有便利的地形和水上通道、周围都有铜矿或密集的冶铜遗址，形成以城址为中心的遗址群等共同点。只是在城址平面形状、年代、所处地理位置、城址规模、使用年限等方面不同。它们与大冶地区古代铜矿的分布和采冶有密切的关系，是当时的采矿冶炼管理中心，是春秋、战国、西汉为管理大冶地区铜矿的采冶而修筑的城址。在不同的时代，随着采矿冶炼重心的转移，随之修建一座城堡对铜矿开采和铜的冶炼等生产销售环节进行管理。

4.1.3　矿冶生活传统

"黄石"一名的由来，渊源久远，演绎于北魏郦道元《水经注》"江之右岸有黄石山，水迳其北，即黄石矶也"中的黄石山、黄石矶，因其"石色皆黄"（《湖北通志》注）故名。黄石历史上有黄石城、黄石港之称。在

1. 根据大冶县博物馆，《大冶县发现草王嘴古城遗址》，江汉考古，1984年第6期和湖北省文物考古研究所，《湖北省大冶市草王嘴城西汉城址调查简报》，江汉考古，2006(03)相关内容整理。

历史上，现黄石地区的阳新县、大冶市及黄石城区曾互为隶属关系。唐哀帝天佑二年（公元905年）拆永兴县地置青山场院。南唐主李煜七年（公元967年）"升青山场院并拆武昌三乡，建大冶县"。[1]大冶一名是根据《庄子·大宗师》"天地为洪炉，造化为大冶"之语，取"大兴炉冶"之意。[2]

清代小说家李汝珍在他的长篇小说《镜花缘》第八十回中描述过这样一件事：众才女在白亭做诗猜谜，一美女打了一个谜语，谜面为"天地一洪炉"（猜一县名），一才女当即猜到了"大冶"。从这里足见黄石以矿冶生产而名气之大，影响之大。

矿冶生产活动使得黄石地区成为历朝历代兵家争夺矿产资源、制造兵器之地，并在此留下了有关矿冶活动的很多传说：三国吴王孙权在此采矿铸剑（《铁门坎采铁铸剑》、《孙权铸造武昌剑》）；唐代黄巢起义，在大冶挖矿炼铁造剑（《王霸山黄巢炼剑》）；宋代抗金名将岳飞亦在此找矿、开矿、铸造岳飞剑等（《岳飞刀劈下马缺》、《岳飞找矿带金鸡》、《观山塘与岳飞剑》），明代开国皇帝朱洪武为坐稳天下，获取大冶矿产资源，采取移民措施，把江西居民迁移至大冶，开采矿山，以铁为兵，强盛一时（《以铁为兵》）；清代张之洞，建大冶矿务局，办钢厂御入侵之敌（《铁星张之洞》）等等。

图103　黄石地区矿产资源利用时间脉络示意图

1. 根据黄石市地方志编纂委员会，《黄石市志》，中华书局，2001年第3页内容整理。
2. 根据政协大冶市委员会，《中国青铜古都：大冶》，文物出版社，2010年第337—340页内容整理。

古代在黄石地区从事采矿和冶铸的劳动人民，被编成"矿丁"和"坑冶户"。他们对于矿苗的认识、找矿、开矿、选矿加工和冶炼铸造等技术，在当时世界范围内的同样社会条件下，都是遥遥领先的。

1948 年，国民政府在黄石地区筹建中南地区最大的钢铁工业基地——华中钢铁有限公司，并将大冶县下辖的黄石港和石灰窑合并为石黄镇。1949 年后"为了整个华中工业的发展与经济建设的前途"，"必须迅速派要员对石灰窑工业区接管"的指示，设石灰窑工业特区，直属中原临时人民政府管辖，后改名为大冶工矿特区。1950 年 8 月 21 日经中央人民政府政务院核准，将石灰窑、黄石港工矿区合并为省辖市，并定名为黄石市，由湖北省管辖。[1]

因此可见，黄石地区从最早的混沌一团，互为包容，到"大冶"的出现，由大冶的两个小镇黄石港和石灰窑合并为"石黄镇"，到后来的石灰窑工业特区，再到大冶工矿特区，至现在的黄石市，整个黄石地区的发展是由矿冶生产活动进行串联的，并生动的体现在黄石区域、街巷甚至山形水系的名称中。

黄石地区矿冶生产传统发展主要分为古代矿冶时期和现代工业时期。古代矿冶时期（西周－1840 年）：以手工矿冶为主，对矿产资源进行采掘与原材料加工，以黄石地区矿冶活动的最早历史遗存——铜绿山古铜矿遗址为代表，主要分布在今大冶县域范围及城区的铁山区范围；近代工业时期（1840 年－今）：以机器代替手工，进入钢铁、煤炭、水泥等原材料工业时代，并由原材料工业逐步转向加工工业，从原材料基地向制造业基地发展，以汉冶萍煤铁厂矿、大冶铁矿天坑和华新水泥厂为代表，主要集中在黄石港、西塞山、下陆、铁山四个区域范围内。

1. 根据黄石市地方志编纂委员会，《黄石市志》，中华书局，2011 年第 99 页内容整理。

4.2 价值标准

4.2.1 是持续3000年至今的、特有的矿冶生产传统的突出代表

矿者，乃天地造物，环境使然。矿冶活动是人类最早开始认识自然、改造自然的重要实践之一。黄石地区矿产资源极为丰富，境内仅矿产达四大类七十余种，素有"百里黄金地，江南聚宝盆"之称，同时因为优越的地理位置、良好的自然环境、频繁的商贾往来、发达的水上运输自古便开始了矿冶生产活动。

黄石地区的矿冶生产活动自该地区产生人类便已经开始，经历了石器时期、青铜时期、铁器时期和现代工业化的

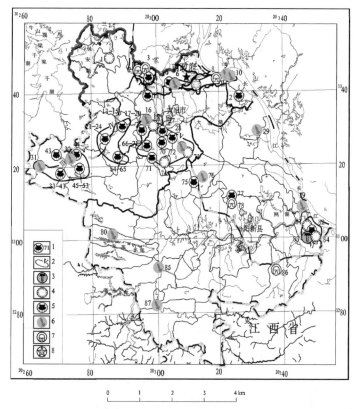

1.矿业遗迹点及编号 2.矿业遗迹分布区及编号 3.探矿遗迹 4.采矿遗迹
5.选冶遗迹 6.矿业加工遗迹 7.人文矿业遗迹 8.矿产地质遗迹

图104 黄石矿业遗迹分布（图片来源：彭小桂、刘忠明、韩培光、刘晓妮、李伟东，
《黄石市矿业遗迹分布及其类型》，资源环境与工程，2008年第2期，第264页图1）

工业发展历程，黄石地区广泛分布的各时期矿冶遗址便能很好的证明这一点。根据考古资料显示，黄石地区先秦时期的古遗址有120余处，其中90余处直接与采矿或冶炼密切相关，并有矿冶生产管理相关的古代城址与之相辅，可见黄石地区系统的矿冶生产活动早已有之。[1]黄石的矿冶生产活动上承商周秦汉、下开唐宋明清，延续至今从未停止，并在青铜文明和现代化工业文明开端时期达到顶峰，"历三千年而炉火不灭"。黄石地区人们在这种长期、共同的矿冶活动所延续形成的身份认知、价值观念、文化知识、文学艺术，以及在勘探、采矿、冶炼实践活动中所形成的技术传统、组织形态、制度规定和行为规范，构成了黄石矿冶生产传统。

黄石矿冶生产传统还深刻的影响了黄石地区的城市格局、风俗习惯、文学作品和组织模式。黄石地区众多以矿冶生产内容命名的区域、街道反映了这种文化传统的广泛影响。"大冶县"一名便是根据《庄子·大宗师》"天地为火炉，造化为大冶"之语，取"大兴炉冶"之意。而黄石城市的黄石港区、石灰窑区、铁山区、下陆区等名称的来由也均与黄石地区的矿冶生产传统密切相关，并由这种传统产生了黄石矿冶文学。社会生活的风俗习惯也与矿冶生产相关并随矿冶工业活动的变化而发生转变。黄石以矿立市，以冶兴市，可以说矿冶生产传统造就了黄石城市。

延续近三千年高效、集约的可持续矿冶开发历史，使黄石矿冶文化传统具有薪火不熄的历史传承性和独特的群体性。作为反映人类社会文化的一个重要组成部分，矿冶生产的文化传统推动了人类社会文化的形成与发展，并形成了独特的文化风貌，也使黄石市成为东亚地区著名的矿冶工业城市。

黄石矿冶工业文化遗产所包含的采矿、选矿、冶炼、制造、加工等矿冶工业要素共同构成了一个融合了时间性和空间性的整体，形成了完整的矿冶生产序列，代表了古代传统青铜文明和现代工业文明肇始时期的最高水平和杰出范例，不仅影响了世界矿冶史，也奠定了黄石作为东亚地区古代和现代工业文明萌芽时期重要发源地这一无与伦比的重要地位。它所见证的矿冶生产文化传统传递了中华

1. 数据来源为黄石市博物馆。

文明延绵不息、强劲发展的历史文化脉络，成为东亚地区矿冶生产发展历史的缩影和当时社会文化形态的独特见证。

1. 见证青铜文明和现代工业文明，对中国乃至东亚地区具有重要作用。

（1）以铜绿山古铜矿遗址为代表的黄石古代矿冶工业文化遗产以其规模之大、开采历史延续之长、技术水平之高代表了亚洲古代手工业矿冶生产的最高水平。

铜绿山古铜矿遗址是中国已发现的年代早、延续时间长、规模最大、技术体系最为完整的古代矿冶遗址。根据对出土文物的考证和同位素 ^{14}C 测定，铜绿山古铜矿开采年代从商代晚期开始，经西周、春秋，直到战国至西汉时期，延续 1000 余年[1]。从铜矿储藏数量、矿石品位、开采时间、采掘技术、冶炼工艺、产品输出范围这些指标来看，铜绿山古铜矿遗址都达到了极高的水平。

根据勘探调查，铜绿山矿区发现的古代露天采场有 7 个，地下采区 18 个，采矿坑道约为 100 万立方米，井巷总长约 8000 米。根据已经出土的古矿井支架推算，铜绿山古矿区所用木材超过 3000 立方米；古代采场内遗留的铜矿石达 3 万–4 万吨（铜品位为 12%–20%）；人工堆积的矿山废石土渣物有 70 余万立方米。发现古代冶炼遗址场地 50 余处。炼铜炉渣更是漫山遍野。铜绿山矿区共计 12 个矿体。其中，10 个矿体有古人井下开采遗迹。在矿区 2 平方千米范围内遗存的炼铜渣数量之巨更是惊人。[2] 这些遗存揭示出了以铜绿山古铜矿的矿冶生产为代表的古代矿冶生产在找矿、采矿、选矿、冶炼等方面的先进、高超的技术特征，以古代传统手工生产方式满足了复杂的采矿技术要求，实现了对黄石地区的铜矿资源大规模、高水平地开发和利用。

铜绿山古铜矿遗址的产品输出范围也甚为广泛，根据考古调查得知铜绿山古铜矿炼渣堆积有 40 万吨，据测算至少生产了 10 万吨以上的粗铜。[3] 1973 年从古铜矿遗址北麓的湖边发掘出的数枚先秦铜锭看，产出的粗铜已装船外运。根据对随州发掘的曾侯乙编钟的化学成分分析，与铜绿山遗址出土的孔雀石等铜矿微量元素含量十分接近，足以证明铜绿山出产的青铜运往全国的范围

1. 根据黄石市博物馆，《铜绿山古矿冶遗址》，文物出版社，1999 年，第 184 页内容整理。
2. 根据大冶市铜绿山古铜矿遗址保护管理委员会，《铜绿山古铜矿遗址考古发现与研究（二）》，科学出版社，第 ix 页内容整理。
3. 根据黄石市博物馆，《铜绿山古矿冶遗址》，文物出版社，1999 年，第 191 页内容整理。

图105　铜绿山古铜矿遗址遗迹分布

之广。铜绿山古铜矿遗址不仅促进了古代科学知识的积累和技术的发展，也成为先秦时期古代矿冶开发史上生产水平的最高代表，实现了人类自石器时代跨入青铜器时代的一大历史进步，并直接影响了铁器时代的发展，东周时期中国出现的生铁制器较欧洲早1800多年，为人类社会的发展进步做出不可磨灭的贡献。

（2）以汉冶萍煤铁厂矿旧址、大冶铁矿天坑和华新水泥厂旧址为代表的黄石现代矿冶工业文化遗产是东亚地区现代矿冶工业早期发展的标志性代表。

汉冶萍煤铁厂矿旧址、大冶铁矿天坑和华新水泥厂旧址作为黄石现代矿冶工业文化遗产的典型代表，见证了东亚地区以机器生产为特征的现代矿冶工业的开端。

汉冶萍煤铁厂矿是19世纪末20世纪初，中国大规模引进西方先进工业技术时期的最早的大型重工业企业代表，也是亚洲最早的近代钢铁联合企业，并远远早于日本的八幡制铁所和印度的塔塔尔钢铁公司，到20世纪20年代以前，它仍是中国唯一的钢铁煤炭联合企业，开创了亚洲现代矿冶工业的先河，曾被誉为"东亚第一雄厂"。该遗址包括现完整保留的高炉栈桥、冶铁高炉、日式和欧式建筑、大冶铁矿天坑等遗址，并体现了土法炼钢与新式钢铁业并存的早期现代矿冶生产特点，见证了变迁成形于外来文化冲击下和对西方文化的吸纳与融合之中的中国新式钢铁工业的发展特点。

华新水泥厂前身湖北水泥厂是我国近代最早开办的三家水泥厂之一，创建于清光绪三十三年（1907年）。1946年9月28日，在现址兴建了华新水泥股份有限公司大冶水泥厂。该厂是我国现存生产时间最长，保存最为完整的水泥制造企业遗存，保存有当时水泥生产全部厂房、设备，其中保存至今的第一台湿法水泥窑在1949年建成投产后，因其先进的技术装备水平和高产的生产规模能力，曾被誉为"远东第一"。

黄石现代矿冶工业文化遗产作为中国近代工业文明吐露曙光的19世纪后半期，中国乃至亚洲现代工业的重要发祥地之一，见证了现代矿冶工业早期的主要发展特征，成为中国乃至亚洲现代工业发展的标志性节点。

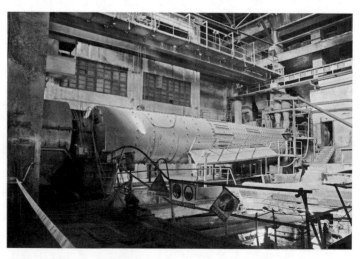

图106　华新水泥厂旧址内部

2.以独特的技术力量，成为中国重要历史阶段支撑国家政治、军事需求的物质基础和历史源头。

"只要知道一个民族用什么金属—金、铜、银或铁—制造自己的武器、工具或装饰品，就可以事先确定该民族的文明程度。"——《马克思恩格斯全集》

人类社会发展的历史是不断从自然寻找资源和利用资源的历史，矿冶生产与人类社会的起源、发展有着息息相关的联系，它的产生、发展和历史证明，矿冶生产对国家、民族的生存、统一和发展产生了重要作用，甚至有学者认为"一部人类文明发展史，也可以看成是一部矿冶发展史。"矿冶生产传统作为中国社会大系统的有机组成部分，在中国传统社会文化中不仅起着物质性的基础作用，而且丰富了中国传统社会文化的内涵，促进了中国传统社会文化的发展。

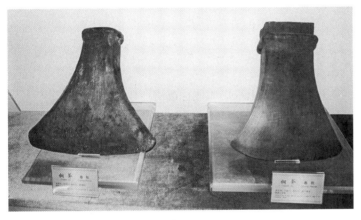

图107　铜绿山古铜矿遗址出土铜斧头

黄石矿冶工业文化遗产见证了中国古代青铜文明和现代工业文明的进步和变革，以及因此而产生的社会形态变化，成为支撑国家政治、军事需求的物质基础，在中华文明起源、发展以及世界文明史上占据重要地位，是中国乃至东亚地区社会文化的精华。

（1）以铜绿山古铜矿遗址为代表的黄石地区古代矿冶生产传统成为中国青铜文化的物质基础和历史源头，铭刻了青铜文明发展、鼎盛和繁荣的足迹。

《左传》云："国之大事，在祀与戎。"而"祀"与"戎"，都离不开青铜原料。青铜在先秦时期关系到国家的命脉，是最重要的战略资源。先秦时期中国先民创造了辉煌而独特的青铜文明，正如美籍华裔考古学家张光直先生所说：已发现的中国青铜器的数量，相当于世界（其他地区）出土青铜器数量的总和；已发现的中国青铜器的种类，也是世界（其他地区）出土青铜器种类的总和。现代科技检测分析表明，先秦时期中原王朝的铜料可能部分来源于长江中下游地区。

铜绿山古铜矿遗址的发现和发掘，为古代青铜文化的大量铜金属原料来源问题、中原王朝南下获取铜资源的机制与方式、铜料的运输通道等问题提供了可靠的科学依据，证明了东方的青铜文化是一部独立、完整的历史。考古研究证实，铜绿山是商周至战国时期中国主要的铜产基地之一，在铜绿山矿区的地表，堆积的古炉渣据估算总量约有40万吨，说明这里曾向社会提供了几万吨铜金属。铜绿山大量铜金属的开采冶炼，保证了当时社会以铜作为礼器和兵器的需要，并在一定程度上解释了在众多考古遗址中出土的大量大型青铜器的原料来源。

同时，铜绿山古铜矿遗址还清晰地展示了由于生产工具改变而带来的社会文明的进步及其对于政权经济军事实力的支撑作用。从铜绿山遗址出土的采掘工具来看，春秋以前的奴隶制社会主要依靠铜制工具，如铜斧、铜锛等，至战国时期采掘已被封建社会的象征——铁工具所取代。另有研究表明，铜绿山的铜金属资源是楚国兴起、发展和强大的重要原因之一，对楚文化和中华文化的发展起到重要的支撑作用。

铜绿山古铜矿遗址的发现和发掘揭示了中国青铜文化的起源，它所代表的古代矿冶生产传统，作为一种社会形态的独特写照，其重要性不仅在生产物质方面，更在于国家与文明的制度层面，黄石古代矿冶工业文化遗产为中国乃至世界青铜文明找到重要的原料产地和历史源头，见证了中华文明由于铜的出现而由原始社会过渡为奴隶社会以及因为铁器的使用而演变至封建社会的社会形态变化，为人类社会的发展和进步做出了重要贡献。

（2）黄石现代矿冶工业文化遗产见证了19世纪末20世纪初，在东西方文化融合的社会制度、历史传统及文化、经济等多重因素共同作用下中国现代工业的发端，显示了国家意志，支撑主流政治主张、满足国家资源需求，对于中国乃至亚洲现代工业文明具有里程碑式的意义。

图108　华新水泥厂旧址1—3号窑

　　作为一个对于中国现代工业化进程具有开端意义的工业联合体，汉冶萍煤铁厂矿是在中国由传统社会向近代社会过渡的新旧、东西文化碰撞的社会背景下，受到"洋务运动"主张的"师夷长技以制夷""中体西用"的实用经世潮深刻影响，而产生的中国历史上第一家用新式机械设备进行大规模生产的钢铁联合企业。而"华新水泥厂"的前身"湖北水泥厂"则是在相同的社会背景下，同样出于自办工业、修建铁路、富国强兵的目的，利用黄石地区丰富的高品位石灰石矿产，而由国家主张兴建的中国最早的水泥厂之一。

　　汉冶萍煤铁厂矿有限公司（简称汉冶萍公司）集勘探、冶炼、销售于一身，"兼采矿、炼铁、开煤三大端，创地球东半面未有之局。""大冶之铁，既为世界不可多觏之产，而萍矿又可与地球上著名煤矿等量齐观，是汉冶萍不独为中国大观，实世界之巨擘也。"[1]

　　在汉冶萍经历的半个世纪由官办、官督商办至股份制式商办这样一个历史过程中，一直与各个社会制度、政治意识密切关联，华新水泥厂作为当时钢铁厂生产的大型配套厂矿，也直接反映了当时清廷"自强新政"的政治主

1. 引自《张文襄公奏稿》，第28卷。

张。黄石现代矿冶工业文化遗产见证了19世纪末20世纪初，中国社会在东西方文化融合的社会、文化、经济背景下，黄石矿冶生产传统对国家意志的体现。黄石现代矿冶遗产在其"实业强国"的肇始动因、联合大型的生产规模、移植先进的技术特征、大量引进的技术人才等方面均显示了黄石矿冶生产传统作为主流政治主张和国家资源需求的主要支撑这一重要历史地位，它见证了中国工业化发展的开端，是亚洲现代工业文明进程中里程碑式的事件。

3.矿冶生产的思想文化传统和文化身份在技术史、社会史、经济史研究方面具有重要意义。

矿冶生产传统是黄石地区最具代表性的文化身份，具有独特的文化发展模式和文化特色，并渗透进入黄石地区社会组织、民俗民情和人民的生产生活中。黄石地区的矿冶文化在两千多年的采矿、冶炼和制造发展史上，体现了独特的包容、坚韧的精神、创造性的思维方式、深沉的情感表达等因素。人们为战胜各种困难，在崎岖的山地上，在地下井巷的底层，坚忍不拔，艰苦奋斗，不断完善和改进工具，积累经验，不断创造，攻克难关，使当时的生产规模及矿冶技术水平达到了前所未有的高度。

黄石矿冶工业文化遗产规模范围大、时间跨度长，空间分布集中，遗址内涵丰富，对于研究人类矿冶开发史、技术史、物理学、测量工程技术等乃至由此衍生的对社会史、经济史的影响具有重要意义。同时，对于古代矿冶遗址的研究，为中国考古学开创了一个学科分支——矿冶考古学以及工业考古学的发展也起到推动作用。

4.2.2 反映了持续演进的生产方式和先进的技术创造

1.为古代传统矿冶工业和现代机械矿冶工业在技术领域提供独特的范例。

（1）铜绿山古铜矿遗址反映的黄石古代矿冶技术水平成熟、工具先进、体系完整、规模宏大，影响广泛，集中再现了中国青铜时代矿冶技术成就，成为人类古代矿冶工业技术的非凡范例，并对世界矿冶技术史和后世采冶技术有着深远的影响。

图109 铜绿山古铜矿遗址展览浮雕
（图片来源：铜绿山古铜矿遗址博物馆提供）

　　铜绿山古铜矿遗址从商代晚期开始，经西周、春秋、战国至西汉时期，延续开采上千年，采选兼备，结合露天开采和地下开采，运用了以铜斧、铜锛、铜镢三大器类为主的一大批先进的生产工具，以古代传统手工生产方式实现了矿井提升、排水、通风、井巷和采矿场支护、造渣与配矿等一系列技术复杂的矿冶技术要求，运用分地进行并互有分工的采矿、冶炼和铸造工序管理方式，实现了对铜矿资源自成体系的大规模开采和利用活动。

　　铜绿山古铜矿遗址揭示了古代传统采冶技术的完整系统和突出成就。通过铜草花判断铜矿的位置是古人最早的探矿方法之一，采用了较为先进的浅井和重砂分析法追踪富矿，使用先进金属工具开拓井巷；采用榫卯木支护结构；创造性运用下向式井巷交错法或上向式方框支柱填充法采矿生产；开创了矿山生产使用木制机械的先河。同时在冶炼方面，创先使用鼓风炉竖炉炼铜，可以持续进行冶炼，而且操作简便；掌握了当时居于世界领先地位的配矿技术和提炼工艺。这一系列技术都凸显了中国古代劳动人民的伟大创造力。

　　铜绿山古铜矿遗址中发掘出的大量矿冶采掘工具也展现了铜绿山古代采矿技术高超水平，而矿冶工具的发展与演变，也反映了采矿技术的不断进步和生产力的巨大变革。黄石古代铜矿大规模开采和冶炼，也为后世铁矿的开采和冶炼提供了技术基础和规模化生产的组织管理经验。

　　经考古研究证实，铜绿山持续一千余年的矿冶生产未曾间断，隋唐时期，又在原有遗址上继续开采，并在此期间形成了由探矿、挖矿、铲装、选矿、排水、提升、装运以及铜矿资源的萃取、冶炼等技术环节构成的一套完整的古代传统矿冶技术体系。该体系内涵丰富，互相联系，在长期的矿冶活动中不断演进和发展，充分反映了古代人们的创造精神，是商周青铜文明的物质和技术前提，集中再现了中国青铜时代矿冶技术成就，成为人类古代矿冶工业地质探矿、矿山开采和金属冶炼等矿冶技术方面的独特范例，并对世界矿冶技术和后世采冶技术有着深远的影响。

　　（2）黄石现代矿冶遗址反映的现代机械矿冶技术，是东亚地区现代工业化进程早期的工业技术范例。

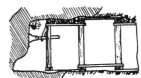

图110　使用直柄大斧开凿井巷（图片来源：杨永光、李庆元、赵守忠，《铜录山古铜矿开采方法研究》，有色金属，1980年第4期，第90页图9）

汉冶萍煤铁厂矿在中国近代工业中占有突出地位。1915
年之前，它是中国唯一的新式钢铁企业，几乎占据中国全部
的钢铁产量；1923年以前，它的钢铁产量占了中国新式钢铁
总产量的大半份额；1937年之前，它拥有亚洲最大规模的炼
铁高炉。在整个中国近代，它始终是唯一集采煤、炼焦、铁
矿开采、生铁冶炼、炼钢、轧钢于一体的钢铁联合企业。汉
冶萍煤铁厂矿将欧洲机械生产技术应用到煤矿开采设备的过
程，是技术在国家之间和洲际传播的标志，其中大冶铁矿从
德国引进先进设备、技术和人才，是中国第一家用机器开采
的大型露天铁矿。汉冶萍公司通过对现代工业先进的设备、
人员的引用，成为中国现代矿冶工业发展的种子，在中国首
次成功建立起从采矿、生铁冶炼、炼钢到轧钢的一整套技
术，并生产出高质量的钢铁制品，实现了近代中国的新式矿
冶工业在器物层面的系统建设。

中国水泥工业经过百余年的发展，2003年，水泥年产
量已达8.6亿吨，约占世界总产量的40%，雄居世界第一

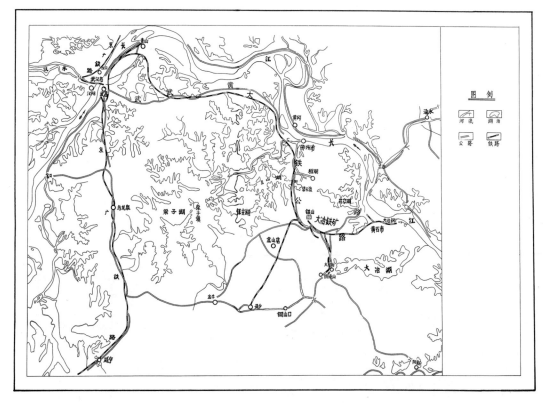

图111　大冶铁矿交通位置图（图片来源：武钢大冶铁矿矿志办公室，《大冶铁矿志（1890-1985）》，科学出版社，1986年）

位。而华新水泥厂是中国最大、生产水平最高的水泥生产企业之一。华新水泥厂现存的1949年建成启用的1-3号湿法水泥窑体现的"湿法水泥生产工艺"，是中国第一个全套采用国际先进技术的大型水泥建设项目，当时被誉为"远东第一"，代表了当时水泥行业先进的生产力。华新水泥厂生产的"华新""堡垒"水泥广泛应用于中国重点工程建设之中，为中国工业的发展及城市建设作出卓越的贡献。

2.持续了近三千年矿冶工业技术发展反应了中国乃至东亚地区独特的工业可持续发展模式。

黄石矿冶工业经过几千年的发展，采矿从手工开采，发展到大型机械化作业；矿产冶炼从就地置炉烹炼，发展到电炉冶炼特殊钢，直至现代化大型综合厂矿；从昔日的简单石灰烧制，发展到现代化水泥集团公司。黄石地区矿冶工业发展从古延绵至今，脉络清晰，持续时间长，代表了中国乃至东亚地区独特的工业可持续发展模式。

（1）铜绿山古铜矿遗址揭示的古代矿冶生产活动促进了矿冶经济的发展和管理水平的提升，成为青铜时期矿冶社会、经济可持续发展的独特例证。

铜绿山矿冶业的率先崛起，带动和促进了当时黄石地区整个社会经济文化的大发展，使黄石地区出现了人类社会第一次空前大繁荣。考古发现表明，黄石（大冶）城乡迄今尚保存的古文化遗址100多处（此外还有古城址及古墓葬群），其中，商周时期的遗址居多，分布的范围广。包括市区的下陆、铁山和大冶的大部分乡镇，几乎没留下空白，表明了这个地区当时的人口密集，经济发达繁荣，都与当时矿业发达紧密相关。其中与铜绿山古铜矿遗址密切相关的有三座古城，经进一步考古确定，这几处城址均与铜矿的开采冶炼、经济生产有密切关系，并随着矿冶开采活动不断向铜矿资源富集的地方转移，作为管理生产机构中心的城市也随之转移。

铜绿山古铜矿遗址的生产工具也同样反映出当时的社会经济状况。铜绿山采集的汉代铁斧、铁锄上的铭文说明铜绿山已经由西周、春秋时期的奴隶制和封建领主制的地区属性生产方式转变为封建社会由国家统一调配的经济管

图112　使用手钎铁锤进行采掘（图片来源：杨永光、李庆元、赵守忠，《铜录山古铜矿开采方法研究》，有色金属，1980年第4期，第90页图13）

理发展模式。

根据考古材料证明，楚国至迟在春秋晚期实现了对鄂东南地区的有效统治，战国时期楚人进入鄂东后，黄石地区冶铸业在原有规模的基础上得到了较大程度的提升，这也归功于楚人对矿冶工业的积极开发与有效管理。当时铜绿山矿区的粗铜年产量在1700–2500吨左右[1]，为楚国称霸争雄提供了强大的物质基础。

（2）黄石现代矿冶工业文化遗产反映了19世纪末20世纪初东亚地区集采、冶、制造加工为一体的现代矿冶生产可持续发展模式的特殊例证：

汉冶萍煤铁厂矿有限公司作为中国现代矿冶生产活动的先行者和近代唯一一家生产经营具有跨省、跨国、跨行业规模雏形的大型公司，集采铁、开煤、炼焦、冶炼钢铁于一体，还经营铁路和水上航运事业。刘少奇曾说："汉冶萍在东亚，他的存在比平常产业要有更深几层的重要。他不独在国民经济上占有了极重要之地位；且为发展东方'物质文明'之根据，在大冶、萍乡各厂矿之下直接倚为生活的工人有四万人，联同此四万人之家属，不下十余万人，再依各外厂矿间接生活之商民各业人等亦数十万人，联株萍、粤汉铁路、湘江长江至上海、日本一带之直接或间接有联带的人民，亦不下数十万。"

4.2.3 突出普遍价值讨论

黄石地区长期高效、集约的可持续矿冶开发历史，使黄石地区人们在长期共同的矿冶活动中形成了特点鲜明的技术传统、身份认知、价值观念、表现方式、风俗习惯和文学作品，构成了黄石矿冶生产传统。这种生产传统具有薪火不熄的历史传承性和独特的群体性，作为反映人类社会文化的一个重要组成部分，矿冶生产的文化传统推动了人类社会文化的形成与发展，并形成了独特的文化风貌，使黄石地区成为中国乃至东亚地区矿冶生产文化传统的代表。

黄石矿冶工业文化遗产所包含的采矿、选矿、冶炼、制造、加工等矿冶工业要素共同构成了一个融合了时间性和空间性的整体，形成了完整的矿冶生产序列，代表了古代传统

1. 根据龚长根、郭恩，《铜绿山古铜矿与楚国的强盛》，全国第七届民间收藏文化高层（湖北荆州）论坛文集，2007年，第155页内容整理。

青铜文明和现代工业文明肇始时期矿冶工业技术的最高水平和杰出范例，成为重要历史阶段支撑国家政治、军事需求的物质基础和历史源头，对中国经济、社会的发展起到至关重要的作用，并深刻影响了东亚地区的工业进程。

黄石矿冶工业文化遗产所见证的矿冶生产文化传统传递了中华文明延绵不息、强劲发展的历史文化脉络，成为中国矿冶生产发展传统的缩影和当时社会文化形态的独特见证，奠定了黄石作为中国乃至东亚地区古代和现代工业文明萌芽重要发源地这一无与伦比的重要地位。

黄石矿冶工业文化遗产符合列入世界遗产标准的第（iii）、（iv）条。

标准（iii）：黄石地区矿冶资源丰富、地理环境优越，持续了近三千年的包括采矿、选矿、冶炼、制造、加工矿冶活动，融合在这一过程中发展出自身的组织制度、风俗习惯及表现方式，构成了黄石持续至今特有的矿冶生产传统，并在传统工业文明和现代工业文明开端时期达到顶峰。这一生产传统直接促成了黄石作为中国著名矿冶城市的产生和发展，对中国经济、社会的发展起到至关重要的作用，并深刻影响了东亚地区的工业进程。

标准（iv）：黄石矿冶工业文化遗产类型多样、系统完整，保存的矿冶工业要素构成了一个融合了时间性和空间性的非凡整体矿冶工业序列，反映出古代传统矿冶工业和现代机械化矿冶工业持续演进的生产方式和先进的技术创造，并发挥了启蒙性和先生性的突出作用，为东亚区域矿冶工业技术、可持续的工业发展模式提供了独特的范例。

4.3　对比分析

矿冶生产活动是人类最早进行的认识自然、改造自然的活动之一。已知最早的铜矿位于奥地利别希霍夫荷劳的密特堡，年代约为公元前3000年，遗址长1200米，深15米的沟槽，属于露天开采。著名的古代埃及提姆纳采铜遗址位于亚喀巴海湾附近，开采年代距今约3000年，竖井最深达36米，采矿用"锤—锲"法，有专用的通风井巷和提升用的绞车。

矿冶工业文化遗产已经成为目前越来越受到国际关注的工业遗产这一个新型遗产的重要专题类型和研究方向，人类在不同时空范围内，对于各类矿产资源的开采利用活动形成了不同技术特点、文化内涵的矿冶工业文化遗产，有新石器时期的比利时斯皮耶纳燧石矿，有公元前2世纪开始奥地利萨尔茨卡默古特盐矿，有17世纪挪威勒罗斯铜矿，有19世纪德国的弗尔克林根钢铁厂，由此可见，矿冶工业文化遗产时间分布极为广泛，所代表的技术和时代特征也各有不同，黄石矿冶工业文化遗产就充分体现了矿冶工业文化遗产这一广泛性特征。

4.3.1　与中国其他矿冶工业文化遗产对比分析

黄石地区是集古代手工业和现代化机械工业的采矿、冶炼、制造加工为整体的矿冶工业文化遗产，遗产类型较新，与之相似的遗产较少，能够在遗产构成和时间跨度上与之相比的中国矿冶工业文化遗产更为稀少。因此选取中国几处在历史上具有矿冶生产传统，并延续矿冶生产活动

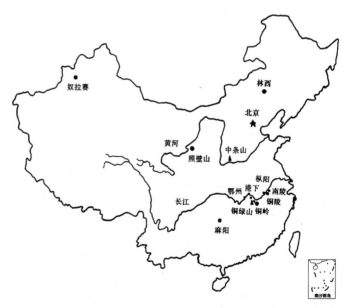

图113　中国先秦矿冶遗址分布示意图（图片来源：华觉明、卢本珊，《长江中下游铜矿带的早期开发和中国青铜文明》，自然科学史研究，1996年第1期，第12页图5）

的工业遗产进行类比。中国具有矿冶生产传统的区域往往也是矿冶资源较为丰富的地区，先秦时期中国铜矿采冶较为集中的主要有三个区域，南部有以湖北大冶为中心，包括鄂州、阳新乃至江西瑞昌等矿冶遗址的铜绿山基地；以安徽铜陵为中心包括贵池、青阳、南陵、繁昌等矿冶遗址的大工山基地；北部有以山西恒曲为中心，包括运城等矿冶遗址的中条山基地，另外北部还有内蒙古林西大井遗址、新疆尼勒克县的奴拉赛古矿冶遗址等。这些地区很多现在仍然在进行矿冶生产活动，是区域的矿冶生产中心。

铜绿山所在的长江中下游南岸地带由于地处中纬度地带，群山环抱，水系纵横，孕育了各种丰富的地表资源。长江中下游地带的地质条件优越，资源丰富，产地多，规模大，类型齐全，矿量集中，现代中国的德兴、铜官山等大型铜矿就云集在这一带，已探明铜储量占全国的2/3以上。

1.北方矿冶工业文化遗产

（1）山西恒曲中条山矿冶工业基地

中条山地区古代就是我国重要的产铜基地之一，也是华北地区最大的产矿地点。它位于华北地台南缘，即太行山、中条山、吕梁山、贺兰山组成的"山"字形构造的顶端，属于中条古裂谷，裂谷呈不同方向控制着各铜矿，是一条蛇曲形延脉。矿区位居中条山东段，北纬35°19′，东经111°40′，海拔620米。南起胡家峪、犁耙沟，北到铜矿峪、虎坪，西自箅子沟，东到落家河，矿区南北约20余千米，东西约10余千米，现有大小铜矿点30余处。矿藏主要有黄铜矿、铜蓝矿、斑铜矿、辉铜矿、黄铁矿、孔雀石等，含铜品位0.67%–1.5%，并伴生有钴、钼、金、银、黄铁矿、铝、铅、锌等十多种有色金属矿产。[1]1960–1961年间，安志敏、陈存洗考察了位于中条山北麓、黄河支流涑水河上游的山西运城洞沟东汉采铜遗址，共发现古矿洞7处，采集到铁锤、铁钎等采矿工具和铜锭1件。矿坑附近的崖壁上镂刻有东汉光和二年（179年）和中平二年（185年）的题记。古矿坑所出矿石属黄铜矿，也有少量孔雀石，说明该地区至迟在东汉已娴熟掌握硫化铜矿的冶炼技术。[2]店头遗址古矿洞的木支护年代测定将中条山铜矿的开发历史至少前推到了战国晚期。[3]

---

1. 佟伟华，《垣曲商城与中条山铜矿资源》，考古学研究，2012年第347页。

2. 根据安志敏、陈存洗，《山西运城洞沟的东汉铜矿和题记》，考古，1962（10）相关内容整理。

3. 根据李延祥，《中条山古铜矿冶遗址初步考察研究》，文物季刊，1993（02）第67页相关内容整理。

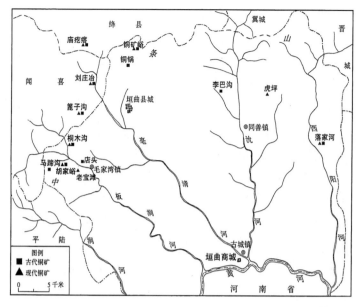

图114 中条山古今铜矿分布图（图片来源：佟伟华，《恒曲商城与中条山铜矿资源》，考古学研究，2012年，第349页图一）

（2）内蒙古林西大井古铜矿遗址[1]

林西大井古铜矿遗址位于内蒙古自治区林西县官地镇中兴村大井自然村北，总面积约2.5平方千米。遗址主要遗存集中分布在山冈和坡地上，有采矿坑、冶炼坩锅、工棚建筑遗迹等。共有露天采矿坑47条，最长的有102米、最短的有7–8米，宽度为0.8–2.5米，深度为7–9米。矿坑之间不连接，有顺坡纵向开采的，也有横向开采的。其出土的马头型的陶质鼓风管，表明当时已能用人工鼓风掌握炉温。该遗址文化性质单纯，属于夏家店上层文化，年代距今2900年至2700年。该遗址为研究我国北方古代铜矿开采、选矿、冶炼、铸造技术及发展水平提供了实证。

（3）新疆尼勒克县的奴拉赛铜矿遗址[2]

奴拉赛铜矿遗址位于新疆维吾尔自治区尼勒克县尼勒克镇喀什河南岸、阿吾拉勒山北坡的天山奴拉赛沟中。遗址包括圆头山古铜矿遗址和奴拉赛古铜矿开采、冶炼遗址。圆头山古铜矿遗址有露天采掘矿坑和大型石器，碳十四测定年代为距今2650±170年，相当于春秋早期。奴拉赛铜矿采矿区已发现十余处竖井洞口，已塌毁，洞口约

1. 根据《全国重点文物保护单位记录档案——大井古铜矿遗址》基本情况整理。
2. 根据《全国重点文物保护单位记录档案——奴拉赛铜矿遗址》基本情况整理。

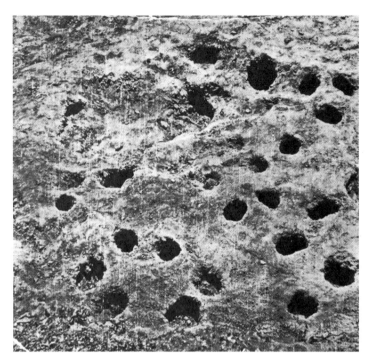

图115　内蒙古林西大井冶炼遗址（图片来源:《【冶金考古发现之矿冶遗址】大井古铜矿遗址》http://www.csteelnews.com/special/602/606/201206/t20120621_67886.html）

5米见方，有的竖井深达20米左右，宽约5米。洞口周围和竖井中发现大量矿石和圆形或扁圆形的石锤。冶炼遗址位于奴拉赛沟谷内较平坦的地方。奴拉赛矿冶遗址碳十四测定年代为距今2440±75年，相当于战国早期。

图116　奴拉赛铜矿遗址（图片来源：百度百科－奴拉赛铜矿遗址 https://baike.baidu.com/item/%E5%A5%B4%E6%8B%89%E8%B5%9B%E9%93%9C%E7%9F%BF%E9%81%97%E5%9D%80/2630179?fr=aladdin）

奴拉赛铜矿遗址是新疆地区发现最早的矿冶遗址，从工艺流程、冶炼温度、矿渣和铜坯等几个方面看，都已达到较高技术水平，为研究新疆地区早期冶铜技术的起源和发展提供了重要的实物资料。

（4）小结

迄今，北方地区已发现的古铜矿遗址，其年代都在西周或东周，采掘工具以石器为主，金属器件较为少见。这些石质工具采用花岗岩和玄武岩的砾石粗制而成，有石锤、石钎等类。石锤以木作柄，采用通常所说"锤与楔"的方法使岩石破碎。因此可见，北方的矿冶工业文化遗产，铜矿遗址的起讫年代均较晚于黄石古代矿冶遗址，后者矿冶生产使用的金属工具较之北方的石器工具也更为先进。而到现代工业后，北方地区的原有矿冶生产基地生产活动虽也有所延续，但却没有像黄石矿冶工业文化遗产那样能够成为现代矿冶工业发展的重要代表和物质基础。

2.南方矿冶工业文化遗产

（1）皖南大工山铜陵、南陵矿冶工业遗产

大工山—凤凰山铜矿遗址分布于安徽省南陵县工山镇大工村、铜陵市新桥乡凤凰山，已发现冶炼、采矿遗址近百处，面积183万平方米，其中铜陵市的木鱼山、金牛洞，南陵县的江木冲、塌里牧4处，发现一批西周春秋炼铜矿竖炉、唐宋矿石焙烧窑、圆形炼铜地炉，汉唐地下采矿场等重要遗迹，出土铜锭、铜器、铁器、陶器等物。该遗址

图117 皖南大工山铜陵、南陵矿冶工业遗产（图片来源：百度百科大工山—凤凰山铜矿遗址 https://baike.baidu.com/item/%E5%A4%A7%E5%B7%A5%E5%B1%B1%E2%80%94%E2%80%94%E5%A4%87%E5%87%B0%E5%B1%B1%E9%93%9C%E7%9F%BF%E9%81%97%E5%9D%80/3493380?fr=aladdin）

自西周早期始，延续至宋，长达两千余年，对研究古代冶金史和长江下游社会经济史具有重要意义。[1]

皖南的铜矿资源分布在白垩纪燕山运动时期火山爆发后产生的矽卡岩型地区内，丹阳郡所辖十七县中，尤其是安徽南部的南陵、铜陵、繁昌、贵池、宣城、当涂、泾县和江苏南部的句容、宜兴、江宁一带自古就产铜，这已被考古调查所证实。皖南南陵、铜陵地区也拥有较长的矿冶生产传统，西汉唯一设有铜官的地方便在皖南[2]，南北朝时期即在此设立采铜机构，兴办手工业工场，唐宋时期进行过大规模开采，但到明代铜矿资源渐趋枯竭。[3]繁昌、南陵、铜陵、贵池、青阳等六个市县发现的古代铜矿遗址，总分布范围近 2000 平方公里，其中以地处南陵、铜陵交界地带的工山、凤凰山、狮子山、铜官山等处最集中。[4]

研究证实铜陵地区有大小铜矿化点近 60 处之多。在南陵江木冲，铜陵凤凰山、木鱼山发现的古铜矿遗址中，起始时间为西周。[5]在时间上晚于湖北大冶铜绿山古铜矿遗址，但属于同一时代。通过对安徽枞阳县井边发现的东周采矿遗址开拓方式的分析，推测当时可能是采用"烧爆法"剥离矿石的[6]，即为利用热胀冷缩的体积变化，使矿石爆裂，这种方法与铜绿山古铜矿遗址单纯采用人工物理采掘方式截然不同。在冶炼方法上面，湖北大冶铜绿山春秋矿冶遗址古矿井和炼炉旁出土的铜矿石，均为氧化铜矿石，如孔雀石、赤铜矿和自然铜，经模拟试验已证明铜绿山发现的炼铜竖炉冶炼工艺是铜的氧化矿还原熔炼过程。但在安徽铜陵，考古研究证明，南陵塌里牧遗址大量焙烧窑的发现，说明当时这里进行大规模地采掘和冶炼硫化铜矿；而安徽贵池徽家冲青铜器窖藏中发现的板状冰铜锭和南陵江木冲冶炼遗址出土的菱形冰铜锭，则证明皖南地区的铜矿主要应用的是硫化铜矿的冶炼技术。

至现代机械工业时代，安徽铜陵则主要用于矿产资源的原料提供地区，未能像黄石地区一样发展成熟的矿冶制造加工工业并成为现代矿冶工业的核心。

1. 根据《全国重点文物保护单位记录档案——大工山-凤凰山铜矿遗址》基本情况整理。
2. 根据韩汝玢、柯俊主编，《中国科学技术史（矿冶卷）》，科学出版社，2007 年第 116 页内容整理。
3. 根据刘平生，《安徽南陵大工山古代铜矿遗址发现和研究》，东南文化，1988（06）第 46 页相关内容整理。
4-6. 根据《全国重点文物保护单位记录档案——大工山-凤凰山铜矿遗址》基本情况整理。

（2）江西瑞昌铜岭矿冶工业遗产

铜岭铜矿遗址位于江西瑞昌市夏畈镇铜岭村，北依长江，周围十公里区域分布有武山、城门山、丰山、丁家山等现代铜矿。铜岭铜矿遗址的起讫年代根据考古研究和碳十四测定，大体起始于商代中期，发展于西周，盛采于春秋。铜岭矿冶遗址分布有采矿区、选矿区、冶炼区、矿工居住区。

古采矿区集中分布范围约7万平方米，冶炼区分布于矿山周围山脚下，古炼渣堆积面积18万平方米，堆积厚度0.7-1.57米，初步估算炼渣约有50-60万吨。1998-2002年发掘，在采矿区内清理发掘出古竖井103口，巷道19条，露采坑7处，工棚5处，选矿场1处等。出土有石、木、铜、陶、原始瓷等生产工具和生活用具约500件。在冶炼区揭露春秋时代炼炉2座。遗址最早开采年代为商代中期。距今约3300余年，是中国发现年代最早的一处采铜冶铜遗址。至今保存有坑采区和露采区。地下坑采区井巷密布，木支护保存完好。西周时期选矿场采用流水分节冲洗选矿的木溜槽为世界仅见之物。出土的提升工具木滑车分别有商、西周、春秋各代之物，表明早在数千年前我国已将木制机械用于矿山开采。这批提升工具也是世界上发现的古机械物最多、最早的一批。[1]

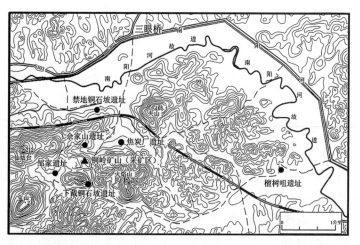

图118　铜陵遗址分布图（图片来源：崔涛、刘薇，《江西瑞昌铜岭铜矿遗址新发现与初步研究》，南方文物，2017年第4期，第57页图一）

1924年8月湖北汉阳铁厂在此开采过铁矿，因运输条件困难而停产。1957年南昌钢铁公司将矿区变为机械化开采矿山，1958年经上级主管部门批准建立现代采矿单位——九江铜岭钢铁总厂，2001年停产。

（3）阳新港下古铜矿遗址[1]

湖北阳新港下古铜矿遗址南面与鸡笼山金铜矿紧邻，北面与丰山洞铜矿隔山相背。港下村前的港与富河（水）相通，顺流东下经富池便进入长江。沿江而下，可直抵九江；逆水上行，可达黄石、汉口，交通很便利。考古研究认为阳新港下古铜矿遗址约为西周晚期或春秋早期，出有竖井、平巷、铜、木工具、水槽等遗存。

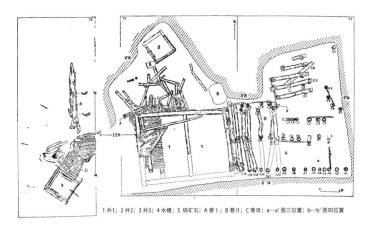

1 井1；2 井2；3 井3；4 水槽；5 铁矿石；A 巷 I；B 巷 II；C 巷 III；a—a' 图三位置；b—b' 图四位置

图119　港下古矿井遗址井巷分布图（图片来源：李天元，《湖北阳新港下古矿井遗址发掘简报》，考古，1988年第1期，第31页图二）

（4）水口山铅锌矿冶遗址[2]

水口山铅锌矿冶遗址位于湖南省常宁市松柏镇和水口山街道，遗址分布面积达120公顷，主要包括地面遗迹和地下遗迹。时间从宋代开始一直延续到现在。其中地面遗迹主要包括：宋代至清代的采矿遗址和冶炼遗址，有龙王山矿石采选场遗址、水口山第三冶炼厂早期建筑群（包括烧结锅车间、鼓风车间、烟化车间、电解车间及早期烟囱），同时地面还保存大量水口山铅锌矿早期建筑，有水口山铅锌矿办事公署旧址、红色会堂旧址、水口山铅锌矿办公大楼旧址、水口山铅锌矿早期住宅群、水口山铅锌矿专家楼旧址、水口山铅锌矿职工医院旧

1. 根据李天元，《湖北阳新港下古矿井遗址发掘简报》，考古，1988（01）相关内容整理。
2. 根据《全国重点文物保护单位记录档案——水口山铅锌矿冶遗址》基本情况整理。

址、铅锌矿影剧院旧址及理发店旧址和澡堂旧址。地下遗迹主要有老鸦巢矿冶遗址、水口山铅锌矿1号、2号、5号矿井及忆苦窿，其中，忆苦窿内现保留大量的古代采矿工具，如背篓、灯具、铁锤、钢钎、竹缩节、木制溜槽等。

图120 水口山铅锌矿冶遗址——龙王山矿摇钱树遗址（图片来源：《全国重点文物保护单位记录档案——水口山铅锌矿冶遗址》）

（5）万山汞矿遗址[1]

万山特区地处云贵高原向湘西丘陵过渡的武陵山区，位于"武陵成矿带"凤凰—新晃汞矿集中区南端。万山汞矿遗址位于贵州省铜仁市万山特区万山镇土坪、老街两村，遗址包括仙人洞、黑硐子、云南梯洞子三个部分，遗址时代为唐至清。地表面积约2.5平方千米，遗址采掘面积约3.2万平方米，有百余个洞口，矿柱百余根，矿洞长达150多千米（全矿矿洞长约970千米）。矿洞内留下了数百年来采矿工人开凿的石梯、隧道、刻槽、标记、矿柱、巷道等及冶炼汞矿的遗迹遗物，并有着独特的采矿、选矿及冶炼等一系列传统生产工艺。由于矿源枯竭，万山矿区的朱砂开采、汞冶炼于21世纪初就陷于停产状态。

（6）小结

就矿产类型而言，万山汞矿遗址主要是汞矿，湖南水口山铅锌矿冶遗址主要是铅锌矿，皖南大工山铜陵南陵矿

1. 根据引自《全国重点文物保护单位记录档案——万山汞矿遗址》基本情况整理。

图 121　贵州万山汞矿遗址仙人洞洞口（图片来源：《全国重点文物保护单位记录档案——万山汞矿遗址》）

冶工业遗产、江西瑞昌铜岭矿冶工业遗产、湖北阳新港下古铜矿遗址是铜矿；就铜矿矿产类型而言，皖南大工山铜陵南陵矿冶工业遗产主要是硫化铜矿，江西瑞昌铜岭矿冶工业文化遗产主要是孔雀石、赤铜矿和自然铜，而黄石矿冶工业遗产矿藏更加丰富，不仅有铜矿，还有铁、煤等矿藏。

就矿冶工业序列而言，万山汞矿遗址年代为唐至清，工业序列为探矿—采矿—选矿—冶炼[1]；其余遗产工业序列均为采矿—冶炼，其中，江西瑞昌铜岭矿冶工业遗产为采矿—选矿—冶炼，铜绿山古铜矿遗址 2012 年新发现岩阴山脚遗址选矿场遗存[2]，两处遗产在工序上有遗存证明增加了选矿的环节。黄石矿冶工业文化遗产与万山汞矿遗址相比，起始年代更早，延续时间更长，技术更加成熟，工业类型构成更加完整。

在技术整体方面。皖南大工山铜陵、南陵矿冶工业遗产在开采铜矿方面，通过对破头山等处浅地层群井升采的井巷底部和围岩裂隙中木炭屑的分析，考古研究认为当时是用"烧爆法"剥离矿石的，即为利用热胀冷缩的体积变化，使矿石爆裂；在冶炼方面，南陵塌里牧遗址大量焙烧窑的发现，说明当时这里进行大规模地采掘和冶炼硫化铜矿[3]；而安徽贵池徽家冲青铜器窖藏中发现的板状冰铜锭和南陵江木冲冶炼遗址出土的菱形冰铜

1. 根据杨路勤，《万山汞矿工业遗产研究》，贵州民族大学民族学，2016 年，第 33 页内容整理。

2. 根据席奇峰、王文平、王新华、周蝶、张继宗、刘伟平、郑道利、陈树祥、龚长根、黄朝霞、王琳，《湖北大冶铜绿山岩阴山脚遗址发掘简报》，江汉考古，2013（03）相关内容整理。

3. 根据刘平生，《安徽南陵大工山古代铜矿遗址发现和研究》，东南文化，1988（06）相关内容整理。

锭，则证明皖南地区的铜矿主要应用的是硫化铜矿的冶炼技术。这种方法与铜绿山古铜矿遗址单纯采用人工物理采掘方式截然不同。铜绿山古铜矿遗址发现的炼铜竖炉冶炼工艺是铜的氧化矿还原熔炼过程。江西瑞昌铜岭矿冶工业遗产，既有地下开采的井巷遗迹，又保存有露天采矿和选矿等遗迹；在选矿方面有木溜槽遗存，是迄今中国考古发现的最先进的选矿设备[1]；在提升工具方面，出土的木滑车分别有商、西周、春秋各代之物，表明早在数千年前我国已将木制机械用于矿山开采，这批提升工具也是世界上发现的古机械物最多、最早的一批。[2]湖北阳新港下古铜矿遗址，在采矿井巷方面采用日字型竖井，井巷支护结构特征清楚，可能代表古代铜矿井巷支护结构的一个中间环节。而在铜绿山遗址未发现日字型竖井。湖南水口山铅锌矿冶遗址，在古法开采方面，是用凿子凿孔，装填炸药，然后爆破采矿；与铜绿山古铜矿遗址单纯采用人工物理采掘方式截然不同。万山汞矿遗址是单纯的汞矿开采。

就文化内涵、制度或演变而言，皖南大工山铜陵南陵矿冶工业遗产，主要见证了青铜文明，具体表现在西汉时期，铜陵为丹阳地，西汉政权曾在今铜官山下设置铜官，专营铜冶；与铜绿山一样见证青铜文明，但铜绿山古铜矿遗址内尚未发现官方管理机构等遗迹；江西瑞昌铜岭矿冶工业遗产，是我国目前所见最早的采铜遗址，对于完整了解和研究中国先秦时期的采矿方法和技术水平有着重要价值，与铜绿山一样见证青铜文明，但比铜绿山古铜矿遗址的开采时代更早；湖北阳新港下古铜矿遗址，见证青铜文明，根据港下遗址及周围的发现，有较多的越文化成分，与铜绿山地理位置靠近，且一起见证青铜文明；湖南水口山铅锌矿冶遗址，见证古代矿冶文明，清光绪二十二年（1896年）收归官办，设局开采，见证近现代工业文明，近现代添置采、装、运机械设备，大大提高了矿山机械化水平。因矿产类别与铜绿山不同，因此虽不能见证青铜文明，但可以见证古代矿冶文明；与黄石矿冶工业文化遗产一同见证近现代

1. 根据韩汝芬、柯俊，《中国学学技术史（矿冶卷）》，科学出版社，2007年第70页相关内容整理。
2. 根据《全国重点文物保护单位记录档案——铜岭铜矿遗址》基本情况整理。

工业文明，但没有非金属的开采和加工技术的引进。万山汞矿遗址见证了中国"丹砂文化"，明朝洪武年间设立水银朱砂局[1]，开始大规模开采万山汞矿，清光绪二十五年（1899年），外国资本侵入，在万山开办英法水银公司掠夺我国资源。

就影响范围而言，皖南大工山铜陵南陵矿冶工业遗产，西周时期已成为吴越地区重要的铜产地，汉代的丹阳铜闻名遐迩，与铜绿山一样，一直作为铜原料产地而全国闻名；湖南水口山铅锌矿冶遗址，据《常宁县志》记载：汉代境内居民已掌握简单的采矿和炼银的技术，常宁有"茭源银场"；唐肃宗至德至上元年间（756–762年），茭源银场"增坑冶10余所，其利甚盛"；宋代朝廷委派场监管理茭源银场，收为官办；明代，朝廷委派内宦管理，均严禁私人开采。据民国二十二年（1923年）"实业杂志"138号记载："水口山为明档矿"，由明宦官陈奉主办。清代，1896年正式成立湖南省水口山矿务局，自此水口山铅锌矿冶业翻开了新的一页。近代，随着冶炼铸造工业的技术进步，水口山铅锌矿不断开发新的矿业，成为"有色金属"的综合体[2]；江西瑞昌铜岭矿冶工业遗产、湖北阳新港下古铜矿遗址尚不明确。

3.对比分析结论

黄石矿冶工业文化遗产从其反映的矿冶生产传统，到遗址本身特征，在中国范围内的矿冶遗址中具有突出的代表性。黄石矿冶工业文化遗产延续时间长、时间跨度大、遗存规模和内容极为丰富，形成了融合古代和现代，集采矿、选矿、冶炼、制造、加工为一体的系列完整的矿冶生产序列，对整个区域都起到结构性的决定作用，并在古代和现代的矿冶工业发展重要时期均对中国乃至东亚地区产生深刻影响。这种综合因素的比较下，中国范围内尚无同类遗产能够与其相比。

（1）矿冶生产传统悠久

黄石矿冶工业文化遗产区位于长江中游、湖北省东南部黄石市境内，地处长江中游铁铜等多金属成矿带西段，矿源丰裕，素有"江南聚宝盆"之称。当人类历史进入青

1.《明史》"太祖时惟贵州大万山司有水银朱砂场局。"

2. 易矿资讯，《纪实 | 千年铅锌矿冶工农运动发源——湖南水口山铅锌矿冶遗址》https://www.sohu.com/a/280461043_99904063

铜时代后，铜矿的开采、铜的冶炼、青铜器铸造的水平，是当时社会生产与科学技术发展程度的重要标志。铜绿山古铜矿遗址的考古发掘表明，该遗址分布范围达2平方千米，开采年代始于商代晚期，经西周、春秋战国，一直延续到西汉，是我国目前已发现的时代久远、延续开采时间最长、采、选和冶兼备，结构复杂、保存完好的古铜矿遗址。后清代洋务运动兴起，张之洞筹建大冶铁矿、汉冶萍煤铁厂矿以及与之配套的湖北水泥厂（华新水泥厂前身），有力的响应了19世纪末20世纪初中国主流政治主张，支撑了当时的政治、军事物质需求，黄石成为近代最重要的矿冶工业城市之一，并因丰富的矿产资源和交通优势，一直是中国大型原材料加工工业布局的重点地区，持续近3000年。

虽然湖南水口山铅锌矿冶遗址的矿冶生产活动也是从古代延续至现代，但是保存状况远不如黄石矿冶工业文化遗产。除此以外，中国其他大多数矿冶遗址所表现的矿冶生产传统在延续时间上，无法达到从古代延续至现代的脉络清晰的矿冶生产活动，他们往往只能分散地代表某一时期的地区矿冶生产活动，矿冶生产活动的影响也未能像黄石矿冶工业文化遗产一样持续、全面的影响整个区域在组织制度、风俗习惯及表现方式等社会、经济的发展，成为主导一个地区的主要内在因素。

（2）矿冶内涵丰富多样

在先秦的古铜矿遗址中，以铜绿山古铜矿遗址为代表的黄石古代矿冶遗址具有储藏数量大、矿石品位高、开采时间长、采冶技术高、输出范围广等特点，在先秦时期其他古铜矿遗址中具有无可比拟的优势。大冶矿区为国内屈指可数的三大富铜矿藏，素有"状元矿"之称。铜绿山古铜矿遗址中，炼渣堆积达40至50万吨，居于首位。大冶矿区迄今仍为中国五大产铜区之一，其储量在全国名列前茅。

黄石地区矿产资源极为丰富，尤以铜铁最为丰富，随之铸就了黄石地区特有的矿冶文化传统。黄石市素以"矿冶之城"著称，据考证，自商代晚期开始，经周代至西汉，黄石地区先民就在黄石铜绿山进行地下采矿，并就地筑炉炼铜，其开发之早，规模之大，技术之精，为青铜文化的萌芽和发展作出了杰出的贡献。以铜绿山为中心的黄石地区先秦矿冶文化，与楚文化的发展历程和阶段同步，是楚文化发展历程的重要体现和组成部分。黄石地区先秦遗址中约有三分之一以上的遗址时代为新石器至商周时期，其余的则为商周时代。此外，春秋时期的五里界城内出土有铜矿石、铜炼渣、炼铜的配矿材料方解石等；西汉早期的草王嘴城古城东南的田垄自然村，也遗存有大量炼铜炉渣堆积。

秦汉以后，黄石地区矿业开发、利用的品种越发多样化。大量考古发现可证明，铜绿山古铜矿在唐、宋时期再次进行了大规模的开采和冶炼。清末湖广总督张之洞兴办的大冶铁厂（现大冶钢厂）、大冶铁矿，奠定了黄石在中国重工业史上的先驱地位。从青铜文化的发祥地到近代工业的摇篮，再到新中国现代工业的重要基地，这种矿冶工业传统得以延续和发展。

（3）矿冶采冶技术先进

黄石矿区矿冶种类以铜铁矿为主，辅以配套的水泥加工制造，时间由古代手工业延续至现代机械工业时代。由于矿冶工业所处时代不同，种类不同，因此在矿冶技术特点上也有很大区别。

与中国其他的矿冶遗址相比，黄石矿冶工业文化遗产能够形成集采矿、选矿、冶炼、制造、加工一系列完整的矿冶活动序列，而其他的矿冶遗址则只能反映其中的一个环节或一个部分，在遗址内涵的完整性和丰富性上黄石矿冶工业文化遗产具有突出的优势。同时，黄石矿冶工业文化遗产在规模、遗存数量以及内容上极为丰富，比其他同类矿冶遗产更加具有典型性。

黄石祖先曾在这里进行了大规模的深井开采，成功地解决了井下开采所需采矿工具、井巷支护、矿井提升、井下照明、通风排水等一系列科学技术问题。在冶炼方面，还创先使用了鼓风竖炉炼铜，其创建的竖炉具有冶炼性能良好、炉龄较长、操作简单等特点。它可以连续加料、连续排渣、间断放铜、持续进行冶铜生产。其冶铜工艺已达到相当高的水平，处于当时世界的前列。因此，它不只是中华民族的宝贵文化遗产，也是世界人类进步文化的一个重要组成部分，闪耀着人类科技发展的灿烂光华。这就是此遗址之所以备受世界广泛关爱的本质原因。

黄石现代矿冶工业遗产体现了在19世纪末20世纪初，引进西方的现代机械技术后，中国首次成功建立起从采矿、生铁冶炼、炼钢到轧钢的一整套技术体系，并利用自身资源优势，建立钢铁配套的水泥加工制造工业，生产出高质量的钢铁制品，并建立了中国最早的水泥厂之一，在器物层面上实现了产业技术的建构，并对东亚地区现代工业的发展产生深刻影响。

黄石矿冶工业文化遗产采冶、制造加工延续近三千年，遗存类型多样，内容极为丰富，反映了中国矿冶工业在古代手工业和现代工业时期一系列最高水平采冶、加工技术的综合运用成就。国内目前已知的工业遗产无论在延续时间、遗存构成还是技术水平上都未有能够与黄石矿冶工业文化遗产相比拟的。

（4）矿冶生产成为支撑国家力量

黄石是中国的青铜古都、钢铁摇篮、水泥故里。黄石地区矿冶活动源远流长，从商周时期至今，几千年绵延不绝。黄石矿冶文化在世界范围内有着独一无二的历史价值与文化特色。矿冶文化独特丰富的物质、精神资源，为黄石的发展提供了深厚的底蕴和广阔的空间。黄石地区的矿冶活动，对整个中国古典文明的形成有着奠基作用。

黄石是中国古代重要的采矿冶炼中心，是中国青铜文化的代表和华夏步入文明的标志，铜绿山古铜矿遗址大量铜金属的开采冶炼，作为大量大型青铜器的原料来源，保证了当时国家以铜作为礼器和兵器的需要，对国家起到重要的支撑作用。黄石是中国近代工业的摇篮，也是新中国成立后的矿冶工业基地，汉冶萍煤铁厂矿旧址（含大冶铁矿天坑）和华新水泥厂旧址作为黄石现代矿冶工业文化遗产，成为当时国家主流政治主张和国家资源需求的主要支撑，见证了中国工业化发展的开端，是亚洲现代工业文明进程中里程碑式的事件。

4.3.2　与世界遗产名录中相关矿冶工业文化遗产对比分析

1.与日本石见银山文化景观对比分析

在与国际矿冶工业文化遗产的对比分析中，同处于东亚地区与黄石矿冶工业文化遗产最具有可比价值的考古遗址应该是石见银山遗址。两者表现的共同点是都是以矿产开采、矿产冶炼为主的遗址群，并在各自的时代都是当时有重大影响力的矿冶地区。但两者在突出普遍价值比较方面存在明显的差异，主要表现在以下方面：

（1）时空范围及历史作用不同

从时空范围和历史作用上来看，两者代表了不同时期、不同地区的两大民族的矿冶中心。

石见银山位于地处东亚东端的日本列岛西部，面临大陆的日本海岸附近，是代表日本的矿山遗址。该矿山自1526年由九州博多的富商神屋寿祯发现以来，持续开采约400年，直到1923年停止了矿山开采活动。在大航海时代

图122　石见银山岩盘加工遗存（图片来源：石见银山世界遗产官网 httpsginzan. city.ohda.lg.jpvalueresearch_instituteexcavation）

的16世纪中期至17世纪前期，石见银山银矿开采达到鼎盛时期。[1]

　　黄石矿冶工业文化遗产区位于长江中游、湖北省东南部黄石市境内，地处长江中游铁铜等多金属成矿带西段，矿源丰裕，素有"江南聚宝盆"之称。黄石先民早在商代即开始了开矿炼铜，兴于春秋战国，为青铜文明提供了强大的物质基础。后清代洋务运动兴起，张之洞筹建大冶铁矿、汉冶萍煤铁厂矿以及与之配套的湖北水泥厂（华新水泥厂前身），有力的响应了19世纪末20世纪初中国主流政治主张，支撑了当时的政治、军事物质需求，黄石成为近代最重要的矿冶工业城市之一，并因丰富的矿产资源和交通区位优势，一直是中国大型原材料加工工业布局的重点地区，持续近3000年。黄石的矿冶生产传统产生时间较石见银山早了2000余年，延续时间更极大的长于后者。由三处遗产共同组成的以矿产开采、矿产冶炼、水泥制造为核心的黄石矿冶工业文化遗产，代表了中国古代青铜开采、冶炼和中国近现代工业文明的最高水平，见证了中国古代青铜文明、近现代工

1. 根据《World Heritage-Iwami Ginzan Silver Mine and its Cultural Landscape》Official Record, Shimane Prefectural Board of Education，相关内容提炼整理。

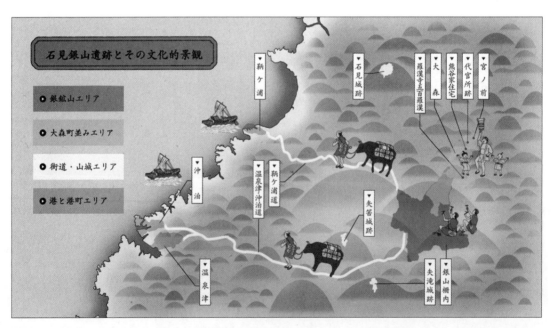

图123　石见银山及其文化景观遗产构成示意图（图片来源：石见银山世界遗产官网 httpsginzan.city.ohda.lg.jpvalueunderstandcat=01）

业文明的出现。这一点与日本石见银山作为一处单纯的
银矿开采遗址及相关贸易交流的文化景观，对整个工业
文明进程的历史作用有很大差别。

（2）矿冶种类及技术特点不同

黄石矿区矿冶种类以铜铁矿为主，辅以配套的水泥加
工制造，时间由古代手工业延续至现代机械工业时代，而
日本石见银山是以单纯银矿开采。由于矿冶工业所处时代
不同，种类不同，因此在矿冶技术特点上也有很大区别。
石见银山以手工业为主，而黄石矿冶工业文化遗产不仅拥
有精湛技术的手工业采冶技术，同时实现中国最早的现代
矿冶技术体系的建构。

石见银山银矿的冶炼方法为"灰吹法"，即从矿石中
将银吹分出来的方法，工序为粗选→素吹→灰吹、清吹。
天文2年（1533年），博多的富商神屋寿祯从朝鲜半岛
请来了庆寿和宗丹两位技术人员，在全国矿山中，首次

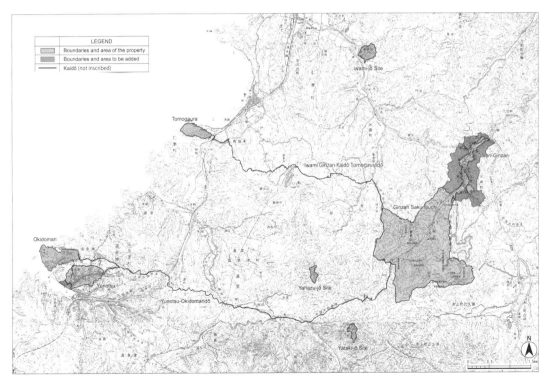

图124　2010年石见银山及其文化景观遗产区划图（图片来源：https://whc.unesco.org/en/list/1246/multiple=1&unique_number=1737）

将"灰吹法"引进到了石见银山，增加了日本银的产量。代表了日本在16世纪大航海时期引进手工开采银矿的见证。[1]

以铜绿山古铜矿遗址为代表的黄石古代矿冶遗址，发展了地表露采和地下坑采相结合的采冶技术系统：地表（最大洪水位以上）或露天采场底（潜水面以上）→立井（群井）或斜井→盲立井或平巷与盲斜井→平巷（或组成采场），并已经采用浅井和重砂技术的探矿技术，对井巷开拓技术与支护技术进行了改进，突破性的运用竖炉结构进行冶炼，并掌握了精准的配料技术，这在当时世界范围内的冶炼技术水平上都是最先进的。

黄石现代矿冶工业遗址体现了在19世纪末20世纪初，

1. Iwami Ginzan Silver Mine and its Cultural Landscape，相关内容提炼整理。

图125 《天工开物》中的灰吹法工序图示（图片来源：宋应星，《天工开物》，国学整理社出版，世界书局印刷，1936年，第246-249页）

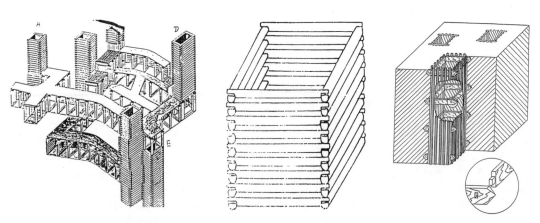

图126 铜绿山古铜矿遗址矿体矿井开拓示意图（左）竖井盘垛机构（中）支护结构示意图（右）（图片来源：政协大冶市委员会，《图说铜绿山古铜矿》，中国文史出版社，2011年，第14页图七图八，第27页图十七）

引进西方的现代机械技术后，中国首次成功建立起从采矿、生铁冶炼、炼钢到轧钢的一整套技术体系，并利用自身资源优势，建立钢铁配套的水泥加工制造工业，生产出高质量的钢铁制品，并建立了中国最早的水泥厂之一，在器物层面上实现了产业技术的建构，并对东亚地区现代工业的发展产生深刻影响。

黄石矿冶工业文化遗产这种深刻的技术影响从古代手工业延续至现代工业，集合矿冶开采、冶炼、制造加工，相比较日本石见银山矿冶文化景观，其遗产类型更为多样，技术体系更加完整，影响更为多元。

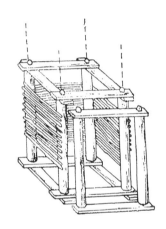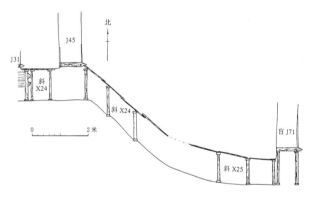

图127　铜绿山古铜矿遗址平巷支护结构示意图（左）井巷展开示意图（右）（图片来源：左图为政协大冶市委员会，《图说铜绿山古铜矿》，中国文史出版社，2011年，第27页图十八；右图为黄石市博物馆，《铜绿山古矿冶遗址》，文物出版社，1999年，第85页图五五）

（3）遗产类型及文化内涵不同

黄石矿区与石见银山分处不同的文化背景，即所产生的文化内涵也各不相同。石见银山更多的形成的是自然文化景观，而黄石矿区兼具古今人文、矿冶文化内涵。

石见银山展示了从银的生产到运出的整个过程。在石见银山遗址中，以从开采到冶炼的矿山遗址为中心，在周围的山地中还遗留着保护这些矿山免受外敌袭击的城堡遗址，运输银矿石和银以及在银山所需物资的两条古道从银山直通港口。另外，曾经因银山的开采而繁荣的矿山街道和港口城镇，至今仍是当地居民生活的场所。[1]

1. 根据《World Heritage-Iwami Ginzan Silver Mine and its Cultural Landscape》Official Record, Shimane Prefectural Board of Education, 相关内容提炼整理。

图128 石见银山矿井（图片来源：《World Heritage—Iwami Ginzan Silver Mine and its Cultural Landscape》Official Record, Shimane Prefectural Board of Education，第122页）

图129 石见银山矿区街道（图片来源：《World Heritage—Iwami Ginzan Silver Mine and its Cultural Landscape》Official Record, Shimane Prefectural Board of Education，第130页）

　　黄石地区矿产资源极为丰富，铸就了黄石地区特有的矿冶文化传统。早在商代，黄石地区先民就在黄石铜绿山进行地下采矿，并就地筑炉炼铜，其开发之早，规模之大，技术之精，为青铜文化的萌芽和发展作出了杰出的贡献，作为楚文化发展历程的重要体现和组成部分，黄石地区先秦遗址中约有三分之一以上的遗址时代为新石器至商周时期，其余的则为商周时代。此外，春秋时期的五里界城内出土有铜矿石、铜炼渣、炼铜的配矿材料方解石等；西汉早期的草王嘴城古城东南的田垄自然村，也遗存有大量炼铜炉渣堆积。

　　秦汉以后，黄石地区矿业开发、利用的品种越发多样化。大量考古发现可证明，铜绿山古铜矿在唐、宋时期再次进行了大规模的开采和冶炼。清末湖广总督张之洞兴办的大冶铁厂（现大冶钢厂）、大冶铁矿，奠定了黄石在中国重工业史上的先驱地位。从青铜文化的发祥地到近代工业的摇篮，再到新中国现代工业的重要基地，这种矿冶工业传统得以延续和发展。矿冶生产传统是反映黄石文化内涵的核心要素。

　　（4）结论

　　根据上文的比较分析可以看出，黄石矿冶工业文化遗产作为东亚地区时间跨度极大、矿冶体系完整，矿冶技术先进的工业遗址群，突出表达了极为丰富的矿冶工业文化内涵，并成为支撑国家政治、军事需求的物质基础，这使

图130　弗尔克林根钢铁厂（图片来源：世界遗产网站—弗尔克林根钢铁厂 https://whc.unesco.org/en/list/1178/gallery/&maxrows=16）

图131　维耶利奇卡盐矿（图片来源：世界遗产网站—维耶利奇卡盐矿 https://whc.unesco.org/en/list/1178/gallery/&maxrows=16）

其区别于亚洲其他矿冶工业遗产。

2.与世界文化遗产中其他矿冶工业文化遗产对比分析

据考古资料研究，世界上从事采矿业的古代民族为中国人、巴比伦人、埃及人、希腊人，以及地中海沿岸的其它民族。中国是世界上最早认识、开发和利用矿物的国家之一，传说距今五千二百多年前，炎帝神农氏就在陕西一带"采峻缓之铜为器"，开始了铜矿的开采，而众多商周铜矿点的发现，更证实了中国的采矿业在这些民族中处于领先地位，有着自成体系的采矿方法。

（1）哈尔施塔特—达赫斯泰因·萨尔茨卡默古特文化景观

标准：iii、iv

时代：公元前20世纪至公元20世纪

国家/地区：奥地利/欧洲

简要描述：这个地区是兼具自然美和科技价值的自然景观的一个杰出典范，它还体现了人类活动的基础，把自然景色与人类活动以和谐、互惠的方式融合在了一起。

与黄石矿冶工业文化遗产差异：以自然景观类型申报，强调人与自然在盐生产系统中的融合，而黄石矿冶工业文

图132 哈尔施塔特—达赫斯泰因.萨尔茨卡默古特文化景观（图片来源：世界遗产网站—哈尔施塔特—达赫斯泰因.萨尔茨卡默古特文化景观 https://whc.unesco.org/en/list/1178/gallery/&maxrows=16）

化遗产则强调矿冶技术水平及其影响。

（2）斯皮耶纳新石器时代燧石矿

标准：i、iii、iv

时代：新石器时代

国家/地区：比利时/欧洲

简要描述：斯皮耶纳的新石器时代是燧石矿的杰出代表，体现了人类早期杰出的发明创造能力。古矿汇集地生动地展现了代表人类文化和科技发展里程碑的新石器时代文化。

图133　斯皮耶纳的新石器时代燧石矿（图片来源：世界遗产网站—斯皮耶纳的新石器时代燧石矿 https://whc.unesco.org/en/list/1178/gallery/&maxrows=16）

与黄石矿冶工业文化遗产差异：该遗址仅代表新石器时期石矿开采活动，主要生产工具为石器，而古代黄石矿冶工业文化遗产生产工具主要为金属，更为先进。

（3）勒罗斯矿城及周边地区

标准：iii、iv、v

时代：17 世纪开始持续至 1977 年

国家/地区：挪威/欧洲

简要描述：这一遗产的价值在于体现了如何在气候严酷而偏远的地区，建立起一种以铜矿开采为基础的文化。木结构建筑也是该遗产的一项特点。

与黄石矿冶工业文化遗产差异：该遗产与黄石矿冶工业文化遗产所处地理环境截然不同，它突出的木结构建筑

图134 勒罗斯铜矿（图片来源：世界遗产网站—勒罗斯铜矿 https://whc.unesco.org/en/list/1178/gallery/&maxrows=16）

群也与黄石矿冶工业文化遗产突出的矿冶技术特征不同。

（4）亨伯斯通和圣劳拉硝石采石场

标准：ii、iii、iv

时代：1862–1958 年

国家/地区：智利/南美洲

简要描述：硝石工业的开发让从南美洲及欧洲来的各式各样组织影响了当地的综合知识、技能、技术及财政投资风潮，并发展出一个广大又非常独特的都市型态，智利北方的硝石矿业也是世界最大天然硝石矿场工业。

与黄石矿冶工业文化遗产差异：该项工业遗产以单纯的硝石开采为技术核心和生产传统，黄石矿冶工业文化遗产所代表的矿冶生产传统影响整个城市，并且以铜、铁金

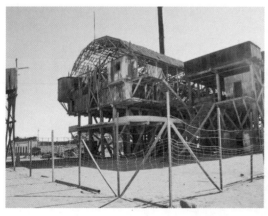

图135 亨伯斯通和圣劳拉硝石采石场（图片来源：世界遗产网站—亨伯斯通和圣劳拉硝石采石场（https://whc.unesco.org/en/list/1178/gallery/&maxrows=16）

属和石灰石矿冶工业技术为核心。

（5）弗尔克林根钢铁厂

标准：ii、iv

时代：始建于1873年，1986年停止运营。

国家/地区：德国/欧洲

简要描述：弗尔克林根钢铁厂开发并规模运用出几项生铁制造的重大技术创新，已在全球范围内得到普遍应用，19世纪和20世纪早期主导生铁制造业的综合钢铁工厂的杰出典范。

与黄石矿冶工业文化遗产差异：此项遗产主要突出在19世纪和20世纪早期钢铁制造业的技术典范价值，这与黄石矿冶工业文化遗产从古代延续至今的完整矿冶技术序列不同。

图136　弗尔克林根钢铁厂（图片来源：世界遗产网站—弗尔克林根钢铁厂（https://whc.unesco.org/en/list/1178/gallery/&maxrows=16）

4.3.3　结论

黄石矿冶工业文化遗产是人类持续的矿冶生产传统的典型代表，该项工业遗产从古代矿冶工业一直延续至现代机械化矿冶工业，且遗产规模大、类型多样、内涵丰富、技术先进，与大部分的中国江西、安徽、山西、内蒙古等地以先秦时期矿冶遗址为主要核心价值的遗产在延续时间和矿冶生产传统上差异较大，与欧洲等国家和地区的工业遗产相比，黄石矿冶工业文化遗产所代表矿冶生产技术和文化传统与该地区的文化历史背景和地理自然环境密切相关，并在各时期都作为支撑国家的政治、军事需求的重要物质基础，使得矿冶工业的技术演进和生产规模都得到充分的发展，具有鲜明的中华文化传统背景，这是黄石矿冶工业文化遗产最大的特点和价值所在，也是与其他国家和地区工业遗产在文化背景、技术演进等方面最大的区别。

与日本石见银山文化景观相比，黄石矿冶工业文化遗产始于晚商，从古至今持续演进，见证了古代手工业和现代机械化的矿冶生产传统及其矿冶技术典范，矿冶生产历史更为悠久、持续时间更长，并在类型上形成了集采矿、选矿、冶炼、制造、加工的完整矿冶工业序列，矿冶工业技术更加体系化、类型更为完整。黄石矿冶工业文化遗产在工业构成、技术体系、生产传统和国家支撑等方面都独具特色，是在特定的历史时期（以人力生产为特征的传统手工业时期和以机械生产为特征的现代工业时期）和特定的社会背景（支撑国家政治、军事需求的物质基础）之下，人类延续的矿冶生产传统产生的独特工业遗产。

第五章
黄石矿冶工业文化遗产保护利用研究

5.1 可持续保护利用研究

5.1.1 适应性的可持续保护利用理念

1.概念

"适应性"保护更新是针对工业遗产特性及中国工业遗产保护的困境所提出的协调工业遗产保护更新过程与结果的一种整体保护更新概念。工业遗产的"适应性"保护更新，是基于工业遗产的文化资源属性，强调区别于传统文化遗产类型和单纯城市产业用地改造的工业遗产的整体保护更新方法。

"适应性"（adaptive）一词缘自澳大利亚关于文化遗产保护的《巴拉宪章》（Burra Charter）。《巴拉宪章》是澳大利亚文化遗产改造利用理论发展的重要标志性文件之一，宪章的内容强调在文化遗产的保护展示中充分体现和落实可持续发展的思想。

该宪章所定义的"适应性利用"（adaptive uses），"指的是对某一场所进行调整使其容纳新的功能。这种做法因为没有从实质上削弱场所的文化意义而受到鼓励推广。虽然《巴拉宪章》允许对文化遗产进行一定程度的再利用，但其主旨仍然是以保护文化遗产的价值属性为第一要素。"文化意义是永恒的，而外在条件是可变的，不能因为暂时的可变条件而改变永恒的价值。"[1]

1.《巴拉宪章》。

工业遗产的"适应性"保护更新在保护策略、保护体系与措施方法方面不同于以往传统的遗址保护和旧工业厂区改造，是探索一种整体的工业遗产保护更新发展模式。

工业遗产的"适应性"保护更新是以工业遗产价值保护为导向、文化资源再生为手段的文化遗产整体创造方式。它包含了两个方面的意义，一是指从文化遗产价值保护的角度出发对工业遗产进行妥善保护，二是指从文化资源更新角度出发针对工业遗产特性进行科学、得体的利用。"为了保留文化价值，改变也许是必要的，但是降低了文化价值的改变则是不可取的。对一个地方的改变程度应该以此地的文化价值和对它的合适的阐释为指导。当考虑进行改变时，应该在一定的选择范围内探究，以寻求那种最小程度地降低文化价值的选择。"[1]保护是基础和目标，更新是手段和方法，这两者的辩证关系是"适应性"保护更新的基本理念。

在工业遗产保护更新工作中，从现有文化资源角度出发，"适应性"保护更新的关键在于为某一工业遗产建筑或遗产区域找到恰当的保护方式和更新用途，这些方式应使该工业遗产的重要价值得以最大限度的保存和有效阐释，能够在体现工业遗产价值特征的同时最低限度地影响遗产原貌。

1. 巴拉宪章。

图137 首钢工业遗址公园　　　图138 广州莲花山风景区莲花山古采石场

工业遗产的"适应性"保护更新理念是基于对工业遗产价值的全面认知。"适应性"保护更新关键是将工业遗产及其文化内涵、背景环境作为整体进行研究、疏理、保护与更新，从现实情况出发，保护与发展并举，把工业遗产纳入到不断生长的社会环境中进行积极保护，将文化遗产保护与文化资源更新两方面问题统筹解决，制定与未来社会、经济发展相统一的保护目标和措施，将文化遗产实体环境的保护与文化传统的活力复兴作为发展的目标，充分展现工业遗产独特的生命力。

2.框架构建

从操作层面来看，工业遗产的"适应性"保护更新具体可以分为四个层面，分别是文化遗产层面、城市更新层面、场所环境层面与单体建筑层面。从这四个层面综合考量工业遗产特性，在不同层面分别解决工业遗产保护更新的相应问题，层次分明、相互联系、整体创造，实现工业遗产的"适应性"保护更新。

文化遗产层面。工业遗产的"适应性"保护更新在文化遗产方面应解决深入挖掘工业遗产价值及确定保护思路的问题。对于工业遗产的文化遗产价值研究，应针对该遗产的不同属性、不同时间、不同地域进行有针对性的重点价值分析。例如，针对在中国具有开创性意义的洋务运动遗留下来的工业遗产应偏重于对其历史价值的分析；而对于年代较新，而科技含量较高的工业遗产则应侧重对于其技术价值、社会价值方面的分析。针对不同价值的工业遗产确定有针对性的保护思路，为之后的保护更新方法确定正确的方向。在确定工业遗产价值及其保护思路的基础上，建立下一层次的保护体系。主要有保护评价体系、模式方法以及决策主体三个主要内容。在此之下进行第三层次的具体工业遗产保护更新的指标体系、操作步骤、方法模型的深入探讨，并作用于实践，运用实践对理论体系进行反馈。文化遗产层面的工业遗产适应性保护更新体系框架研究以代表性、系统性、综合性为原则，主要是对保护目标、保护程序、参照系统包括价值构成与评估信息、保护方法等内容进行详细的分类别、分层次研究，并将工业遗产的权属问题、管理体制、经济以及再利用机制纳入综合保护体系中去。

图139　鞍钢（图片来源：鞍钢集团网http://www.ansteel.cn/about/company_profile/）

城市更新层面。在城市更新尺度层面，在全球化、后工业时代的大背景之下，在国际视野、国家战略、区域协调的大框架下，工业遗产所代表的工业用地的更新是提升城市综合实力与完善其功能的重要契机；通过对城市工业用地的升级，城市产业结构调整、产业规模、空间的发展，实现城市经济、社会、文化、生态环境综合发展目标。保留或拓展部分工业用地，以新兴产业替代传统产业，注重中小企业的发展；同时，鼓励都市工业与服务业用地兼容与混合使用，策划与利用重大事件，推动工业遗产的保护更新。

场所环境层面。在区域环境尺度层面，在重视与城市整体关系的基础上，对工业遗产的价值和意义作理性定位，深入挖掘其历史、人文及文化价值，融入到场所环境的概念之中去，对工业遗产所在地块及周边城区进行深入调查及综合评价，对具有产业文化景观价值的场所进行保护性开发，同时还要增加城市公共设施和公众活动空间。

单体建筑层面。工业遗产的单体建、构筑物层面指的是要发现那些在历史、文化、技术、艺术、经济等方面具有一定价值的建、构筑物及设施设备，并加以保护。

对于其中比较突出的可以申报成为各级文物保护单位或优秀近现代建筑加以保护。在单体建筑尺度层面的保护更新首先要注重对工业文化的保留。工业厂房的建、构筑物承载着重要的精神功能，这些工业设施在城市发展的进程中已经渐渐成为城市历史和记忆的载体。它们的保护与再利用，应该注重保留工业历史元素，并使这些元素成为保护、改造的核心和重点。其次，要注重对空间的复合利用。工业厂房空间具有跨度大、空间开敞的显著特征，在空间的改造中应充分地利用这一特点，形成空间的灵活性和丰富性。在材料和形式上，应注重新旧之间的对比协调。工业建、构筑物、工业设施所承载的历史文化和新的历史时期经济、科技、艺术等的发展会产生鲜明的对比，这种对比也体现在建筑中"新"与"旧"的空间意象上。在保护与利用中可以突出这种对比性的特点，并通过空间的处理手段来强化它。第三，要充分研究工业建筑遗产的建筑、结构特性，并有针对性地关注工业遗产建筑的修复、再生特征以及技术策略、操作流程和技术特点，为工业建筑遗产保护再利用的可持续性发展摸索出切实可行的方法。

5.1.2　适应性的可持续发展模式

为了更好地发掘工业遗产的文化价值，同时在未来城市发展中充分发挥工业遗产的重要作用，研究需要充分考虑工业遗产作为一类新型文化遗产的资源优势，构建结合工业遗产特性与未来城市发展的综合应用模式，尝试从四个方面提出工业遗产适应性保护更新的应用模式，分别是文化事件策动模式、工业景观再生模式、城市功能渗透模式与工业遗产旅游模式。这四种模式是针对工业遗产特性提出的几种可能性，希望能通过模式的构建，创造出以工业遗产保护更新为核心衍生的发展模式，满足城市发展与文化遗产保护的双重需要，为构建未来内容丰富、良性互动、可持续发展的城市环境探索途径。

1.文化事件策动

这种方式以文化事件为工业遗产更新的"助推器"，

以文化节事所带来的经济社会、规划建设和城市文化等方面的超前规划和建设为契机，并以"文化方向"为工业遗产更新改造的目标。文化事件策动模式概括起来主要通过三种方式：一是通过工业遗产更新成为文化设施，如博物馆、艺术馆等，改善城市形象，以此形成特色文化设施资源；二是通过发展文化生产，以工业文化为创新点，结合工业遗产的保护更新，在传统工业区培育新型文化产业和创意产业，形成创意产业聚集区；三是以通过举办大型节事为契机使城市获得再发展。通过对工业遗产区域实施大规模的创新项目，可以带动城市转型，提高城市知名度。

（1）文化设施建设

文化设施的更新主要是通过补充城市文化设施功能或引入城市文化产业达到工业遗产更新的目的。澳大利亚遗产委员会的麦格斯（Alison Maggs）先生认为"要保护大量工业遗产，就必须根据不同工业遗产的性质，探索更为合理而广泛的利用方式，如美术馆、展览馆、社区文化中心等，也可以针对工业遗产建筑所特有的历史底蕴、想象空间和文化内涵，使之成为激发创意灵感、吸引创意人才的文化产业园区，开展美术创作、产品研发设计、科学普及教育等。"文化设施的更新模式在保护和延续工业遗产

图140　加拿大格兰维尔岛海洋混凝土公司改造的六座混凝土筒仓（图片来源：https://www.sohu.com/a/338260373_653352）

价值以及探索工业遗产创新更新的途径中都是重要的实现手段。

工业遗产保护更新成为城市文化设施，可以形成区域性标志，从而带动城市文化品质提升，这是目前中国工业遗产保护更新实践中较为常见的一种选择。城市文化设施可以是博物馆、展览馆这类静态的展示空间，也可以结合工业遗产的自身特点，形成文化、体育、艺术的综合文化区。这种以文化设施建设带动城市发展的方式也称为"旗舰策略"。

（2）文化生产发展

英国谢菲尔德（Sheffield）工业地区更新是采取了通过发展文化生产，形成文化产业区来带动区域更新的模式。

英国谢菲尔德是一个传统的钢铁工业城市，20世纪70年代日本钢铁制造业的崛起使该地区制造业受到严重冲击，城市工业区出现了不同程度的衰败。20世纪80年代一些新浪潮的音乐派别以及当地的艺术工作者开始在市郊落户，改变了城市的经济和文化形态。1986年，谢菲尔德的一个城市边缘工业区被指定为城市文化产业区（Cultural Industries Quarter）的发展用地。

在文化产业区发展的初期，谢菲尔德市成立了城市委员会，专门负责城市管理，并为制定一个成熟的劳动就业策略而设立了专门机构——就业与经济发展部门（Department of Employment and Economic Development），通过开设红带工作室（Red Tape studios）来开始执行这项政策。20世纪80年代早期，就业与经济发展部门制定了一个用于提升和培育城市的文化产业和媒体产业的计划，其主要目标是通过城市未来多样化的经济发展策略，突破依靠单一的传统工业的思路，实现工作岗位和投资不断滚动发展。

谢菲尔德文化产业区由市政府直接运作，市政府设立开发区的管理机构，负责该区域的基础设施、土地开发、招商引资和社会管理等工业区运转中的一切活动。

该文化产业区发展的着眼点是增加文化创意产业的经济产值，扩宽文化消费基础，增加工作间、住宅、文化设

图141 谢菲尔德（图片来源：百度百科谢菲尔德https://baike.baidu.com/item/%E
8%B0%A2%E8%8F%B2%E5%B0%94%E5%BE%B7/79915?fr=aladdin）

施等的供应，以及加强文化区与大学的联系。通过以上一
系列的文化更新措施，谢菲尔德文化产业区成为一个富有
活力而不断发展的城市中心，为广大的文化生产者提供场
所和建筑物，并得到了复兴地区的文化认同。地区增加了
工作岗位，降低了失业率。

当然该地区的发展也有一些教训值得我们注意。文化
的单一性和对旅游业的忽视制约了该地区全方面的发展。
忽视了发展相关文化内涵的提升，造成了文化多样性的匮
乏。交通的不便，多样混合功能的缺乏使整体工业区域环
境缺乏吸引力。由此可见，"创意产业"是区域复兴，特
别是城市工业区域更新中的一个有效途径，但如果仅仅局
限于"创意产业"这个概念，期望这一做法彻底改变一个
城市整体区域的面貌是缺乏现实基础的。

（3）文化节事引进

大型节事强烈的对外开放性，有利于促进主办城市的
文化传播和地区间的文化交流，增强主办城市文化的影响
力。"通过举办大型赛事，主办城市将自己的文化底蕴和
所取得的卓越文化成就展示在世人面前；通过游人的耳濡
目染和新闻媒体的连篇报道宣传，主办地的城市文化得以
迅速向外扩展，走向世界。"[1]

1. 根据肖锋、姚颂平、沈建华，《举办
国际体育大赛对大城市的经济、文
化综合效应只研究》，上海体育学院
学报，2004（05）相关内容整理。

图142　北京冬奥组委首钢办公区（图片来源：北京2022年冬奥会和冬残奥会组织委员会网站 https://www.beijing2022.cn/）

同时，大型节事也为树立城市形象和提升城市精神提供了良好的机会，它们能够巩固区域内的传统与价值，并且提升地方市民的自豪感与社区精神。[1]

"大型节事（Mega-events）尤指那些对主办城市、地区和国家有着重大影响的体育、商业和文化事件"[2]运用此种方式改造的工业用地有悉尼霍姆布什湾。霍姆布什湾是悉尼奥运会会址，此处原是一处天然的延性沼泽地，相继在这里建造的砖场、屠宰场及海军兵站使得原有地形地貌和生态系统受到严重破坏，污染严重，基本成为一块废弃地。[3]在奥运会举办之前国家政府已经决定对此滨海区域进行整治，期限是20年，悉尼奥运会申办成功后将此期限缩短为7年。

经过几轮多层次的规划原则及定位的审批，并在悉尼官方报纸上经过公示后，最终，霍姆布什湾的改造规划确定了其理论原则及其使用范围。该规划更关注公共空间及其使用者，创造迷人和谐的环境及活动的多样性。

1. 根据Essecx S.,Chalkley B《OlympicGames Analyst of Urban Change》，Leisure Studies，1998（03）相关内容整理。
2. 根据彭涛《大型节事对城市发展的影响》，规划师，2006（07）相关内容整理。
3. 根据宫曳雪、解丹丹《悉尼奥林匹克公园场地规划》，山西建筑，2006（09）相关内容整理。

图143 2016悉尼奥林匹克公园空中俯瞰（图片来源：悉尼奥林匹克公园网站https://www.sydneyolympicpark.com.au/Covid-19/Qudos-Bank-Arena-Vaccination-Centre）

悉尼奥运会的成功申办带动了霍姆布什湾的复兴，从悉尼西部受严重污染和破坏的工业垃圾堆放场成为绿色奥运会场地，实现了社会可持续发展的目标。在区域的生态恢复、规划建设、经济拉动上，奥运会对于霍姆布什湾的更新都起到了决定性的作用。

生态恢复是悉尼奥运会举办"绿色奥运"的前提，因此也是该产业区域改造更新中最被重视的环节。在霍姆布什湾的规划中对生态环境有严格的管理要求，工业废弃地得到清理和修复，废物可回收利用，污水得到控制。奥运会的召开使该工业区域成为人工环境与自然环境紧密结合的区域，并在赛时和赛后都成为一个和谐经久的生态典范。

2.工业景观再生

这类更新模式强调的是工业遗产及其周边地段的景观特性。利用工业景观特色，将区域环境整治与休憩、展览、演出、商业等综合文化功能结合起来，增加工业遗产地段的趣味性，提高地段的整体景观和文化环境特色。

工业景观再生更新模式主要分为两类：第一类为工业景观要素营造模式，即利用工业遗产丰富的工业景观要素营造有特色的景观空间；第二类为城市空间景观协同模式，主要是将工业景观风格与所在城市紧密联系，强调工业遗产保护更新与城市景观的延续关系。

（1）工业景观要素营造

工业遗产可以成为一些面对众多经济问题的地区进行文化和旅游振兴的基础，帮助这些地区重建公众的自信、身份和自豪感。依托工业废弃地上的工业遗产景观要素营造工业景观公园，将场地上的各种自然和人工环境要素统一进行规划设计，组织整理成能够为公众提供工业文化体验以及休闲、娱乐、体育运动、科教等多种功能的城市公共活动空间。我们不仅要展示工业遗产，还应阐释整个地区的工业文明。美国运河廊道和德国鲁尔区北杜伊斯堡景观公园被认为是此类工业景观公园的代表作。

美国芝加哥市郊的伊利诺伊和密歇根运河国家遗产廊道（I&M）项目主要关注芝加哥的五大湖与密西西比河水系间的运河系统的历史和当代复兴，是一类大型的文化景观资源。1984 年，运河水道被列为美国第一遗产廊道，遗产廊道和相关区域是大型地理景观带，由美国公共机构和私人组织合作以实现经济振兴、创造娱乐机会、促进旅游发展的目的。

1998 年在乔利埃特原钢铁厂上开放的工业考古遗址公园是该遗产廊道上一个重要的节点。该工业遗址地面

图144 1817—1825纽约州修建伊利运河和尚普兰运河。伊利将哈德逊河与五大湖连接起来，全长363英里。尚普兰连接哈德逊河和尚普兰湖：66英里。两条运河都有4英尺深；船闸长90英尺，宽15英尺；船容量30吨。（图片与文字来源：伊利运河 https://eriecanalway.org/）

遗存除了1869年建成的鼓风炉的一些碎片外，很多成为地下遗址。运河廊道协会意识到该遗址可以为游客提供区别于其他工业遗产地的独特展示文化体验，因此开始了初步考古发掘，发现了该遗址的一些特性。在此基础上，负责此地建设和维护的威尔镇森林保护区工作人员清理废墟，并设立了一条工业遗址游览路线。信息指示牌可以让游客了解鼓风炉的工作机理，并指明了鼓风炉炉址和仍在运行的盘条轧机（曾经位于同一钢厂区）间的关系。

德国的北杜伊斯堡景观公园是以大量的工业遗存为元素构建工业"景观句法"的开创性案例。公园景观设计师彼得·拉茨（Peter Latz）的设计原则是尽量减少原有工业场地及设施的大幅度改动，通过增加一些补充景观元素，整理原有工业场地层次，厘清工业景观结构，明确工业文化历史脉络。

北杜伊斯堡工业遗址公园运用了生态的手段处理原有破碎的工业区域。厂区中的工业建、构筑物，废弃原材料都得到保留，最大限度地减少了对新材料的需求，节省了投资，其中部分构筑物被赋予适当的使用功能。原有工业厂区中的植被均得以保护，即使是荒草也尽量保持其自然生长的状态。工业遗址公园采用了科学的雨洪处理方式进行水的循环利用，达到了保护生态和美化景观的双重效果。

公园规划设计将原有工业遗产元素在空间上进行重

图145　北杜伊斯堡景观公园（图片来源：彭雪摄）

构，利用高架步道、桥梁、道路系统、水系、花园将原有工业厂区在不同垂直空间上划分为多个层次，结合主要的公园建筑物、构筑物、设施等大型实体，形成功能各异的使用区域和游憩区域，每一个层面自成体系，各自独立而连续地存在，只一些节点位置使用坡道、台阶和平台等元素将它们连接起来，获得视觉、功能和象征上的联系。游客可以分层次充分地体验独特的工业文化景观。

（2）城市空间景观协同

在城市空间景观协同的工业遗产保护更新模式中，以滨水空间为依托的滨水工业景观是工业遗产景观更新模式中一项较为普遍的类型。由于滨水区的城市潜在功能和价值被普遍认同，大多数的滨水区都采取商业、休闲、娱乐、文化、餐饮等综合开发的方式，最大程度地利用滨水区的优势，同时土地的混合利用也为工业遗产保护再生提供了很多便利。

这类开发模式强调的是开发地段的滨水特性。利用滨水开发的特色，将景观、休憩、游览、展览、演出、商业等综合的文化功能与水岸结合起来，提高地段的整体景观和文化环境特色，增强地区吸引力，从而带动整个区域更新。

德国杜伊斯堡内港（Inner Port of Duisburg）的保护更新是城市空间景观协同方式的典型案例。20世纪中叶，由于粮食企业的衰落，杜伊斯堡内港经济地位开始下降，从原来的交易市场演变为存储之地，它作为木材、煤炭和粮食交易中心的时代宣告结束。下降的经济竞争力导致许多企业迁离这里，整个内港变成了一个荒废的工业区域。

对杜伊斯堡市内港的重新利用是在国际建筑博览会——埃姆歇园（Emscher Park）的基础上开始的。整个内港占地面积85公顷，长1.8千米。1990年开始进行该工业区域的总体规划，总体规划是对内港的整体调整和规划，并通过单一项目逐一得以实现。杜伊斯堡市内港区的复兴和港区与城市的融合已经成为鲁尔区城市结构转型和城市可持续发展最好的例证之一。

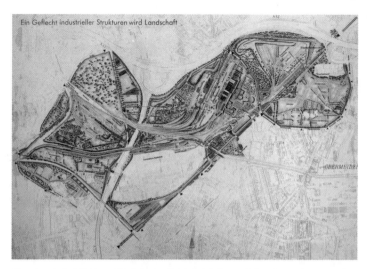

图146　北杜伊斯堡工业景观公园设计图（图片来源：《德国北杜伊斯堡工业景观公园 NODH Duisburg-Nord — Blast Furnace Park by Latz + Partner》http://www.ideabooom.com/7644）

　　在此规划设计中，主要遵循两个原则：一是，所有原来用作仓库的特征鲜明的建筑都被保留，并通过赋予新用途和添加建筑单元加以保护；二是，充分利用水体，将水作为城区建设的新元素，通过对水的利用改变这一工业区域的形象。在港区的北岸将建一座镰刀型的高达11层的透明的被称为"Eurogate"的写字楼，它将是内港复兴的标志性建筑。

　　如何利用这些废弃的、衰败的仓储建筑，是进行改建之初首要考虑的问题。1991年杜伊斯堡市尝试着将一座仓库改建成了"城市文化和历史博物馆"，并对公众开放。为了更好地利用这座建于1905年的老建筑，人们为它添加了以钢铁和玻璃为主的新建部分，从而达到新老建筑的完美统一。对于杜伊斯堡市来讲，这座仓库的改建是内港更新和重建的信号，由此开始了内港的复兴和重建。[1]

　　此外，美国密尔沃基（Milwaukee）市滨湖区更新是以城市绿化开敞景观为主要更新目标的景观协同方式。密尔沃基市因为密歇根湖的优良自然资源，以啤酒制造工业为主。随着制造业的衰退，在1970到1990年经历了产业结构调整，城市中心区也随之衰退。因此，滨水工业区的开

1. 根据Theo Koetter著，常江译，《杜伊斯堡内港—座在历史工业区上建起的新城区》，国外城市规划，2006（01），第13页相关内容整理。

发能够最大程度上发挥城市的优势，已经被提到了关系城市前途的高度。重视滨水空间的亲水性，强调步行尺度，是密尔沃基市对于工业城市滨水区改造更新的重要态度，沿湖兴建的河畔步行街成为拉动该地区复兴的杠杆。其工业遗产区域更新的主要原则为：更新规划及设计与周围现有社区的模式相协调，并强调步行者的需要，创造良好的步行环境。交通系统的多样化，全面考虑步行道、自行车道和公交线路的布置等。[1]

3.城市功能渗透

城市功能渗透模式通常是将工业遗产地段内的土地使用功能安排为城市某种功能的延伸或是为了补充城市功能的不足，达到对城市进行完善和修补的目的，并保证了地段内的工业遗产能够得到充分的保护利用。如将城市缺乏的影剧院、表演空间、排练厅甚至教育建筑或者图书馆安排在工业遗产保护更新项目中，在工业遗产的遗产价值及其完整性和真实性得到充分保护的前提下，进行空间方面的更新利用。此种方式强调工业遗产地区与城市功能紧密结合，在尽量保持原有工业建筑和区域风貌的同时，将工业遗产的再利用功能与城市功能结合，使得工业遗产地段能够更好地适应并创造现代生活。

图147　启新水泥厂（图片来源：彭雪摄）

1. 根据张庭伟、冯晖、彭治权，《城市滨水区设计与开发》，上海：同济大学出版社，2002年第110-113页内容整理。

将"工业遗产"保护更新与城市规划衔接的前提是了解城市发展现状、发展目标以及发展需要，才能做到有的放矢、有效衔接。因此，对于"工业遗产"的保护再利用不能拘泥于某几种形式，如博物馆、展览馆等，而需要根据城市需要进行活性利用。城市功能渗透模式主要有作为城市补充功能的"化整为零"方式和作为城市统一园区的"化零为整"方式。

（1）化整为零，作为城市补充功能

化整为零的保护更新方式是将"城市过渡功能"引入工业遗产中，作为弥补城市功能缺漏的填和剂，实现其与城市功能的无缝对接。这种做法不是以强调完整工业功能为目的，而是将工业遗产内各个组成元素作为各种城市要素，如学校、体育场所、文化设施以及办公场所等，在促进城市可持续发展的同时，实现"工业遗产"在现代社会中自我价值保护更新并满足自我功能运转。

图148　坦佩雷

芬兰坦佩雷城市中的大量工业遗产的保护更新，可以说是化整为零的一个很好的案例。在一定程度上，坦佩雷城市甚至是以工业遗产元素构筑城市体系，并形成辨识度较高的城市空间。工业遗产在明确城市特征、组织城市体系、标识城市空间等方面成为主要因素，使得坦佩雷形成了以工业遗产为主导的城市空间体系。

坦佩雷城市工业遗产案例表明，"化整为零"将工业遗产作为城市补充，可以使得工业遗产与现代城市生活以及未来城市发展高度融合，最终推动工业文化遗产保护成果最大限度地惠及人民。

（2）化零为整，作为城市统一园区

"化零为整"的工业遗产保护更新方式主要是整合工业遗产区域中价值较高的遗产构成及其相关要素成为城市统一工业遗产园区，进行统一的保护、展示、管理和运营。这种方式可将零散状态的工业遗产资源集中、高效利用，形成工业遗产保护的规模效应，在节约社会资源的同时扩大工业遗产的社会影响力。

这种"化零为整"的方式在俄罗斯乌拉尔地区的下塔吉尔市得到了较好的应用。下塔吉尔地区包括一些最重要的矿业城镇。18世纪早期，这里成为工业生产萌芽和发展的中心，并形成了传统的乌拉尔贸易形式以及矿业人口的初始工业文化。因此，下塔吉尔地区集中了从17世纪到20世纪早期，中乌拉尔地区城镇矿业发展过程中形成的独特、丰富和多元化的工业遗产群。

面对这种现状，下塔吉尔市政府与当地博物馆和科学中心经过长期研究和讨论，形成了建立"工业遗产景观园区"的整体保护概念，用以全面保护、展示和使用中乌拉尔地区已经成形的工业遗产。"工业遗产景观园区"的规划发展分三个阶段。第一阶段是整合地区单体工业遗产项目，形成工业博物馆建筑群（1979年）；第二阶段是结合博物馆建设和周边环境修复，成立并发展中乌拉尔地区国家矿业冶金博物馆保护区（1987年）；第三阶段是自1996年开始展开的整体工业遗产景观园区项目。

在第一阶段的博物馆建筑群项目开展过程中，工业遗产景观园区展开了对中乌拉尔地区各城镇工业遗产相互关系的研究。包括下塔吉尔（Nizhny Tagil）、纳维安斯克（Neviansk）、库什瓦（Kushva）、巴兰察（Barancha）等，这些城镇拥有相似且不可分割的工业发展历史，因此需要从工业文化和教育方面开展细节调查、保护和利用。这一

图 149 下塔吉尔（图片来源：https://www.britannica.com/place/Nizhny-Tagil）

项目得以让中乌拉尔地区矿业冶金工业的形成和发展完整地展示给大众。同时，园区以 1725 年建立的下塔吉尔冶金工厂为基础，建立了俄罗斯第一座冶金博物馆。该厂是 18 世纪乌拉尔地区、俄罗斯乃至整个欧洲最大、设备最先进的工厂，结合周边兴建的几座鼓风炉，铁厂、提炼厂和铸铜厂，形成了融合 18 世纪以水力为动力的技术历史与 20 世纪的工业布局和建筑风格的独特的中乌拉尔地区冶金工业技术建筑群。

"工业遗产景观园区"的第二个阶段需要修复园区内的其他建筑和设施，与博物馆建筑群一起形成中乌拉尔地区矿业冶金博物馆保护区。作为遗迹的工业建筑和技术机械，它们的原始设计具有乌拉尔冶金工业转型期的典型特点，这将丰富博物馆展品的历史特性。该博物馆保护区是一个多元化的博物馆机构，它由 16 座博物馆组成，保护区组织的各类展览活动接待游客大约 20 万人次，超过 3000 次集体参观。博物馆基本保留了超过 50 万份有价值的记录文献，可以说，该冶金博物馆保护区已经成为该地区工业遗产保护科学研究的重要中心和工业文化教育基地。

将保护工业技术遗迹与解决自然生态问题结合是下塔吉尔"工业遗产景观园区"的第三阶段，改善生态景观，创造良好人居环境，对已经受到破坏的矿业冶金工业遗产区具有重要意义，也是园区建设最重要目的之一。重建保护区或"文化景观"环境的措施包括：开垦土地、净化工业、设立水库、修复自然景观、建立绿色保护区以及保护工厂附近具有传统乌拉尔建筑特色和工业价值的住宅。

在完成下塔吉尔"工业遗产景观园区"这三个阶段的发展后，为了更好地解决乌拉尔地区工业遗产的保护问题和从历史和地域上与其紧密相连的生态问题，政府最终通过了以当地工业遗产群为基础设立"乌拉尔国家矿业冶金公园"的计划，"化零为整"，广泛、深度地整合工业遗产资源，促进工业遗产保护与城市功能完善。

4.工业遗产旅游

工业遗产旅游是保护工业遗产资源、广泛宣传工业遗产价值的一项重要措施。合理、恰当的工业遗产旅游项目能够串联多个工业遗产地、设计多样的工业遗产线路、拥有不同类别的工业遗产主题，以点、线、面结合的方式有效整合工业遗产资源，扩大工业遗产的社会影响力。

（1）欧洲工业遗产之路（ERIH）

欧洲工业遗产之路是在欧盟推动各成员国区域合作背景下建立的欧洲重要工业遗产地网络。欧洲工业遗产之路旨在连接欧洲重要工业遗产地，形成网络节点，并通过多条线路、多个主题构建欧洲工业遗产旅游网络。通过这种工业遗产旅游网络记录欧洲重要工业遗产地、全面讲述欧洲工业社会的发展史，并注重与公众的互动参与，通过组织青少年参观、教育、动手参与和全方位交互式体验等多种方式增进公众对于工业遗产地的理解和兴趣。

欧洲工业遗产之路在其官方网站上提供工业遗产旅游线路上各处工业遗产地的详细旅游信息，并推荐旅游方式和出行线路，设置欧洲工业遗产之路专用的服务设施和统一的标识设施，方便旅游者自行前往。通过这一系列措施宣传推广欧洲工业遗产之路的工业遗产保护思想，并扩大工业遗产在欧洲的影响力。

目前，欧洲工业遗产之路共有遍布32个欧洲国家，在包括纺织、采矿、钢铁、制造业、能源、交通运输、水利、住宅建筑、工业的服务设施和休闲娱乐设施、工业景观等 10 个主题下选择了 70 余处代表性的工业遗产地作为旅游线路节点，并由这些节点带动周边区域，形成 200 余条工业遗产区域线路，力图从不同角度、多种主题揭示欧洲各类型工业的发展历史脉络，同时结合工业发展中的杰出发明、历史性事件和突出人物的讲解，全面、直观地向旅游者展示工业遗产价值及其所承载的工业社会内涵。

（2）公共活动与工业遗产旅游

以欧洲最重要的德国鲁尔区的工业遗产线路为例，这条线路中连接了鲁尔地区的 15 座典型工业城市、25 个重要的工业景点（包括 6 座国家级的博物馆），还有 14 个能鸟瞰全景的观景制高点和 13 处典型工人村。整个鲁尔地区的工业遗产旅游线路均经过精心设计并展现了多样化的工业遗产旅游内容，使得该工业区转变成了集工业遗产地、文化旅游地、公共活动和艺术活动场所于一体的综合旅游区域。工业遗产被赋予了新的文化功能，成为 20 世纪末最独特的文化生活景观。

整个鲁尔工业区前后经过近 10 年时间，在 800 平方千米的废弃工业区实施了 120 项区域性更新规划项目后，鲁尔地区的工业遗产旅游已经作为文化遗产保护的重要措施并取得了创造性的成功。在鲁尔工业遗产线路串联的 15 个城市中，以埃森（Essen）、波鸿（Bochum）、多特蒙德（Dortmund）和杜伊斯堡（Duisburg）这四个城市的工业遗产地最为集中且具有代表性。位于埃森的"德国煤炭业联盟煤厂（Zollverein）"，也称"关税同盟煤矿"作为"德国煤炭工业技术和组织的典范"在 2001 年被列入《世界遗产名录》。炼焦厂被更新为庞大的展馆，参观者搭乘原来送煤的输送带，穿越一个隧道空间进入展馆。通过这种与参观者的互动使原来的炼焦功能得以再生。展览的内容包括与能源有关的文化、历史以及环境与自然修复。冬季，围绕着庞大博物馆的场地开辟成为溜冰场，成为青少年旅游者的集中活动场所。

图 150　德国佐伦煤矿工业博物馆（图片来源：欧洲工业遗产之路网站 https://
www.erih.net/i-want-to-go-there/site/zollern-iiiv-colliery-lwl-industrial-
museum）

　　鲁尔区的工业遗产线路设置了较为完善的交通设施，在各主要节点都设置了自行车和自驾车停车场，并在北杜伊斯堡景观公园、波鸿城西景观公园的景区内都建设了步行系统和自行车专用道路系统。同时，在埃森市"关税同盟"煤矿Ⅻ号矿井、北杜伊斯堡景观公园和多特蒙德市"卓伦"煤矿Ⅱ号 / Ⅳ（Zeche Zollern II/IV）号煤矿设置了信息咨询中心，详细介绍了有关区域旅游线路及各个工业遗产地的全面信息。并在整条线路中工业遗产节点的入口设置了特殊标志物——细长、黄色的锥形标志棒，上面印有"route industriekultur"（工业线路）的文字，作为鲁尔区工业遗产之路的节点标志。

　　这种大规模、长时间的工业遗产区域保护更新是工业遗产旅游的较为成功、全面的典型案例。

　　（3）经济复兴与工业遗产旅游[1]
　　西班牙加泰罗尼亚的略夫雷加特河（River Llobregat）

1. 资料来源：http://www.erih.net/photo-gallery/germany/essen.html.

是西班牙工业最集中的流域之一。博古达（El Bergueda）地区作为该流域的起始点，成为继巴塞罗那之后全国最主要的制棉工业中心。该地区多年来都是西班牙的工业支柱，其工人殖民地成为当时欧洲大陆工业人口最密集的区域。1960年代开始，该地区纺织厂陆续倒闭，到1990年代，煤矿业的倒闭导致该地区经济开始衰退。为解决这一问题，西班牙政府制定了将该地区工业遗产申请列入《世界遗产名录》的政策，并借此建立交通网络，发展当地旅游业，以达到城市复兴的目的。原有纺织工业和煤矿场留下大量工业遗产作为当地工业社会身份的重要载体，成为当地发展旅游业，复苏区域经济的重要契机。

为促进工业遗产的保护和工业遗产旅游活动，加泰罗尼亚科技博物馆（MCTC）决定修复工业遗迹，保护工业遗址里的机械设备、工业建筑等，并积极支持文化组织保护工业遗产的行动。这项"博物馆"政策使博古达地区工业遗产成为加泰罗尼亚独一无二的重要旅游景观。

工业遗产保护的"博物馆"政策的主要措施是推进该地区位于三个工业遗址上的三座工业博物馆的建立：瑟克斯（Cercs）焦煤矿、维达尔（Vidal）纺织工业殖民定居点和莫罗（Moro）水泥厂。这三处工业博物馆的建成可以对周边工业遗产产生辐射效应。

瑟克斯焦煤矿于1992年倒闭。政府利用现有的工业矿场遗留，将其作为文化遗产，把原来灰暗、缺少吸引力的矿业景象改造成丰富的旅游区，而不像原来计划的那样将矿场完全拆除。项目措施的第一步是出售矿场内状况不好的建筑，并对一些重要建筑进行了修复。之后便是在焦煤矿的入口建立了工业博物馆，该博物馆于1999年6月对外开放。为了扩大博物馆经营项目，争取更多旅游收入，博物馆经营者决定在矿场的前方开发新展厅，将矿场延伸到露天区域以展示该地区的地理特点。同时，鼓励当地居民开展旅游商业创收。

维达尔纺织工业殖民博物馆的项目包括建立一个展示中心，展示博古达地区的殖民地住宅，尤其是维达尔纺织工业殖民地的历史和生活，展览中心计划有20多处不同的游览点：公寓、所有者住宅、洗衣房、鱼店、澡堂、教堂、涡轮机、纺织机商店等。殖民地定居点所有者则负责修复土地、修葺空置公寓，用来出租给工业遗产游客；同时，修建餐厅并重建酒吧接待游客以增加旅游收入。

"博物馆"项目的第三阶段是由建筑师Guastavino设计的莫罗水泥厂新艺术中心。该项目需要对工厂的废弃建筑进行加固，建立展示中心。同时，项目将重新铺设工厂的窄轨铁路；并收集一些运输车辆作为博物馆未来的藏品。

当地工业遗产旅游的初衷是利用工业遗产，刺激当地经济发展，而随着工业遗产保护工作的深入，当地政府和居民逐渐认识到了工业遗产的价值，开始自主保护工业遗产。工业遗产旅游可以使得工业遗产吸引民众的视线，增加公众的理解和认同，在一定程度上促进了工业遗产的保护。

图151　西班牙卡斯蒂利亚钢铁工业和采矿博物馆（图片来源：欧洲工业遗产之路网站 https://www.erih.net/i-want-to-go-there/site/museum-of-the-iron-and-steel-industry-and-mining-of-castilla-and-leon?tx_erihsites_erihmap%5BgetVars%5D%5B%40widget_0%5D%5BcurrentPage%5D=2&tx_erihsites_erihmap%5BgetVars%5D%5Baction%5D=list&tx_erihsites_erihmap%5BgetVars%5D%5Bthemeroute%5D=1&cHash=44552cfda37d622ebcd45d2634b57aca）

图152　瑟克斯焦煤矿博物馆（图片来源：欧洲工业遗产之路网站 https://www.erih.net/i-want-to-go-there/site/cercs-mining-museum）

图153　维达尔工人殖民地博物馆（图片来源：欧洲工业遗产之路网站 https://www.erih.net/i-want-to-go-there/site/museum-of-the-vidal-workers-colony）

5.2 保护利用方式研究

5.2.1 以黄石矿冶工业文化遗产价值阐释为导向的物质载体保护展示

以工业文化价值阐释为导向的物质载体保护更新是工业遗产"适应性"保护更新的基本策略。凸显工业文化价值元素是解决工业遗产保护更新"空洞化"问题的智慧钥匙。明确工业遗产价值要点,确立工业遗产价值阐释系统是以工业文化价值阐释为导向的保护更新前提。工业生产一切相关元素均作为价值要点的重要物质载体需要得到妥善保护和充分阐释。同时,一些能够体现当地工业生产传统、工业风貌的物质载体也应得到适当保护,以展示当时工业生产传统特点以及普通工人生产生活场景。

工业遗产的整体保护应以工业遗产突出的历史、文化、审美价值为依托,将其作为保护、展示、更新的核心内容,并围绕价值组织其他设施、功能分区及游线组织等。只有充分认识和挖掘工业遗产的工业文化价值和内涵,以工业文化价值阐释为导向进行工业遗产物质载体的保护展示才能从整体上保护工业遗产的真实性、完整性,创造工业文化环境氛围。

以工业遗产的价值导向进行的整体保护,应在确定工业遗产价值阐释系统的基础上,树立真实的工业生产特征和形象,并结合当地社会、人文、区域环境资源及配套服务设施,形成科研、教育、游憩等功能,创建具有工业氛围的工业遗产。黄石矿冶工业文化遗产物质载体的保护与展示就是围绕着遗产价值的阐释而展开的。华新水泥厂旧址设计了工业遗产现场展示体验区,包括水泥窑现场展示区、水泥设备展示区、公众活动展陈区、公众体验互动区;《铜绿山古铜矿遗址国家考古遗址公园总体规划》设计了遗址展示区,包括古铜矿遗址展示区、露天采矿坑展示区、铜绿山古铜矿遗址博物馆、考古活动展示区、工矿企业展示区、填土场复垦展示区、生态修复展示区、民俗文化展示区;《湖北大冶铁矿国家矿山公园总体规划》划分了采矿博览区、采坑观光区、绿化复垦区、游乐探险区等四个区域。

1　生态停车场	10　矿冶工业展示区	19　IX号矿体遗址展示区
2　餐饮	11　VII号矿体遗址展示区	20　尾矿池生态修复展示区
3　矿石标本馆	12　露天采坑展示区	21　泉塘民俗村
4　奇石馆	13　冶炼遗址展示区	22　铜山民俗村
5　园林古建筑博物馆	14　生态复原展示区	23　农田生态景观区
6　青铜器展示馆	15　考古活动展示区	24　三佛寺宗教活动区
7　大冶民俗馆	16　IV号矿体遗址展示区	25　青山寺宗教活动区
8　旅游服务中心设施	17　露天展示区	26　铜山观景平台
9　旅游服务中心设施	18　古铜矿遗址博物馆	27　住宿

图154　铜绿山古铜矿遗址国家考古遗址公园总体规划总平面

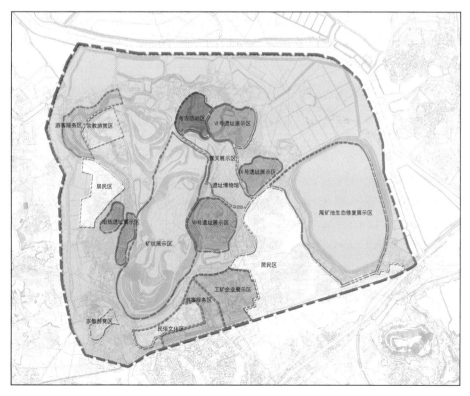

图155　铜绿山古铜矿遗址国家考古遗址公园总体规划功能分区图

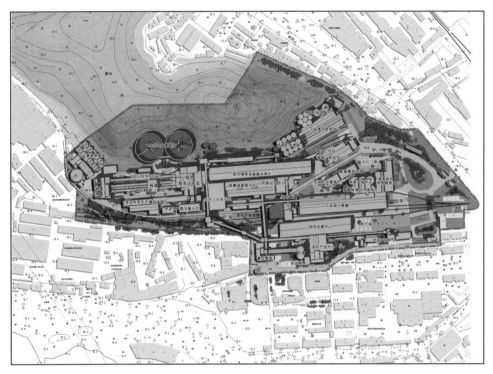

图156 华新水泥厂旧址保护与利用总平面

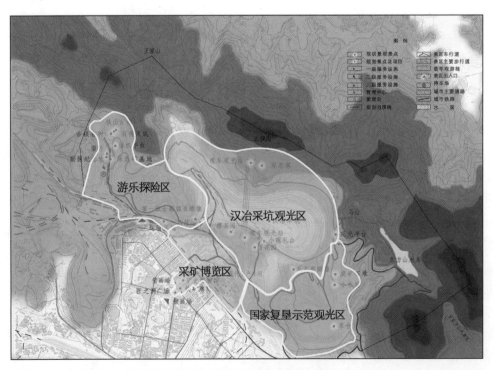

图157 大冶铁矿国家矿山公园总体规划功能分区图（图片来源：黄石市城市规划设计研究院、武钢（集团）矿业有限责任公司大冶铁矿，《湖北大冶铁矿国家矿山公园总体规划》）

1.生产工艺展示

鼓励参观者互动，在尊重历史的前提下，可将现场演示、模型展示、动感体验等方式有机结合。设计可以参与并在工业遗产地中实地开展各种活动的故事，通过"讲故事"的方式了解工业社会、工业文化和工业生产知识，接受科普教育。

（1）华新水泥厂旧址

充分挖掘华新水泥厂旧址文化内涵和社会功用。工业遗产现场展示体验区以原有的1、2、3号回转窑及窑头、窑尾、窑中建筑为基础和核心，在满足向公众开放展示利用需要的前提下尽可能减少添加元素，以完整、充分展示既有工业遗存的独特魅力。1–3号水泥窑历史悠久、尺度巨大、造型独特，是整个中国水泥工业的无价之宝，更是华新水泥厂旧址最为核心的实物展品。设计中原貌保留了水泥窑房主体，并力求全方位、多角度进行展示。其中1、2号窑主要进行静态方式展示，参观者以外部设置栈道方式近距离接触大型回转窑，3号"华新窑"将内部防火砖移出后，进行电力系统恢复，以原理性动态旋转的方式进行水泥生产线的现场展示。

联合储库是华新水泥厂旧址中建筑规模体量最大的一栋建筑，与粗磨车间、细磨车间共同形成水泥工业设备现场展示区的中枢组团。联合储库建筑空间完整且巨大，共30跨，总长228米，面积5244平方米。其中，中间9跨与细磨车间连接，4跨与粗磨车间连接。建筑南北两端各留出2跨和3跨作为入口空间，原地保留原有的"料爪""天车"等工业设备。并将联合储库建筑的二层空间与园区整体的空中廊道连接起来，形成特点鲜明、富有变化的展示空间。

（2）大冶铁矿

采矿博览区，主要包括矿史博物馆、张之洞广场、大冶铁矿牌坊、反映大冶铁矿历史的壁画、现代生产车间、居民住宅，全面展示大冶铁矿遗迹的完整内涵及历史整体性，让游客通过对史料、实物及现在矿工生产、生活场景参观，感悟大冶铁矿延续1700余年炉火不熄的历史文脉。

2.矿冶文化展示

（1）华新水泥厂旧址

借用工业文化象征意义的庄重空间，整体开阔大气。

图158 华新水泥厂旧址窑中建筑保护修复前后对比图（一）

图159 华新水泥厂旧址窑中建筑保护修复前后对比图（二）

图160 1-3号窑设备及整体保护修复前后对比图

点缀其中的中央水池不仅丰富了景观层次，同时也柔和了
整体景观效果，建成一个完整的水泥工业遗产地，兼具展
示与利用、科普与教育、科研与管理、服务与休闲等多重
功能的大型工业遗产。

　　华新水泥厂旧址中的辅助生产、办公、管理、生活等
重要区域以及相关非物质文化遗产等要素体现了矿冶工业
生产传统及其对社会发展的影响而具有重要的社会价值。
此类遗产要素的保护展示应能够反映黄石地区矿冶生产的
工业文化传统，以及普通工人生产生活场景，是黄石矿冶
工业风貌的重要体现。通过现场体验、模拟展示工业活动
等阐释黄石矿冶工业文化传统及其社会影响。

图161　细磨车间建筑保护修复前后对比图（一）

图162　细磨车间建筑保护修复前后对比图（二）

（2）铜绿山古铜矿遗址

Ⅶ号矿体遗址展示区，通过对暴露的遗址进行局部发掘、原址覆罩展示，并配合说明牌、模型、沙盘、数字虚拟设备对古铜矿遗址文化进行展示。露天采矿坑展示区，在对矿坑开展生态修复的基础上，增设栈道、观景平台等景观设施，辅以说明牌、模型、沙盘、数字虚拟设备，对古铜矿遗址文化进行展示。冶炼遗址展示区，通过建设冶炼遗址陈列馆，辅以说明牌、模型、沙盘、数字虚拟设备，对冶炼遗址文化进行展示。在公园的制高点——铜山顶部设置观景平台及配套设施，整体俯瞰遗址公园景观。在Ⅶ号矿体遗址北侧选址建设古铜矿遗址博物馆，建筑风貌与遗址环境相协调，综合运用多种展示手段，展示青铜文化。

图163 铜绿山古铜矿遗址国家考古遗址公园总体规划展示方式规划图

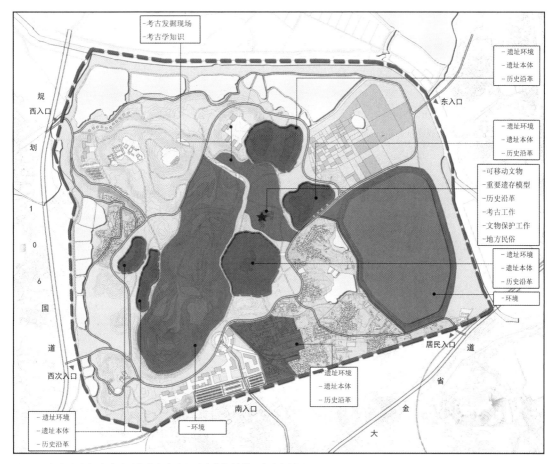

图164　铜绿山古铜矿遗址国家考古遗址公园总体规划展示内容规划图

3.生产风貌展示

（1）华新水泥厂旧址

工业景观及其与当代城市。将厂区富有特色的水泥搅拌、存储池和水泥仓作为厂区标志性的工业景观要素，结合厂区北面倚靠的牛头山山势和植被形成富有华新水泥厂地标性特点的工业景观环境区。

（2）大冶铁矿

采坑观光区，主要包括樱花园、百花园、美丽广场、观光塔、毛主席雕塑、观光平台等，以保护开采遗迹为主，围绕采坑，通过各种观光方式，领略神奇壮观的采坑，体验矿坑的开采工业文明和历史文明。

图165　1-3号窑窑中设备及整体保护修缮前后对比

5.2.2　以黄石矿冶工业文化遗产文化氛围体验为目的的公众活动宣传展示

工业遗产反应的各时期不同社会形态下工业生产的缩影，是现代人体验工业发展史的宝库。工业遗产的"适应性"保护更新应该给公众提供沉浸于当时工业文化氛围的体验机会，通过"讲故事"的方式了解工业社会、工业文化和工业生产知识，接受科普教育，充分挖掘工业遗产文化内涵和社会功用。

同时，工业遗产的整体保护还应彰显工业景观特色及其与城市发展关系，并以"体验"建立人与工业遗产及其他社会资源的互动关系，使工业遗产作为一种文化，融入现代人的生活。并通过各种"体验"设计建立人与工业遗产、自然资源之间的互动关系。

工业遗产的公众体验活动可以包括工业技术体验、文化活动体验以及远程虚拟体验。工业技术体验可以用现场沉浸体验模式，在博物馆、展示厅、游客中心、考古工作站等地，以现场阐释、标识展示、模拟展示、互动体验和场景体验等方法使公众全方位沉浸于工业文化之中。工业遗产保护更新能够提供新型的文化活动体验，兼顾专属性与公用性。将工业文化价值进行"缝隙式"的阐释，将文化体验穿插到公众的休闲游憩中。工业遗产的远程虚拟体验则以公众网上虚拟漫游体验为重点，同时能将遗产现场参观的信息及时输入网络终端，实现遗产现实与虚拟体验的互动。

图166　修缮后华新水泥厂入口广场

1.（矿冶）工业场景模拟

华新水泥厂遗存保护中最具特色的是保留了大量极具水泥工业风貌的水泥搅拌池、仓筒。其中厚浆池直径达到50米、高度达38米，为形成俯瞰整个区域的制高点特色空间提供了可能性。室外展陈区主要包括展示廊、景观墙、华新厂区图长卷雕刻、旱溪。

2.丰富当地市民文化活动

（1）华新水泥厂旧址

工厂内除了大型回转窑，最具工业特征和视觉冲击力的设施是那些纵横交错、贯穿全厂的架空廊道。它既是工业遗产的象征，也能成为服务公众的设施。以架空廊道为背景，设计了一系列公共服务驿站，如公共休息、公共卫生间、冷饮小卖部、治安亭、公共自行车存放等公共空间，赋予了架空廊道以实用功能。

图167　修缮后华新水泥厂工业场景

图168　会展中心—烘干车间工业景观

（2）大冶铁矿

绿化复垦区，营造现代园林，展示铁矿人环境恢复、生态整治的能力、水平和坚持可持续发展战略的企业文化和精神，同时又为大冶铁矿矿业历史注入新的内涵。

5.2.3 以黄石矿冶工业文化遗产功能持续利用为补充的建筑空间展示利用

工业遗产的持续利用要充分结合所在区域的城市发展规划。"工业遗产保护计划应同经济发展政策以及区域和国土规划整合起来"[1]，将重要工业遗产及时公布为文物保护单位，或登记公布为不可移动文物，并结合所在地情况，在编制文物保护规划时注重增加工业遗产保护内容或编制工业遗产保护专项规划，并将其纳入城市总体规划。工业遗产保护再利用的专项规划，是工业遗产保护的关键措施，各类工业遗产的保护规划特别是工业遗产区域的规划都要与当地的总体规划密切结合，并应当依法审批，纳入当地的城乡建设规划。将工业遗产专项规划有效地与城市土地利用规划和城市产业发展规划衔接是工业遗产专项保护规划能否发挥真正作用的关键。

在工业遗产自身的评价体系与保护规划制定方面也应与传统文化遗产进行区别，应在规划程序、规划内容、规划实施等方面体现工业遗产的特殊性，有条件的情况下单独制定分区、分类专项规划，管理体制、专项展示内容策划、利用规划、教育与公众参与等方面也应当进行专项设计。工业遗产保护规划与当地城市发展规划、政策在程序、内容和实施层面的密切关联，使得工业遗产的保护及展示能够符合所在区域整体战略发展的要求，同时该地区的发展规划也因工业遗产的保护更新而成为更科学、尊重历史同时兼顾可持续发展的高效、人性化的规划。

工业厂区往往具有一个明确的界线，内部的工业建筑之间存在一定的关联。这种因工业生产而形成的空间关联，可以很好应用于未来对于工业建筑群整体的保护更新。比如，将工业生产的流程与展示环节相结合，让人们在领略艺术创作品的同时，也感觉到工业生产连续性的存在。

工业遗产区域可以视作一个微缩的小城市，具备凯

1. 下塔吉尔宪章。

文·林奇提出的城市意象。"城市的物质形态可以归纳为道路（Road）、边界（edge）、区域（district）、节点（node）和标志物（landmark）"这五种要素。工业厂区的道路是原有不同尺度的生产/生活性道路（厂区原始肌理），边界可以是工厂大院的围墙，区域则代表了不同性质的空间，比如展览广场、建筑群、构筑物群等，节点可以是具有代表性的雕塑或者视觉焦点，地标物则可以是原有工业风貌突出的建、构筑物，如高炉、烟囱等。

除可能保留的原有工业生产功能外，工业遗产的建筑结构和空间意向在其探索更为合理而广泛的利用方式等方面具有先天优势。工业遗产保护更新可以将有条件的工业建、构筑物进行综合功能地持续利用作为工业遗产价值的当代阐释和补充。只有融入经济社会发展之中，融入城市建设之中，才能使工业遗产焕发生机和活力，才能在新的历史条件下，拓宽工业遗产保护的路子，继续发挥其积极作用并得到有效保护。

1.关注遗产所在区域的环境和社会需求

在黄石矿冶工业文化遗产的保护和展示利用过程当中，也一直注重当地社会团体与社会力量的参与，特别是与黄石矿冶工业生产相关的工人、社区居民等利益相关者。但这也是经历了一个过程，之前因为对工业遗产的认识不到位，也有过一些教训。比如对于黄石市工业遗产中一些低级别的文物保护单位，当地认为工业遗产是有益的工业资源，非常希望利用，有一些作为纯粹的地产或旅游项目进行大规模开发。这个情况在其他很多工业遗产集中的城市也是存在的，对于低级别或者不是不可移动文物的工业遗产，这些遗产资源的利用尚缺乏有效的引导。

简单梳理了国际上的工业遗产保护开放与管理的一些经验。例如，国际上工业遗产的适应性利用很多是围绕工业旅游开始的。重点发展其中的工业博物馆，以及处理工业遗产与创意产业关系也是工业遗产活化利用的重点。还有，国际上工业遗产的活化和利用内容是基于对于工业文化领域的广泛、深入研究，不仅仅是工业厂房空间利用，同时，对于工业博物馆、产业工人等工业社会等方面也有较深的理解。最后，在国际工业遗产保护工作中，志愿者团体通常扮演了很重要角色，很多工业遗产地的日常运营都依靠志愿者团队。通过对各个权属所有者、管理者利益诉求进行分析，包括对于城市独特资源遗产使用这一块，目前很多城市已经意识到了，只是操作手段和落地方式有所不同。在黄石华新水泥厂旧址保护与展示设计过程中整合了当地老的产业工人、当代志愿者、社区居民等利益相关者共同进行了黄石工业遗产保护利用的跨界研讨，希望有越来越多的社会力量参与到工业遗产的保护工作当中。

2.策划适应性利用功能

（1）华新水泥厂旧址

国际会展中心集展览、会议、车场、信息交流、商贸

图169　保存设备展示

图170　博物馆效果示意

洽谈、室内外广场等各种功能为一体，可为客户提供商务、通讯、广告、装饰、餐饮、休闲、娱乐、旅游、办公等配套服务。建成后将会成为整个园区的文化产业活动及信息交流中心，更是举办国际国内各类展览、会议、活动及接待外宾的文化场所。会展中心地下、广场及主体建筑三位一体，互相贯通、气势恢弘。

包装车间、成品库和木站台作为旧址厂区内少有的钢木结构建筑，建筑形态优美，内有保留包装、传送设备若干，予以完整展示。内部局部改造后可用作工业遗产研究中心进行工业考古、工业遗产现场研究、技术研究以及召开工业遗产讨论会等多项内容。

（2）大冶铁矿

游乐探险区，主要包括铁山古寺、石佛天成、鼓风平台旧址、千年古树、中国第一支大型地质队——429队勘探钻机基地、第一代女勘探队员雕像及竖井等景观，结合尖林山井下采区，让游人体验矿冶工业从勘探到冶炼的全过程，使游客寓教育于乐。

附表：全国重点文物保护单位（第一批至第八批）中工业文化技术相关遗产表[1]

序号	国保单位编号	名称	年代	批次	所在省份	遗产价值
1	6-0882-5-009	国民政府财政部印刷局旧址	清至民国	第六批	北京	财政部印刷局前身为清度支部印刷局，辛亥革命后，改称"财政部印刷局"，是中国采用雕刻版凹版设备印钞的第一家印钞厂。
2	7-0000-1-001	房山大白玉塘采石场遗址	隋至清	第七批		大白玉塘采石场历史悠久，其石料供应房山云居寺刻制石经，是房山石经文化的重要组成部分，也是北京地区留存较为珍贵的古代矿业遗存。归入第一批全国重点文物保护单位房山云居寺塔及石经。
3	7-1610-5-003	京张铁路南口段至八达岭段	清至民国	第七批		京张铁路是我国自行设计、施工、建设的第一条铁路，是我国早期的工业遗存，在我国铁路建设史上具有重要地位，铁路现状保存完整，至今仍具有通行能力，体现了我国当时的铁路建造技术。
4	7-1615-5-008	四九一电台旧址	1918年	第七批		旧址对研究近代中国历史、近代军事通讯史、中国无线传输发射史以及近代建筑史都有着重要的意义。1949年10月1日，中华人民共和国成立的消息从这里传向世界，又使该旧址具有重要的纪念意义。
5	7-1617-5-010	长辛店二七大罢工旧址	1923年	第七批		长辛店二七大罢工旧址包括二七机车厂近代建筑遗存。二七机车厂近代建筑遗存位于丰台区长辛店杨公庄1号二七机车厂内，1923年2月7日，在这里发生了震惊中外的二七大罢工运动。现存部分厂房及办公建筑。厂房建筑为典型近代厂房建筑形式，清水砖墙砌筑，坡屋顶上覆铁皮瓦；办公建筑为清水砖墙砌筑，两坡顶覆铁皮瓦屋面，近代门窗装修，山墙上部作三角山花，四周线脚装饰，中央置圆形通风窗。
6	8-0518-5-002	原子能"一堆一器"旧址	1958年	第八批		原子能"一堆一器"旧址是诞生我国第一座重水反应堆和第一台回旋加速器的地方，是我国建设的第一项核科技重大设施，见证了我国核工业从零起步的历史，也是我国"硬核"的底气开端。[2]
7	7-1622-5-015	北洋水师大沽船坞遗址	清	第七批	天津	大沽船坞是洋务运动在北方的重要成果，是继福建马尾船政、上海江南船坞后我国第三所近代造船厂，是我国北方最早的船舶修造厂和重要的军械生产基地，见证了中国军事工业的发展历程。

1. 本表所定义的工业文化技术相关遗产是指中国从古代至近现代的，不以农业生产为目的的生产加工、冶炼、大型工程、企业等相关遗产，并以此为标准对第一批至第八批全国重点文物保护单位名录进行整理。

2. 百度百科原子能"一堆一器"旧址 https://baike.baidu.com/item/%E5%8E%9F%E5%AD%90%E8%83%BD%E2%80%9C%E4%B8%80%E5%A0%86%E4%B8%80%E5%99%A8%E2%80%9D%E6%97%A7%E5%9D%80/23805212

序号	国保单位编号	名称	年代	批次	所在省份	遗产价值
8	7-1623-5-016	塘沽火车站旧址	清	第七批	天津	塘沽车站是一座我国自主修建的第一条标准轨铁路——北洋铁路上的一座火车站，它见证了我国铁路事业的发展历史。保存完好的欧式风格建筑，对研究这一时期的历史建筑艺术特点具有十分重要的学术价值。
9	7-1626-5-019	天津西站主楼	1910年	第七批		天津西站是津浦铁路线的起点站，也是当时该路最大的车站。现存主楼是一座具有典型折衷主义风格的德式新古典主义建筑，其设计图纸和建筑材料都来自德国。天津西站主楼是中国铁路枢纽站中保存完整，独具特色的德式建筑，是中国铁路发展史的见证。
10	7-1628-5-021	谦祥益绸缎庄旧址	1917年	第七批		谦祥益绸缎庄旧址具有近90年历史，是我国重要的近代商业遗产，其中西合璧式的建筑形式反映了天津民国时期建筑的历史风貌，是该时期商业繁荣的历史见证。
11	7-1629-5-022	黄海化学工业研究社旧址	1922年	第七批		黄海化学工业研究社是我国第一个私立化工研究机构，为我国民族化学工业发展作出了巨大贡献。现存旧址保存完好，具有重要的科学研究和历史研究价值。
12	8-0521-5-005	新开河火车站旧址	1903年	第八批		时任直隶总督兼北洋大臣的袁世凯将衙门设于大经路（今中山路）金钢桥头后，为推行新政、繁荣河北新区、摆脱老龙头火车站的租界管制而建。[1]现存钢架天桥、礼堂、站台候车室各一座，基本保持原貌。新开河火车站是清末北洋新政的产物，是重要工业文化遗产，亦是中国现存较完好的早期车站。作为早期天津地区的交通枢纽，成为天津近代化经济发展的助推器之一。[2]
13	3-0225-1-045	涧磁村定窑遗址	唐至元	第三批	河北	是宋代五大名窑之一。定窑以烧白瓷为主，兼烧黑釉、酱釉、绿釉及白釉剔花器。它的白瓷对后代瓷器有很大影响。装饰有刻花、划花与印花三种，其中印花白瓷在宋代瓷器中最有代表性。
14	4-0044-1-044	磁州窑遗址	南北朝、隋、宋、元	第四批		磁州窑因古属磁州而得名，是我国北方著名的瓷窑遗址。始烧于北齐，宋金鼎盛，元代衰落。窑址发现十四处，以中心窑场磁县观台镇遗址保存最为完整。
15	4-0046-1-046	邢窑遗址	隋至五代	第四批		邢窑，唐代名窑之一，因地属唐邢州得名，以产白瓷著称。当时制瓷名窑有南越北邢之说。

1. 博雅旅游分享网新开河火车站旧址 http://www.bytravel.cn/landscape/93/xinkaihehuochezhanjiuzhi.html
2. 百度百科新开河火车站旧址 https://baike.baidu.com/item/%E6%96%B0%E5%BC%80%E6%B2%B3%E7%81%AB%E8%BD%A6%E7%AB%99%E6%97%A7%E5%9D%80/23805208?fr=aladdin

序号	国保单位编号	名称	年代	批次	所在省份	遗产价值
16	5-0006-1-006	井陉窑遗址	隋至清	第五批	河北	该窑创烧于隋代，唐、五代、金代是其烧造的高峰期，明清时期衰落。烧造的陶瓷品种有白釉瓷器、褐釉瓷器、黑釉瓷器、青花瓷器和三彩器等，以白釉瓷器为主。井陉窑的产品既有自己的特点，又兼收并蓄，极富地方和时代特征。
17	7-0023-1-023	付将沟遗址	战国至汉	第七批		战国时期采矿、冶炼、铸造为一体的冶铁文化遗存。出土的铁范包括农具、工具、车具等铸范，范模有内范和外范，可分双合范及单面范两种，具有极高的制造水平，是我国冶铁史研究的重要资料。
18	7-0034-1-034	板厂峪窑址群遗址	明	第七批		板厂峪窑址群是一处重要的手工业作坊，其功能主要是为长城建设提供各类建筑材料。
19	7-1632-5-025	开滦唐山矿早期工业遗存	清	第七批		开滦唐山矿早期工业遗存为晚清时期洋务运动的重要工业遗存，年代久远，是近代中国最早的机器采矿业、铁路运输业和股份制企业的发轫之地，体现了当时社会政治和经济的需求，见证了中国煤炭工业发展变革。其中百年达道是中国近代工业发展史上最早的铁路公路立交桥，唐胥铁路遗迹是中国第一条标准轨距铁路，具有较高的历史、科技价值。
20	7-1636-5-029	秦皇岛港口近代建筑群	清至民国	第七批		秦皇岛港口近代建筑群，是指1881—1949年中外人士在秦皇岛港口附近所建的别墅、商铺、工厂、办公设施、铁路等近代建筑群，包括生产类的开滦矿务局秦皇岛电厂；交通通信类的津榆铁路基址、大码头、南山信号台；商务办公类的开滦矿务局办公楼、秦皇岛开滦矿务局车务处、开平矿务局秦皇岛经理处办公楼；居住生活类的南山特等一号房、秦皇岛开滦矿务局高级员司俱乐部等9项。从不同角度反映了秦皇岛近代工业史和交通发展史的历史脉络，是秦皇岛近代经济社会发展的重要物证。
21	7-1633-5-026	滦河铁桥	清	第七批		滦河铁桥是晚清洋务运动中，我国工程技术人员运用西方建桥技术建成，同时赋予其民族文化内涵，具有较高的历史价值和艺术、科学价值。该桥设计建造工艺具有较高水平，桥体材料的运用科学合理，是中国桥梁建设史上一处重要的实物例证。
22	7-1638-5-031	正丰矿工业建筑群	民国	第七批		正丰矿是我国最早兴建的近代煤矿之一，是中国近代民族资本与外国资本相抗争的历史见证，是珍贵的近代民族工业遗产。厂区内的德式建筑群是石家庄地区最大的德式建筑群，其规模宏大、布局紧凑、设计合理，是西洋建筑与中国古典建筑艺术相结合的建筑艺术珍品。
23	7-1640-5-033	耀华玻璃厂旧址	1922年	第七批		耀华玻璃厂旧址是中国第一块机制玻璃的诞生地，见证了中国玻璃工业发展历史，其玻璃制作工艺和技术对玻璃制造工业具有重要的科学价值。同时，耀华玻璃厂旧址的工业建筑也具有较高审美价值。

续表

序号	国保单位编号	名称	年代	批次	所在省份	遗产价值
24	6-0025-1-025	霍州窑址	宋至元	第六批	山西	以陈村旧村址为遗址中心区域，创建于唐，宋、元时为鼎盛期。已发现元代瓷器作坊窑6孔。圈窑工艺为重迭砖圈拱式作坊，与咬茬砖式圈窑做法截然不同，为宋元时期北方独特的圈窑制作法式。霍州窑遗址烧制瓷器种类繁多，器形多样。
25	6-0026-1-026	洪山窑址	宋至清	第六批		洪山窑品种丰富，有细白瓷、粗白瓷、黑釉瓷及黄釉瓷、彩釉瓷、青釉瓷等，以细胎白瓷的烧造量较大。洪山窑址是一处沿续时间较长、保存较完整的遗址，为研究山西古代陶瓷业的起源、发展、兴盛等提供了重要资料。
26	6-0476-3-179	杏花村汾酒作坊	清	第六批		为宋代名店"甘露堂"原址。作坊至今从未间断酿造生产，现存主要建筑为清代作坊院。杏花村汾酒作坊是研究汾阳杏花村汾酒历史的实物资料，具有很高的历史价值。
27	6-0908-5-035	黄崖洞兵工厂旧址	1941年	第六批		黄崖洞兵工厂是抗日战争时期我军最早的军工基地，在抗日战争中为我军提供了大量的军事装备，也是当地军民共同抗击侵略者的战场。是进行爱国主义和革命传统教育的重要场所。
28	4-0054-1-054	缸瓦窑遗址	辽	第四批		缸瓦窑是我国辽代著名窑场之一。该窑以品种多样、具有典型契丹游牧民族特点的瓷器著称。
29	5-0017-1-017	大井古铜矿遗址	夏至周	第五批	内蒙古自治区	遗址主要遗存集中分布在山冈和坡地上，有采矿坑、冶炼坩锅、工棚建筑遗迹等。共有露天采矿坑47条，最长的有102米、最短的有7—8米，宽度为0.8—2.5米，深度为7—9米。矿坑之间不连接，有顺坡纵向开采的，也有横向开采的。该遗址文化性质单纯，属于夏家店上层文化，年代距今2900年至2700年。该遗址为研究我国北方古代铜矿开采、选矿、冶炼、铸造技术及发展水平提供了实证。
30	7-0000-5-047	中东铁路建筑群（内蒙古4处）	1901—1921年	第七批		包括呼伦贝尔中东铁路沿线历史建筑、满洲里中东铁路俄式建筑群、扎兰屯中东铁路近现代建筑群、扎兰屯吊桥。
31	8-0537-5-021	白塔火车站旧址	1921年	第八批		白塔火车站因距离万部华严经塔（俗称白塔）较近，故得名白塔火车站。白塔火车站旧址的老站房作为铁路的附属建筑物，具有历史、技术、社会、建筑等价值。[1]
32	7-0099-1-099	江官屯窑址	辽至金	第七批	辽宁	以烧制白釉粗瓷民用器为主，亦有少量白釉黑花和黑釉瓷以及三彩瓷。该窑址是目前辽宁省境内唯一保存下来的辽金时期的窑址，对中国古代陶瓷史特别是辽金陶瓷史的研究具有重要价值。

1. 百度百科白塔火车站旧址 https://baike.baidu.com/item/%E7%99%BD%E5%A1%94%E7%81%AB%E8%BD%A6%E7%AB%99%E6%97%A7%E5%9D%80/23805233?fr=aladdin

续表

序号	国保单位编号	名称	年代	批次	所在省份	遗产价值
33	7-1658-5-051	本溪湖工业遗产群	清至民国	第七批	辽宁	本溪湖工业遗产群建于清至民国年间，包括本钢一铁厂旧址、本钢第二发电厂工业旧址、大仓喜八郎遗发冢、本溪湖煤铁公司事务所和煤铁有限公司旧址、本溪煤矿中央大斜井、东山张作霖别墅、本溪湖火车站和彩屯煤矿竖井等遗存。本钢一铁厂是中国现存最早的钢铁企业。以本钢一铁厂旧址为代表的本溪湖工业遗产，见证了我国近现代煤铁生产的发展历史，大仓喜八郎遗发冢等遗存也是日本帝国主义掠夺本溪煤铁资源的历史见证，具有突出的历史价值和科学价值。
34	7-1659-5-052	南子弹库旧址	1884年	第七批		南子弹库是我国目前保存较完整的清代弹药储存库之一，旧址是研究我国近现代军事历史的实物遗存。
35	7-1660-5-053	旅顺船坞旧址	1890年	第七批		旅顺船坞是清朝末年中国最大的船坞，是旅顺近代史的缩影，具有重要的研究价值。
36	7-1661-5-054	老铁山灯塔	1893年	第七批		铁山灯塔由法国设计制造，英国组装，清朝海关出资设置，建在伸入大海的老铁山岬上，与蓬莱登州头灯塔相对形成黄渤海分界线。1977年，巴黎国际航标协会批准该灯塔为世界著名历史灯塔。该灯塔设计科学合理，是研究中国航海史及海防史的重要实物资料。老铁山灯塔经历了甲午战争、日俄战争，在中、日、俄三国间多次易手，是帝国主义侵略中国的历史见证，具有较高的历史价值。
37	7-0000-5-047	中东铁路建筑群（辽宁7处）	1898-1936年	第七批		辽宁中东铁路沿线历史建筑分布于辽宁省沈阳市和平区，大连市旅顺口、西岗区原中东铁路沿线，位于沈阳市和平区的有奉天驿旧址及广场周围建筑、南满铁道株式会社旧址（一）南满铁道株式会社旧址（二）3项；大连市旅顺口的有旅顺火车站旧址1项，西岗区的有东省铁路公司护路事务所旧址、大山寮旧址、达鲁尼市政厅长官邸旧址3项。
38	7-1671-5-064	辽宁总站旧址	1930年	第七批		辽宁总站旧址由杨廷宝先生设计。辽宁总站旧址是国人自主发展铁路事业的历史见证，也是我国近代建筑创作的优秀作品，具有较高的历史价值、艺术价值。
39	7-1672-5-065	奉海铁路局旧址	1931年	第七批		奉（天）海（龙）铁路是中国东北第一条中国人自己建设的铁路。奉海铁路局旧址是我国近现代民族铁路事业发展的历史见证，也是我国近代建筑创作的优秀作品，具有较高的历史价值、艺术价值。

续表

序号	国保单位编号	名称	年代	批次	所在省份	遗产价值
40	8-0000-5-002	中东铁路建筑群—满铁农事试验场熊岳城分场旧址	1909-1945年	第八批	辽宁	并入第六批全国重点文物保护单位中东铁路建筑群，始建于1909年，是我国最早建立的果树园艺专业研究机构，也是东北地区最早的农业研究机构，当时被称为"南满铁道株式会社熊岳城苗圃"。[1]
41	8-0541-5-025	鞍山钢铁厂早期建筑	1920-1977年	第八批		是我国现存最早的、保存最为完整的活态保存的工业遗产群，同时也是类型最为丰富的工业遗产群，是当代中国钢铁工业的经典，具有重要的历史价值、科技价值、社会价值和艺术价值。此次入选全国重点文物保护单位的主要有昭和制钢所本社事务所旧址、昭和制钢所迎宾馆旧址、井井寮旧址、满洲人公学堂旧址、烧结总厂二烧车间旧址等多处建筑。[2]
42	5-0032-1-032	宝山—六道沟冶铜遗址	唐至五代	第五批	吉林	宝山-六道沟冶铜遗址是东北亚地区发现的唯一一处渤海时期冶炼遗址。遗址面积大，遗种类丰富，对研究渤海时期的生产力发展水平及其与东北亚地区同时期遗存的关系具有重要意义。
43	7-1676-5-069	宝泉涌酒坊	清	第七批		清代宝泉涌酒坊是东北地区规模最大，时间最长，保存较为完整的古代酿酒遗存，展示了清代及民国时期东北地区较高的酿酒制作工艺，具有较高的历史和科学价值。
44	7-0000-5-047	中东铁路建筑群（吉林1处）	1898年	第七批		公主岭俄式建筑群及四平段机车修理库旧址。公主岭俄式建筑群形成于中东铁路建设初期，随着公主岭火车站建设而逐渐形成。四平段机车修理库是中东铁路南满支线建筑规格较高、规模较大、保存较为完好的机车修理库，对研究中国近代铁路建设史具有重要价值。该建筑采用折衷主义的设计手法，风格独特，具有较高的建筑艺术价值。
45	7-1679-5-072	吉海铁路总站旧址	1929年	第七批		吉海铁路总站旧址由林徽因设计，吉林至海龙铁路是在半殖民地状态下，由中国人在东北自建的第一条铁路，铁路总站建筑造型独特，寓意丰富，是我国近代建筑史上的杰作，具有突出的历史价值和建筑艺术价值。
46	7-1683-5-076	通化葡萄酒厂地下贮酒窖	1937-1983年	第七批		通化葡萄酒厂地下贮酒窖有着近70年的山葡萄酒酿造历史，拥有世界第一大山葡萄酒原酒地下贮酒窖，具有重要的历史价值和科技价值。
47	7-1685-5-078	长春电影制片厂早期建筑	1939年	第七批		长春电影制片厂作为新中国电影的摇篮，其早期建筑在我国电影事业的发展历史上具有重要的研究价值和纪念意义。

1. 引自营口市人民政府网站《我市"满铁农事试验场熊岳城分场旧址"被评为全国重点文物保护单位》http://www.yingkou.gov.cn/001/001001/20191030/8831f2ef-7e79-4d94-a2ad-c7ceea6a3bb7.html
2. 博雅旅游分享网鞍山钢铁厂早期建筑http://www.bytravel.cn/landscape/93/anshangangtiechangzaoqijianzhu.html

续表

序号	国保单位编号	名称	年代	批次	所在省份	遗产价值
48	7-1686-5-079	长春第一汽车制造厂早期建筑	1956年	第七批	吉林	长春第一汽车制造厂作为我国第一个五年计划时期国家重点工程之一，被称为"中国汽车工业的摇篮"，见证了我国汽车工业及社会主义工业化发展历程，具有重要的历史价值和科学价值；区域内建筑具有鲜明的时代特征和独特的建筑风格，具有较高的建筑艺术价值。
49	8-0547-5-031	吉林机器局旧址	1881年	第八批		是清末为抵御沙俄入侵所建吉林机器局军火工厂的遗址。[1]
50	8-0000-5-003	中东铁路建筑群增补点	1903年	第八批		并入第六批全国重点文物保护单位中东铁路建筑群。
51	5-0481-5-008	大庆第一口油井	1959年	第五批	黑龙江	这口油井是大庆石油会战的历史见证，也是新中国石油工业成就及大庆精神、铁人精神的主要象征。
52	6-0923-5-050	中东铁路建筑群	清	第六批		中东铁路建筑群位于海林市横道镇与海林镇。包括"圣母进堂教堂"（俗称"喇嘛台"）、中东铁路横道河子机车库旧址、中东铁路治安所驻地旧址、横道河子中东铁路大白楼、横道河子中东铁路木屋旧址、中东铁路海林站旧址共6处。中东铁路建筑群，是沙俄修建中东铁路时在海林境内留下的历史建筑。其造型精美，结构独特，无论从外型构造和内部设计上都受欧洲建筑的影响，有独特的欧式建筑风格和艺术水平。
53	7-0000-5-047	中东铁路建筑群（黑龙江7处）	1898-1935	第七批		黑龙江中东铁路沿线建筑分布于哈尔滨香坊区、道里区、南岗区、尚志市，齐齐哈尔市昂昂溪区，绥芬河市，包括香坊火车站旧址、一面坡中东铁路建筑群、滨洲线松花江铁路大桥、昂昂溪中东铁路建筑群、绥芬河中东铁路建筑群、中东铁路管理局旧址、霁虹桥7项。
54	7-1693-5-086	铁人一口井井址	1960年	第七批		是铁人王进喜率钻井队到大庆油田打的第一口油井，铁人一口井井址是铁人精神的标志和发祥地。
55	8-0000-5-004	中东铁路建筑群—横道河子机务公寓旧址	1900-1935年	第八批		并入第六批全国重点文物保护单位中东铁路建筑群。
56	8-0000-5-005	中东铁路建筑群—富拉尔基火车站旧址	1903年	第八批		并入第六批全国重点文物保护单位中东铁路建筑群。

1. 博雅旅游分享网吉林机器局旧址 http://www.bytravel.cn/landscape/80/jilinjiqiju.html

序号	国保单位编号	名称	年代	批次	所在省份	遗产价值
57	7-1694-5-087	杨树浦水厂	1883年	第七批	上海	杨树浦水厂是我国第一家现代化的水厂，也曾是远东地区历史最长、供水量最高、设备最为先进的大型水厂，具有较高历史价值。厂区内建筑由英商建造，类型丰富，保存完好，特征鲜明，具有较高艺术价值。
58	8-0567-5-051	上海工部局宰牲场旧址	1933年	第八批		是当时远东地区最大的现代化屠宰场。同规模的屠宰场全世界出现过三座：一座在英国，一座在美国，第三座就在上海沙泾路10号。如今，前两座已经无迹可寻，这里便成了唯一，极具文物保护价值。[1]
59	8-0568-5-052	四行仓库抗战旧址	1937年	第八批		四行仓库由俗称"北四行"的盐业、金城、中南、大陆四家银行共同出资建设，仓库东侧的部分原名大陆银行仓库，建于1921年。仓库西侧的部分则建于1932年，主要用于堆放银行客户的抵押品和货物等，是当时苏州河沿岸规模较大、结构坚固的仓库建筑。[2]
60	6-0078-1-078	宜兴窑址	唐至民国	第六批	江苏	宜兴古窑群烧造的历史年代自晋至今一直未间断，全面反映了宜兴地区一千余年来陶瓷的生产历史，为研究宜兴乃至全国的陶瓷生产历史提供了宝贵的实物资料。
61	6-0081-1-081	龙江船厂遗址	明	第六批		龙江船厂遗址是全国现存规模最大、等级最高、保存最好的古代造船厂遗址，也是为数极少的造船遗址之一。为研究郑和下西洋史实、航海史、造船史、中西交流史提供了极为重要和关键的实物证据。
62	6-0000-1-005	徐州汉代采石厂遗址	汉	第六批		该遗址是我国汉代较重要的一处采石场遗址。徐州汉代采石厂遗址归入第四批——汉楚王墓群。
63	6-0000-5-063	大生纱厂	1895年	第六批		大生纱厂由我国近代著名实业家、教育家张謇创立，是中国近代民族工业史上具有代表性的企业。大生纱厂归入第三批——南通博物苑。
64	7-0150-1-150	晓店青墩遗址	周、汉	第七批		2008年、2009年的发掘还发现了汉代冶铸遗址，出土有汉代铸窑炉、冶铸遗迹，冶铸遗存是江苏省目前发现的汉代冶铸遗址中最大者。
65	7-0160-1-160	大窑路窑群遗址	明至清	第七批		自明代洪武初年起，这里兴起了烧制砖瓦的窑业生产，并得到持续发展。到清代乾嘉年间，这里的砖窑多达108座，在大运河东岸（下塘）延绵分布，方圆达4、5平方千米，窑工近万人，为江南窑业重镇。目前残存的砖窑尚有42座，民国年间所建的窑业公所旧址也还基本保存着原状和原貌。对无锡窑业发展史和民族工商业发展史的研究具有重要的价值。

1. 博雅旅游分享网上海工部局宰牲场旧址 http://www.bytravel.cn/landscape/72/shanghaigongbujuzaishengchangjiuzhi.html
2. 静安区图书馆四行仓库抗战旧址 http://www.shjinganlib.net/JaImpressionHistoryContent.aspx?id=7246

续表

序号	国保单位编号	名称	年代	批次	所在省份	遗产价值
66	7-0161-1-161	蜀山窑群	明至清	第七批	江苏	蜀山窑是宜兴明代至民国时期生产紫砂陶、均陶和日用陶的主要窑场。烧制的陶瓷品种繁多，几乎涵盖了明清时宜兴窑的所有品种。蜀山窑群窑址分布密集，在构筑选址上利用蜀山的自然地形坡度筑窑，省工省料。许多器物的釉色、造型和纹饰与北京故宫博物院、比利时皇家博物院以及南海沉船出水紫砂、均釉陶器物风格一致，纹饰相同，证明蜀山窑产品在清代已大量进入皇宫并外销。
67	7-0000-3-030	扬州盐业遗址（含盐宗庙）	清	第七批		兴旺的盐业带动了扬州城市的发展，留下了众多与盐业有关的历史建筑遗迹，其中包括盐宗庙等。这些以中国古典文人园林为代表的扬州盐业历史遗迹，见证了清代前期大运河沿线发达的盐业经济所带来的高度的商业文明和盐商资本集团的财富集聚对社会文化振兴和城市建设发展产生的影响。
68	7-0000-3-030	两淮都转盐运使司衙署（仅门厅）	清	第七批		盐运使，始置于元代，称为都转盐运使司盐运使，简称"运司"，设于主要产盐地区。明清时，两淮都转盐运使司管辖两淮盐务。
69	7-1722-5-115	茂新面粉厂旧址	1946年	第七批		茂新面粉厂旧址见证了民国时期无锡民族工业的发展，也是无锡地区至今保存完整的近代民族工业遗存，具有重要的历史价值。
70	7-1704-5-097	金陵兵工厂旧址	清至民国	第七批		金陵兵工厂是洋务运动时期的重要工业遗存，建筑特色鲜明，风格独特，具有较高的历史价值和科学价值。
71	7-1705-5-098	浦口火车站旧址	清至民国	第七批		浦口火车站旧址是南京地区近代铁路设施的重要遗存，建筑带有英式风格，具有一定的历史价值和艺术价值。
72	7-0000-5-036	南通大生第三纺织公司旧址	1919年	第七批		大生纱厂是中国近代民族工业发展史上具有代表性的企业。其旧址建筑格局保存完整，沿用至今，特色鲜明，具有较高的历史价值和艺术价值。与第六批全国重点文物保护单位大生纱厂合并。名称：大生纱厂。
73	7-1714-5-107	国民政府中央广播电台旧址	1932年	第七批		现存发射台机房、配电房和两座发射塔。国民政府中央广播电台旧址是研究中国近现代广播发展历史的重要遗存。
74	8-0753-6-003	江阴蚕种场	1928年	第八批		江阴蚕种场作为江苏近现代桑蚕业的"活化石"，是目前中国国内保存最好、技术最先进的蚕种场，有着一定的历史价值、社会文化价值和建筑科技价值。[1]

1. 百度百科江阴蚕种场 https://baike.baidu.com/item/%E6%B1%9F%E9%98%B4%E8%9A%95%E7%A7%8D%E5%9C%BA/23805412?fr=aladdin

续表

序号	国保单位编号	名称	年代	批次	所在省份	遗产价值
75	8-0754-6-004	洋河地下酒窖	1960—1975年	第八批	江苏	被业界誉为"白酒的地下宫殿"。这里不仅承载着陈年白酒醇厚的窖藏风味，还记录了一个时代的酿造文化和百年洋河厚重的酿酒历史。[1]
76	3-0222-1-042	上林湖越窑遗址	汉至宋	第三批	浙江	越窑历史久远，是我国古代烧制瓷器的名窑，上林湖窑创烧于东汉，盛于唐和五代，延至宋代，是越窑青瓷的发源地和主要产区之一、唐代时瓷品种丰富，造型优美，釉层滋润如玉，唐至宋都生产贡瓷，是我国最早生产宫庭用瓷的贡窑。五代时期吴越国在这里建立官窑，生产有名的"秘色瓷"。
77	3-0228-1-048	大窑龙泉窑遗址	宋至明	第三批		龙泉青瓷窑场广布于古处州，其中以大窑一带最密集，质量最好，是青瓷工艺发展的历史高峰，它是我国宋代青瓷的著名产地。创烧于北宋早期，盛于南宋晚期，明中期以后逐渐衰落。南宋时期龙泉窑形成有自身特点与风格的青瓷器，粉青釉，梅子青釉瓷器是其代表作品，远销朝鲜、日本、东南亚、阿拉伯、东非和欧洲大陆，深受各国欢迎。
78	5-0043-1-043	铁店窑遗址	宋至元	第五批		是婺州窑系具有代表性的窑址之一，其年代上起北宋，下至元代。烧造的瓷器品种有青釉瓷器和乳浊釉瓷器，以乳浊釉瓷器为主。铁店窑乳浊釉瓷器与北方同时期的乳浊釉瓷器有明显的区别，具有鲜明的地方特色，它还是外销瓷器之一。
79	5-0517-3-250	四连碓造纸作坊	明	第五批		泽雅一带数千人从事造纸，因此到处是水碓、纸坊。如水碓坑、水帘坑等地名亦都与造纸有关，泽雅遂又名"纸山"。被认为是中国古代造纸术的活化石，其中以四连碓尤为重要。
80	5-0518-5-042	浙东沿海灯塔（花鸟灯塔）	清	第五批		花鸟灯塔是当时中国海关海务科筹设灯塔计划中首批建造的灯塔之一。灯塔呈圆柱形，通高16.5米，以砖石和铁板筑成。灯塔周围相关建筑布局完整，设施齐全。该灯塔是卫护长江口的三大灯塔之一，处于中国沿海南北航线与长江口分野交叉之地，是中外船舶进入上海、宁波、舟山等港口的重要门灯，也是上海至日本以及经过太平洋的远洋国际航线不可缺少的标志。该灯塔在中国沿海灯塔中向来以地理位置重要、规模最大、功能最全、设备最先进、历史最悠久而著称，被誉为"远东第一灯塔"。
81	6-0087-1-087	茅湾里窑址	周至战国	第六批		遗址出土有大量的印纹硬陶器及施青黄色釉的原始青瓷碎片、红烧土块、釉渣等，是专门烧制印纹硬陶和原始青瓷的窑址群落，属于春秋战国时期，对于中国古代陶瓷史的研究具有重要的意义。

1. 百度百科洋河地下酒窖 https://baike.baidu.com/item/%E6%B4%8B%E6%B2%B3%E5%9C%B0%E4%B8%8B%E9%85%92%E7%AA%96/593657?fr=aladdin

续表

序号	国保单位编号	名称	年代	批次	所在省份	遗产价值
82	6-0088-1-088	富盛窑址	周至战国	第六批	浙江	富盛窑址是一处原始青瓷和印纹硬陶合烧的战国龙窑。富盛印纹陶原始瓷窑遗址对越国社会经济发展、越文化的研究及中国瓷器的起源、发展都具有重要意义，并为东汉越窑成熟瓷器的产生奠定了坚实的基础。
83	6-0090-1-090	小仙坛窑址	汉	第六批		小仙坛窑址由小陆岙、小仙坛、大园坪窑址三处窑址组成。小仙坛窑址的产品釉色淡雅清澈，釉层透明，表面有光泽，吸水率低；大园坪窑址烧造的器物胎色灰白，质地坚致，釉色大多为青绿、青灰色，光泽感强；小陆岙窑址烧造的器物釉色多呈青黄或黄褐色，少量的为青绿色。小陆岙、小仙坛、大园坪窑址时间有早有晚，在发展顺序上存在明显的连续性，为我们研究东汉时期原始瓷发展为成熟青瓷，探讨瓷器的产生、发展，提供了极为丰富的实物资料。小仙坛瓷窑被学术界认为是我国瓷器诞生的主要发源地之一，在中国陶瓷史上具有重要意义。
84	6-0000-1-006	寺龙口和开刀山窑遗址	唐至宋	第六批		寺龙口和开刀山窑遗址归入第三批——上林湖越窑遗址。
85	6-0091-1-091	郊坛下和老虎洞窑址	宋	第六批		郊坛下窑址、老虎洞窑遗址的发掘，为探讨几百年来人们一直关注的宋代官窑生产能力、工艺流程、制瓷技术、产品特点等各种问题提供了可靠的实物例证。
86	6-0563-3-266	三卿口制瓷作坊	清	第六批		整个村落同样保持着窑工原始的民风、民俗，如开工祭祖、烧窑祭神仪式等。三卿口制瓷作坊以其设施和工艺技术的原始性，为研究古制瓷业提供了实例。
87	6-0950-5-077	钱塘江大桥	民国	第六批		大桥由我国著名桥梁专家茅以升主持设计施工，是由我国自行设计和建造的第一座双层式公路、铁路两用特大桥。钱塘江大桥的修建，是中国铁路桥梁史上一个辉煌的里程碑，它的建成，不仅结束了我国无力建造特大桥的历史，而且为浙江省乃至华东地区的交通运输做出了巨贡献。
88	7-0175-1-175	德清原始瓷窑址	商至战国	第七批		比较完整地建立了以德清为中心的浙北东苕溪流域原始青瓷窑址的年代学序列。从古陶瓷学的角度客观地展示了中国早期青瓷的起源、发展、演变过程，对研究中国青瓷起源具有重要价值。
89	7-0178-1-178	凤凰山窑址群	三国至晋	第七批		烧造技术领先，制作手法创新，生产规模庞大，代表了三国西晋时期越窑烧瓷技术最高水平，是早期越窑鼎盛期的典型窑场。
90	7-0000-1-009	白洋湖、里杜湖越窑遗址	唐至宋	第七批		白洋湖、里杜湖越窑遗址产品的胎釉、造型、装饰及装烧工艺与上林湖窑址群的唐代至北宋晚期制品的一脉相承，是以上林湖为中心的越窑生产区的重要组成部分，对上林湖越窑由盛至衰过程中瓷业发展演变及相关课题的研究具有重要意义，归入第三批全国重点文物保护单位上林湖越窑遗址。

序号	国保单位编号	名称	年代	批次	所在省份	遗产价值
91	7-0000-1-010	上垟窑址	宋至元	第七批	浙江	上垟窑址作为龙泉窑的重要窑区，有持续五百年甚至更长的烧制历史，也是龙泉窑在北宋早中期唯一的烧造淡青釉瓷器的窑址。遗址规模大、烧造年代延续长，产品品质较高，内涵丰富，是宋元龙泉窑的中心窑厂之一，归入第三批全国重点文物保护单位大窑龙泉窑遗址。
92	7-0179-1-179	泗洲造纸作坊遗址	宋	第七批		泗洲造纸作坊遗址是我国现已发现的年代较早、规模较大、工艺流程较全的造纸作坊，现存遗迹基本反映了从原料预处理、沤料、煮镬、浆灰、制浆、抄纸、焙纸等整个造纸工艺流程，是研究中国古代造纸工艺技术及传承历史的重要的实物资料。
93	7-0180-1-180	天目窑遗址	宋至元	第七批		天目窑遗址分布面积广，窑址数量多，烧制时间长，窑址保存尚好，环境风貌格局未遭破坏，其产品的数量体现了瓷业生产的商品化、规模化特点，其烧制工艺代表当时江浙一带民窑瓷业的水平。
94	7-0181-1-181	小南海石室	宋至清	第七批		2008年对6、7号洞进行的考古发掘表明：石室系古代地下采石场遗存，其开凿年代上限为南朝时期，延续到明代。小南海石室群开凿于白垩纪红砂岩中，规模较大，形制规整，开凿技术先进，是南方地区古代采石业的代表性遗存。
95	7-0182-1-182	云和银矿遗址	明	第七批		云和银矿遗址群及矿石搬运古道，规模宏大、数量众多、类型齐备，从开矿、矿石初选、搬运，到冶炼、矿务管理等都有完好的遗迹、遗物保存；它们全面反映了明代云和县银矿的开采历史，对研究冶金史有重要学术价值。
96	7-0000-3-030	通益公纱厂旧址及高家花园	1896年	第七批		通益公纱厂旧址始建于清光绪二十二年（1896年），旧址保留4座建筑，分别为厂房3座和办公用房1座。通益公纱厂开运河沿岸民族工业发展先河，是当时浙江省规模最大、设备最先进的三家民族资本开办的近代棉纺工厂之一，见证了运河沿线由传统农业走向近代工业化的历史过程，具有较高的历史价值。其建筑遗存为早期工业建筑发展历史的见证，具有较高的建筑艺术价值。
97	7-0000-3-030	丝业会馆及丝商建筑群	清末民国初	第七批		丝业会馆是近代南浔丝商行会的办公场所，为维护南浔丝商利益，开展生丝营销和出口而建。丝业会馆是江南城镇建会最早、规模最大丝行会办公场所，对研究江南地区民族资本主义工商业发展史具有重要意义。丝业会馆将中西建筑风格融为一体，布局规整、体量较大、选料考究、建造精美，具有较高的建筑艺术价值。

续表

序号	国保单位编号	名称	年代	批次	所在省份	遗产价值
98	7-1731-5-124	坎门验潮所	1929年	第七批	浙江	坎门验潮所是中国人自行选址、设计和建造的第一座长期验潮所，由坎门验潮所观测数据统计分析得出的坎门高程，一直作为全国高程系统在使用，其观测资料被广泛应用于军事、海洋、测绘、港口工程、基础科学等各领域的研究，为中国的近代测绘事业和科学研究等作出了重大的贡献，具有较高的历史价值和科学价值。
99	7-0000-5-038	浙东沿海灯塔	民国	第七批		浙东沿海灯塔分布于舟山市定海区、宁波市镇海区、北仑区、象山县所属海域，文物本体包括白节山灯塔、唐脑山灯塔、下三星灯塔、半洋礁灯塔、鱼腥脑岛灯塔、小龟山（小板山）灯塔、洛伽山灯塔、七里峙（屿）灯塔、大菜花山灯塔、东亭山（外洋鞍岛）灯塔、太平山（大鹏山）灯塔、北渔山灯塔、东门灯塔与任氏二难墓等。浙东沿海灯塔体现了中国近现代中西文化交流与海上交通运输及海事科技的发展，同时也是通往我国东南沿海航线上的重要标志，海上交通避险保航的重要保障设施，具有极其重要的历史及现实意义。
100	8-0000-1-006	大窑龙泉窑遗址-源口窑遗址	元明	第八批		并入第三批全国重点文物保护单位大窑龙泉窑遗址。
101	8-0042-1-042	坦头窑遗址	唐	第八批		坦头窑遗址的挖掘，首次完整揭露了唐代瓯窑窑场，理清了窑场的基本布局、窑炉的完整结构等窑业基本信息，揭示了唐代瓯窑制作的完整工艺流程；首次在窑址上发现了丰富的祭祀遗迹；首次较全面地揭露了唐代瓯窑产品的基本面貌与特征；首次在上林湖以外地区发现了釉封口的瓷质匣钵以及可以与秘色瓷媲美的部分高质量青瓷；首次在窑址中发现纪年标本，为唐代晚期瓯窑产品确立年代标尺；首次发现唐代"官作"字样，对于整个唐代窑业管理制度的理解，具有指向性的意义。[1]
102	8-0043-1-043	沙埠窑遗址	唐宋	第八批		沙埠窑遗址主要包括竹家岭窑址、凤凰山窑址、下山头窑址、窑坦窑址、金家岙堂窑址、下余窑址和瓦瓷窑窑址7处窑址。沙埠窑遗址是越窑和龙泉窑瓷业技术衔接和过渡的重要地带，是探索越窑瓷业技术南传与龙泉窑瓷业技术渊源的重要地区，同时对于探索北宋中晚期越窑、定窑、耀州窑、龙泉窑等瓷业技术交流模式与途径具有重要学术价值。[2]
103	8-0757-6-007	矾山矾矿遗址	清至1994年	第八批		矾山矾矿遗址作为浙江省工业文化遗产的典型代表，见证了我国从古代、近代直至现代矾矿工业发展历程，其工业规划布局和民居村落共同形成了独特的工业文化景观，具有较高的历史、艺术和科学价值。

1. 博雅旅游分享网坦头窑遗址 http://www.bytravel.cn/landscape/93/tantouyaoyizhi.html
2. 黄岩区人民政府/关于沙埠窑考古发掘，这里有你所有想知道的！http://www.zjhy.gov.cn/art/2020/12/16/art_1229154869_59020019.html

序号	国保单位编号	名称	年代	批次	所在省份	遗产价值
104	8-0588-5-072	第一届西湖博览会工业馆旧址	1928年	第八批	浙江	作为1929年西湖博览会的主场馆，展示西湖博览会历史和杭州近代工业发展的历程。
105	8-0592-5-076	江厦潮汐试验电站	1979年	第八批		这是第一座由我国自行研制的潮汐能国家级试验基地，属于单库双向电站。对于中国潮汐能发电的研究，具有里程碑式的意义。[1]
106	4-0027-1-027	大工山—凤凰山铜矿遗址	周至宋	第四批		该遗址自西周早期始，延续至宋，长达两千余年，对研究古代冶金史和长江下游社会经济史具有重要意义。
107	5-0048-1-048	寿州窑遗址	南北朝至唐	第五批		寿州窑位于淮河以南，其产品以北方风格为主，兼有南方的特征，是南北方陶瓷文化结合的一个较典型的实例。
108	5-0050-1-050	繁昌窑遗址	宋	第五批		柯家村窑址面积最大，是繁昌窑的主要生产区域。主要烧造青白釉瓷器，其次烧白釉瓷器。青白釉瓷器是柯家村窑址的代表作品。青白釉瓷器是融合南北方制瓷工艺而创烧的新产品，柯家村窑址是较早烧造青白釉瓷器的窑场之一，产品质量好，对江南制瓷手工业的发展有较大的影响。
109	7-0196-1-196	古井贡酒酿造遗址	宋至清	第七批	安徽	该遗址较全面展现苏鲁豫皖地区传统酿酒工艺流程。它集酿酒窖池、明清酿酒遗址、酿酒用水设施于一体，布局合理，工艺完备。在该遗址范围内相继出土宋、元、明、清时期酿酒设施，为研究苏鲁豫皖地区酿酒历史及其工艺提供实物证据。
110	8-0594-5-078	津浦铁路淮河大铁桥	1911年	第八批		该桥为固定型桁梁桥，全长570米，津浦铁路淮河大铁桥是连通我国南北的一重要交通大动脉，是津浦线上仅次于黄河铁路桥的第二大桥，是我国现存保存较完好的铁路桥遗址。[2]
111	8-0601-5-085	佛子岭水库连拱坝	1954年	第八批		佛子岭大坝是中华人民共和国成立后第一个自行设计、施工的钢筋混凝土连拱坝。整个设计过程在边勘探、边施工的情况下进行，既无经验又无规范可循。汪胡桢等水利专家带领一批中青年技术干部边学边做，在设计中克服了横向地震时应力分析、坝垛稳定和坝基灌浆等重大技术难题。[3]
112	8-0000-1-007	繁昌窑遗址—骆冲窑遗址	五代至宋	第八批		并入第五批全国重点文物保护单位繁昌窑遗址。

1. 博雅旅游分享网江厦潮汐试验电站 http://www.bytravel.cn/landscape/93/jiangxiachaoxishiyandianzhan.html
2. 百度百科津浦铁路淮河大铁桥 https://baike.baidu.com/item/%E6%B4%A5%E6%B5%A6%E9%93%81%E8%B7%AF%E6%B7%AE%E6%B2%B3%E5%A4%A7%E9%93%81%E6%A1%A5/12633324?fr=aladdin
3. 百度百科佛子岭水库 https://baike.baidu.com/item/%E4%BD%9B%E5%AD%90%E5%B2%AD%E6%B0%B4%E5%BA%93/5217747?fr=aladdin

续表

序号	国保单位编号	名称	年代	批次	所在省份	遗产价值
113	3-0229-1-049	屈斗宫德化窑遗址	宋至明	第三批	福建	德化窑窑址分布范围广，现已发现窑址两百多处。创烧于宋，元代有发展，至明代以生产白瓷著名。产品远销日本及东南亚。
114	5-0053-1-053	建窑遗址	唐至宋	第五批		烧造的瓷器品种有青釉瓷器、黑釉瓷器，以黑釉瓷器为主。黑釉瓷器又以兔毫盏为主，是宋代最佳"斗茶"用具之一。建窑黑釉瓷盏一度曾是贡品，受到宫廷青睐，并还流传到日本、韩国、东南亚等地，在中外文化交流上写下了光辉的一页。
115	5-0491-5-018	福建船政建筑	清至民国	第五批		福建船政是洋务运动时期我国引进西方先进设备和技术创办的规模最大的造船军工企业，先后建造了数十艘新式舰艇，并组成船政水师，在保卫我国海防及抗击日本侵犯台湾的军事斗争中发挥了重要作用。与船厂同时创办的船政学堂，培养了严复、魏翰、詹天佑、萨镇冰、邓世昌等近代中国著名的思想家、外交家、工程师和海军将领。
116	6-0000-1-008	遇林亭窑址	宋	第六批		特别重要的是发现了一批"描金、银彩"的黑釉瓷碗，证实了"描金、银彩"的产地在武夷山。该窑址为研究中国陶瓷史提供了重要的实物资料。遇林亭窑址归入第五批——建窑遗址。
117	6-0096-1-096	磁灶窑址	宋至元	第六批		磁灶窑产品品种繁多，器形多样。其品种以生活日用器皿为大宗，此外还有陈设器、建筑材料等。磁灶窑是一处重要的外销陶瓷产地，泉州在宋元时期对外交通和贸易达到鼎盛时，也正是磁灶窑生产发展的昌盛时期。
118	6-0000-1-009	南坑窑址	宋至明	第六批		南坑窑址是研究中国陶瓷史、窑业技术史以及海上丝绸之路与世界陶瓷贸易的珍贵和重要的考古资料。南坑窑址归入第三批——屈斗宫德化窑遗址。
119	6-0098-1-098	南胜窑址	明至清	第六批		南胜窑代表了十六至十七世纪漳州外销窑业的最高水平，对于中外陶瓷史和福建明清地方史的研究有着重要的意义。
120	7-0202-1-202	猫耳山遗址	商	第七批		遗址内发现的9座陶窑尤为重要，窑平面形状有圆形、椭圆形和斜坡式长条形，其中斜坡式长条形窑2座，分别长5.56米、5.38米，坡度4-10度之间，碳十四年代为距今3900-3600年，为同类窑炉时代最早，是龙窑的雏形。猫耳山遗址为研究我国早期窑炉，特别是龙窑的起源和发展演变提供了宝贵的实物资料。
121	7-0205-1-205	中村窑遗址	宋至明	第七批		中村窑遗址窑场规模较大，相对集中，作坊系统保存较完整，为研究福建西北地区窑业作坊遗迹提供了重要资料。

序号	国保单位编号	名称	年代	批次	所在省份	遗产价值
122	8-0051-1-051	苦寨坑窑遗址	夏商	第八批	福建	窑址坐西北向东南，考古发掘共揭露出9条龙窑遗迹。窑址年代为距今3400～3700多年，即相当于中原的夏代晚期至商代中期，是目前全国发现最早的原始瓷窑址，将我国烧制原始瓷的历史向前推进了200年，对于研究我国原始瓷器的起源、发展具有着重大的意义。2017年，被评为"2016年度全国十大考古新发现"。[1]
123	8-0053-1-053	宝丰银矿遗址	宋至明	第八批		宝丰银场开采历史悠久，具有重要的文物保护价值。从北宋元祐年间（1086～1094年）设场管理，至今已断断续续地开采了900多年。《三山志》《八闽通志》《宁德县志》《周墩区志》等方志及《林聪年谱》《福建史稿》等文献对宝丰银场均有记载。古矿业遗址涉及七步、李墩、浦源3个乡镇的7个村落，且种类齐全，有关探、采、选、冶、加工、运输、碑刻等的遗迹、遗址保存相对完整，这在全国也较为少见。[2]
124	8-0055-1-055	东溪窑遗址	明清	第八批		福建漳州的南靖东溪窑遗址是中国东南地区重要的一处古代外销瓷产地，窑址规模大，延烧时间长，文化内涵丰富。
125	2-0053-1-008	湖田古瓷窑址	五代至清	第二批	江西	湖田窑兴起于五代，经宋、元至明中叶结束，历时六百余年。五代产品以白釉器为最精，两宋以影青刻印花器物为主，元代以黄黑枢府器为多，举世闻名的元青花亦在这里烧造，明代以民用青花为主。遗址、遗物相当丰富，反映了景德镇制瓷工艺由低级向高级的发展过程。
126	4-0042-1-042	洪州窑遗址	晋至唐	第四批		洪州窑是唐代六大青瓷名窑之一，洪州窑的烧造工艺精湛，发现的南朝匣钵装烧工艺、玲珑瓷与芒口对扣烧技法，均为较重要的考古收获。
127	5-0056-1-056	铜岭铜矿遗址	商至周	第五批		铜岭铜矿遗址是继湖北大冶铜绿山矿冶遗址后的又一重大发现。它以极为丰富的科学资料证明了我国大规模开采铜矿的历史至少已有三千余年，是我国迄今发现的矿冶遗址中年代最早、保存最完整、内涵最丰富的一处大型铜矿遗存，是中国青铜文明的象征之一。该遗址的发现，对探寻中国高度发达的青铜铸造业原料来源的问题，对于研究中国冶金史及文明史都具有极其重要的价值。

1. 博雅旅游分享网苦寨坑窑遗址 http://www.bytravel.cn/landscape/92/kuzhaikengyaozhi.html
2. 博雅旅游分享网宝丰银矿遗址 http://www.bytravel.cn/landscape/93/baofengyinkuangyizhi.html

续表

序号	国保单位编号	名称	年代	批次	所在省份	遗产价值
128	5-0057-1-057	吉州窑遗址	宋至元	第五批	江西	吉州窑是南方地区一座著名的综合性窑场，产品具有浓厚的地方风格，曾远销到日本等许多国家。永和镇在吉州窑旁，是"因窑立镇"。据明代《东昌志》载："这里五代时，民聚其地，耕且陶焉。由是井落圩市、祠庙寺观始创""及宋寝盛，景德中为镇市，置监镇司掌瓷窑烟火公事，辟坊巷、六街三市""附而居者至数千家，民物繁庶，舟车辐辏"。现今南宋、元代永和镇的范围与布局大体可以复原，六街、三市、寺庙、道观、官衙等的位置大多都可以确定。此镇是宋元时期一座典型的制瓷手工业集镇。
129	5-0000-1-004	高岭瓷土矿遗址	元至清	第五批		高岭山是元、明、清时代著名的制瓷原料产地，是世界制瓷粘土通称高岭土的命名地点。高岭土的发现和利用，对瓷都景德镇制瓷手工业的发展有重要的作用。高岭瓷土矿遗址归入湖田窑遗址。
130	6-0102-1-102	李渡烧酒作坊遗址	元至清	第六批		李渡烧酒作坊遗址为研究中国酿酒历史及其工艺提供了重要的实物资料。对研究中国酿酒历史及其工艺，有重要的历史科学价值。
131	6-0103-1-103	御窑厂窑址	明至清	第六批		御窑厂窑址的发现为明清御窑的研究提供了新资料、新信息，对复原御窑的生产面貌和探讨御窑的管理制度等有重要的学术价值。
132	7-0208-1-208	角山板栗山遗址	商	第七批		角山板栗山遗址是我国商代一处面积较大的印纹陶遗址，同时也是一处年代较早的已形成规模化生产的陶瓷遗址，为研究南北方窑业技术提供了新的资料。
133	7-0212-1-212	银山银矿遗址	唐、宋	第七批		银山银矿开采年代为唐宋时期，遗址面积大、矿井数量多，形制复杂。采矿区与冶炼区齐全，矿冶遗迹完好，对研究我国银矿的开采与冶炼技术发展具有重要学术价值。
134	7-0214-1-214	包家金矿遗址	唐至明	第七批		遗址于2009年发现。遗址采矿区面积约14平方千米，由采矿区、洗矿区、冶炼区、道路桥梁、矿工住区、管理机构区、寺庙、祭祀场、采石场等各种类型的文化遗存组成。包家金矿遗址开采年代较早、开采时间较长，矿山体系完备，矿业遗迹极为丰富且保存状况较好，对于研究中国古代矿冶技术具有重要的价值。
135	7-0215-1-215	凤凰山铁矿遗址	唐至明	第七批		凤凰山铁矿遗址保存遗迹丰富，有矿石、冶炼炉、铸模等，反映了冶铁生产从原料采集、燃料选用，到铁水冶炼、成品提取的整个工艺技术流程，其冶炼历史从唐代到明历经千年，对研究我国古代采矿史、冶金史具有较重要的科学价值。
136	7-0213-1-213	七里镇窑址	唐至明	第七批		七里镇窑的青白釉瓷器可与同时代景德镇窑的同类产品相媲美，仿漆器赭黑色釉则是七里镇窑独具风格的产品。在七里镇窑的产品中，还有一种划胎柳斗纹点釉鼓钉罐，较为少见，在宋元时期，除在国内销售，还远销到了日本和韩国一带。

续表

序号	国保单位编号	名称	年代	批次	所在省份	遗产价值
137	7-0211-1-211	宝山金银矿冶遗址	唐	第七批	江西	据文献记载，唐穆宗长庆三年（823年），肇兴此坑，在宝山采金炼银。宝山金银矿冶遗址是中国较早的一处集金银采矿、冶炼于一体的矿业遗址。遗迹遗物丰富，保存完好，是研究中国古代冶金史的重要实物资料。
138	7-0217-1-217	蒙山银矿遗址	宋至明	第七批		蒙山银矿遗址是我国宋、元、明时期一处集采矿、选矿、冶炼和铸币于一体的大型银矿和银场遗址。遗存涵盖广泛、内容丰富，对于宋、元、明时期我国矿山开采与冶炼技术史、货币铸造史、矿山的经营管理制度、矿工的文化教育与宗教信仰等方面的研究都具有非常重要的价值。
139	7-0218-1-218	华林造纸作坊遗址	宋至明	第七批		保留了从砍伐到沉腐、蒸煮、拌灰、漂洗、粉碎等一整套造竹纸加工原料所必须经过程序的原生态遗迹。作坊的布局结构合理、科学，几乎可以完整再现明代宋应星《天工开物》一书对古代"造竹纸"工艺的记载。是目前我国发现的时代较早的一处造纸作坊遗址，对研究我国造纸工艺的历史具有非常重要的意义。
140	7-0216-1-216	白舍窑遗址	宋	第七批		白舍窑是宋元时期江西地区以烧青白瓷为主的综合性窑场，范围广阔，堆积丰富，历史悠久，生产期长，为研究宋元时期制瓷手工业和青白釉瓷器发展史提供了重要资料。
141	7-0219-1-219	丽阳窑址	元至明	第七批		丽阳窑址是一处范围较大，生产时间从元代到明代，景德镇市区以外一处相对集中的瓷器生产地。瓷器山西坡明代窑炉完善了葫芦形窑炉的演变序列，印证了《天工开物》对葫芦形窑炉形制的记载。礁臼山南坡发现的龙窑窑炉形制是由龙窑向葫芦形窑过渡的雏形，而窑炉内保存的原状匣钵柱排列方式为研究和复原元代晚期瓷业生产装烧技术的具体工艺提供了原始依据。
142	7-1760-5-153	总平巷矿井口	1898年	第七批		总平巷矿井口是我国较早的近代矿井工程，至今仍是安源煤矿生产矿井口，1922年安源工人大罢工的胜利，为中国革命奠定了基础，具有重要的历史价值。
143	8-0059-1-059	南窑遗址	明至清	第八批		南窑窑址文化层堆积厚，遗存丰富，所烧瓷器品种多样，其保存规模之巨大、完好在江西省境内同类窑址中罕见，在南方地区也是罕见的，为研究唐代南窑的制瓷技术提供了实物资料。[1]
144	8-0060-1-060	五府山银铅矿遗址	唐宋	第八批		五府山银铅矿遗址是中国第一处先后开采铅银两种贵金属的矿山遗存，其使用"火爆法"地下采矿，运用了通风、提升、运输、排水等采矿配套技术设施，尤其采用先进的"吹灰法"炼银，其银冶炼技术在中国矿冶科技发展史上占有重要的历史地位。[2]

1. 百度百科南窑遗址 https://baike.baidu.com/item/%E5%8D%97%E7%AA%91%E9%81%97%E5%9D%80/24137313?fr=aladdin

2. 百度百科五府山银铅矿遗址 https://baike.baidu.com/item/%E4%BA%94%E5%BA%9C%E5%B1%B1%E9%93%B6%E9%93%85%E7%9F%BF%E9%81%97%E5%9D%80/23804919?fr=aladdin

续表

序号	国保单位编号	名称	年代	批次	所在省份	遗产价值
145	6-0123-1-123	中陈郝窑址	南北朝至清	第六批	山东	窑址分布在以中陈郝村为中心方圆5平方千米的范围内，从北朝晚期至明清，前后延续千余年。窑址青瓷区发现的两座隋代古窑炉为研究我国古代的窑炉结构、瓷器的烧造，提供了十分重要的资料。
146	6-0125-1-125	寨里窑址	南北朝至唐	第六批		1976年、1977年进行了试掘，寨里窑址年代为北魏（北齐）时期，发展较早，持续时间长，是我国北方青瓷的重要产地。寨里窑址为研究中国北方陶瓷的发展提供了重要的实物资料。
147	6-0977-5-104	青岛啤酒厂早期建筑	清	第六批		青岛德国啤酒厂的历史是中国近代工业发展的一个缩影，也浓缩了青岛市的发展史，具有重要的历史价值。
148	7-0232-1-232	双王城盐业遗址群	新石器时代、商、周、金、元	第七批		双王城盐业遗址群是目前沿海地区所发现的规模较大的盐业遗址群，为探索鲁北沿海商、西周和金、元时期制盐业的生产方式、规模、海岸线的变迁以及当时的社会经济等问题提供了重要资料。同时，对中国盐业史的研究提供了新的资料和依据。
149	7-0241-1-241	丰台盐业遗址群	周、汉、金	第七批		丰台盐业遗址群的新发现，使我们对东周特别是战国时期盐场的规模、分布、堆积形态以及当时的制盐方式、盐工生活、居住情况等有了进一步的了解，同时为莱州湾地区海岸线的变迁研究提供了第一手资料。
150	7-0244-1-244	南河崖盐业遗址群	商至周	第七批		南河崖盐业遗址群是一处商周时期的制盐遗址，为研究我国古代煮盐技术的发展演变提供了实物资料。同时，对于研究古代海岸变迁、制定现代防治海水倒灌的相关对策具有重要参考价值。
151	7-0246-1-246	杨家盐业遗址群	周	第七批		杨家盐业遗址群时代主要属于战国，个别早到西周早期和春秋时期。遗址群的规模很大，是黄河三角洲地区目前发现的最大盐业遗址群之一，对研究春秋战国时期齐国在北部沿海地区的盐业生产提供了重要史料。
152	7-0257-1-257	磁村瓷窑址	唐至元	第七批		磁村瓷窑址分布范围广，延续时间长，弥补了陶瓷史上关于山东古瓷窑文献记载极少的缺憾。磁村瓷窑在唐代晚期试烧的釉滴瓷器（俗称雨点釉），是磁村瓷器的标志，也是我国最早的釉滴黑瓷。
153	7-1776-5-169	猴矶岛灯塔	1882年	第七批		猴矶岛灯塔是南北猴矶水道上的一处重要标志，地理位置十分重要，具有较高的社会价值和科学价值。该灯塔是环渤海地区第一座现代灯塔，是帝国主义殖民、侵略我国的见证，具有较高的历史价值。
154	7-1777-5-170	坊子德日建筑群	1898—1945年	第七批		包括德建建筑和日建建筑，集中分布在潍坊市坊子老城区7.6平方千米范围之内，核心范围1.4平方千米，其建筑艺术、风格体现了近代工矿城镇的特征，是我国近代工矿业发展的实物见证。

序号	国保单位编号	名称	年代	批次	所在省份	遗产价值
155	7-1774-5-167	淄博矿业集团德日建筑群	清至民国	第七批	山东	淄博矿业集团德日建筑群是德、日等帝国主义国家侵略中国的罪证，同时该建筑群体现了新艺术运动建筑风格与传统地域风格融合的特征，具有较高的历史、科学、艺术价值。
156	7-1781-5-174	原胶济铁路济南站近现代建筑群	1904–1915年	第七批		原胶济铁路济南站近现代建筑群见证了济南乃至我国铁路发展的历史，见证了帝国主义对山东进行的经济掠夺和文化侵略。整组建筑群体现了民国初期中西方建筑技术的碰撞和交融，在新型现代建筑材料的利用、建筑立面艺术的处理手段等各个方面都体现了当时的建筑水平，具有较高的历史、艺术和科学研究价值。
157	7-1782-5-175	张裕公司酒窖	1905年	第七批		张裕公司酒窖是亚洲最早最大的葡萄酒地下大酒窖。张裕公司的许多获奖葡萄酒产品都出自于此。
158	7-1784-5-177	济南泺口黄河铁路大桥	1912年	第七批		济南泺口黄河铁路大桥是当时亚洲最大的悬臂梁式铁路大桥，其建造技术代表了当时世界桥梁设计及工程技术的较高水平，在中国桥梁史及交通史上占有重要地位。大桥是多起近代战争的见证，具有重要的历史价值。
159	8-0627-5-111	中兴煤矿公司旧址	1899年	第八批		中兴煤矿公司（全称"商办山东峄县中兴煤矿股份有限公司"）成立于1878年，矿厂位于山东峄县（今枣庄市市中区），是第一家完全由中国人自办的民族矿业，也是中国近代设立较早的民族资本煤矿。30年代，中兴煤矿公司与当时的开滦、抚顺齐名为中国三大煤矿，而且是其中唯一的完全由中国人自办的"民族股份制企业"。[1]
160	8-0629-5-113	青岛朝连岛灯塔	1903年	第八批		朝连岛灯塔位于沙子口社区东南39公里处，距陆地最近点崂山头31.4公里，该灯塔建于1899年，灯塔地上二层，为八角形石塔，塔高12.8米，灯质闪白10秒，射程24海里，是德国海军在青岛海域建造的规模较大的灯塔，也是黄海海域最早的航标建筑之一，现仍在发挥作用。该灯塔主要是对从青岛去上海、日本的船舶以及前往青岛的船舶提供助航及定位作用。[2]
161	3-0227-1-047	禹县钧窑址（钧台钧窑遗址）	唐至元	第三批	河南	包含全国重点文物保护单位：神垕钧窑址。北宋末专为宫廷烧制，以生产紫红釉瓷器驰名，是当时五大名窑之一。钧窑创用铜的氧化物作为着色剂，为我国陶瓷工艺、陶瓷美术开辟了一个新的境界，对后来的陶瓷业有着深刻的影响。
162	4-0029-1-029	酒店冶铁遗址	战国至汉	第四批		1987年发掘，揭露战国时期冶铁炉一座，该炉是我国迄今发现时代最早，保存最完整的冶铁炉，它的发现，对研究我国冶金史有着无可替代的作用。

1. 百度百科中兴煤矿公司 https://baike.baidu.com/item/%E4%B8%AD%E5%85%B4%E7%85%A4%E7%9F%BF%E5%85%AC%E5%8F%B8/10779530?fr= aladdin
2. 青岛崂山区朝连岛灯塔入选全国重点文保单位 http://news.bandao.cn/a/294039.html

序号	国保单位编号	名称	年代	批次	所在省份	遗产价值
163	5-0075-1-075	荥阳故城（古荥冶铁遗址）	汉	第五批	河南	古荥冶铁遗址是汉代河南郡的一处主要官营冶铸作坊。按炼炉和积铁等情况复原，高炉原高达6米，为容积约50立方米的土冢式高炉，是目前全国考古发现的汉代最大的高炉。从高炉周围发现的矿石加工场、高架、鼓风设施和矿石、陶排风管、煤饼等遗物，结合炉前设水井、炉后置水池等分析，可知汉代不仅已形成较高水平的冶铸系统，而且已经使用煤饼作燃料并应用了预热鼓风的技术。该作坊生产的铁器中，有的根据需要作过柔化处理，铁的品种有灰口铁、白口铁、麻口铁、脱碳铸铁、铸铁脱碳钢、古代球墨铸铁等。古荥冶铁遗址的发现，在我国乃至世界冶金史上占有重要位置。
164	5-0076-1-076	巩义窑址（黄冶三彩窑址）	唐	第五批		黄冶三彩窑址在迄今发现的唐代烧制三彩器的窑址中，时代较早，产品质量好，深受欢迎。常出土于洛阳、西安等地的唐代城址和墓葬中，并远传到日本、朝鲜半岛、东南亚、中亚、西亚和埃及等地，曾在当地产生较大的影响。
165	5-0077-1-077	清凉寺汝官窑遗址	宋	第五批		清凉寺汝官窑遗址是宋元时期一处规模较大的窑场，是当时青釉瓷器的代表作品，位列宋代五大名窑之首，对当时和后来的制瓷手工业均有深刻的影响。
166	6-0147-1-147	下河湾冶铁遗址	战国至汉	第六批		下河湾冶铁遗址是一处集采、冶、铸于一体的战国秦汉时期官营冶铁遗址。它的发现对研究中国冶金史具有十分重要的意义。
167	6-0148-1-148	望城岗冶铁遗址	汉	第六批		遗址为西汉至东汉时期历时300年的大型官方冶铁场地。望城岗冶铁遗址为全面了解两汉时期中原冶炼技术具有重要意义。
168	6-0149-1-149	瓦房庄冶铁遗址	汉	第六批		遗址是一处集冶铁、冶铜、制陶为一体的汉代手工业作坊遗址。瓦房庄冶铁遗址对于研究我国汉代社会在钢铁冶铸方面的成就具有重要意义。
169	6-0000-1-012	巩义窑址	隋至唐	第六批		巩义瓷窑遗址为研究中国白瓷的起源与发展提供了实物资料，单色釉的出现为唐三彩产生，同时也为我国青花瓷的发展奠定了基础，对研究盛唐时期陶瓷技术的发展有着重要意义。巩义窑址与第五批——黄冶三彩窑址合并。名称：巩义窑址。
170	6-0000-1-011	神垕钧窑址	唐至元	第六批		神垕钧窑遗址在创烧之初就表现出较高的生产水平和精美的制作工艺，对于研究钧窑的烧制年代和制作水平具有重要意义。神垕钧窑址与第三批——钧台钧窑遗址合并。名称：禹县钧窑址。
171	6-0152-1-152	段店窑址	唐至宋	第六批		1990年试掘，发现窑炉、澄泥池等重要遗迹，出土瓷器有唐代花瓷、宋汝民窑瓷、宋三彩、白釉珍珠地划花、元代钧瓷和白地黑花瓷等，品种多样。段店窑址为研究陶瓷史提供了重要的实物资料。

续表

序号	国保单位编号	名称	年代	批次	所在省份	遗产价值
172	6-0154-1-154	扒村窑址	宋至元	第六批	河南	该瓷窑遗址属宋、金时期磁州窑系的一个重要分支，以烧制白地黑花瓷器为主，同时也生产三彩、加彩和钧瓷。扒村窑址为研究宋、金、元时期北方制瓷业的历史提供了重要的实物资料。
173	6-0155-1-155	当阳峪窑址	宋	第六批		遗址上现存有北宋崇宁四年（1105年）《德应侯百灵翁之庙记碑》，记录当年窑业之盛况，是为数不多的宋代制瓷手工业名碑之一。
174	6-0156-1-156	张公巷窑址	金至元	第六批		张公巷窑址为进一步研究中国陶瓷史提供了重要的实物资料。
175	7-0321-1-321	舞钢冶铁遗址群	战国至汉	第七批		舞钢冶铁遗址群分布比较集中，规模大，延续时间长，在我国古代冶炼遗址中占据重要的位置。冶炼遗址接近原料、燃料产地，对于研究战国至汉代冶金技术、经济的发展具有重要的资料价值。
176	7-0325-1-325	铁生沟冶铁遗址	汉	第七批		铁生沟冶铁遗址的年代约为西汉中晚期至东汉，属于汉代冶铁和制造铁器工场的遗址，是已知的汉代冶铁遗址中出土物最丰富的一处，对于研究汉代冶铁技术的发展提供了全面而丰富的资料，对于认识汉代的社会生产力具有重要意义。
177	7-0331-1-331	邓窑遗址	唐至元	第七批		邓窑产品丰富、种类齐全，是中原乃至黄河以北地区唐代及其以后重要的窑口之一。邓窑遗址对于中原地区，特别是豫西南地区古代瓷窑遗址的历史发展及演变，烧造工艺、纹饰图案等方面，都有着重要价值。
178	7-0332-1-332	密县瓷窑遗址	唐、宋	第七批		密县瓷窑遗址文化堆积层厚，跨越时间长，中国瓷器中的珍珠地划花工艺源于此遗址，对研究唐、宋北方制瓷工艺提供了重要的资料。
179	7-0333-1-333	宋陵采石场	宋	第七批		宋陵采石场，对研究宋代皇陵建设及宋代采石业提供了珍贵的实物资料。
180	7-0334-1-334	严和店窑址	宋	第七批		严和店窑址始烧于北宋早期，北宋晚期达到鼎盛，为北宋中原地区重要的青瓷烧造地，是中国陶瓷史上一次重要的发现。严和店窑的青瓷烧造技术对于汝窑的出现和发展有直接的关系，为研究北宋汝窑的渊源提供了重要资料。
181	7-1799-5-192	洛阳涧西苏式建筑群	1954	第七批		洛阳涧西苏式建筑群具有20世纪50年代中苏建筑风格，是中国社会主义计划经济时期具有代表性的工业区之一，在中国近现代工业发展史和东西方文化交流史上具有重要的历史价值。该建筑群的规划思路和原则体现了当时的时代特色，具有较高的科学价值和审美价值。

1. 博雅旅游分享网三线航天 066 导弹基地旧址 http://www.bytravel.cn/landscape/93/sanxianhangtian066daodanjidijiuzhi.html
2. 博雅旅游分享网三线火箭炮总装厂旧址 http://www.bytravel.cn/landscape/93/sanxianhuojianpaozongzhuangchangjiuzhi.html

续表

序号	国保单位编号	名称	年代	批次	所在省份	遗产价值
182	8-0093-1-093	窑沟遗址	宋金	第八批	河南	窑沟瓷窑遗址是中国北方地区宋、金时代的一座十分重要的窑场。窑沟瓷窑遗址的发现再现了宋金时代郑州地区的制瓷业发展情况，对经济史、科技史和艺术史来说都具有重要的价值。[1]
183	8-0094-1-094	东沟窑遗址	金元	第八批		东沟窑址位于汝州市大峪镇东沟村东。南距县城30公里。这里依山近水，地势北高南低，面积约8000平方米，文化层厚2米。
184	8-0638-5-122	兴隆庄火车站站舍旧址	1915年	第八批		兴隆庄火车站旧址是陇海铁路线上保存最为完整的唯一一座火车站。该旧址见证了中国铁路火车站站舍的历史，是一处完整的实物资料，具有较高的历史价值、研究价值和文物价值。[2]
185	8-0646-5-130	郑州第二砂轮厂旧址	1964年	第八批		郑州第二砂轮厂旧址，位于郑州市中原区华山路78号。1953年第二砂轮厂筹备处在武汉成立，同年9月迁至郑州，1964建成投入生产。据《二砂厂志》记载，二砂厂房、生产工艺、产品质量都是按照东德标准进行的。建设期间，东德专家曾提出书面建议2978条，要求十分严格。建成后的二砂厂区，东西1356米，南北734米，面积约1平方公里，共完成基建投资1.49亿元，生产区建筑面积19万平方米，住宅7.4万平方米。陶瓷砂轮制造车间建筑面积74376.8平方米，单层、弧形锯齿式屋顶，是二砂最大、最富有特色的厂房。[3]
186	2-0051-1-006	铜绿山古铜矿遗址	周至汉	第二批	湖北	在遗址中发现多处面积很大的古矿井和炼炉。许多古矿井都在地下水位下十几米，说明当时已积累了井下支护、排水、通风、提升等丰富的采矿经验。遗址散布大量周至汉代的陶片、炉渣和炼铜遗物，并有饼状铜锭出土。
187	5-0089-1-089	湖泗瓷窑址群	五代至明	第五批		该窑址群的年代从晚唐五代一直延续到元明时期，而以宋代为主，产品有青白釉瓷器和青釉瓷器两种。湖泗窑址群规模大，分布范围广，延续时间长，在长江中游地区的古代窑址中实不多见。
188	5-0495-5-022	大智门火车站	1903年	第五批		建于1903年，法式建筑风格，中华人民共和国成立后改名为汉口火车站。候车厅建筑面积1022平方米，为钢筋混凝土结构。该火车站是我国第一条长距离准轨铁路的大型车站，其主体建筑候车大厅年代较早，为我国近代铁路建设尚存的重要历史见证。

1. 博雅旅游分享网窑沟遗址 http://www.bytravel.cn/landscape/89/yaogouciyaoyizhi.html
2. 百度百科兴隆庄火车站旧址 https://baike.baidu.com/item/%E5%85%B4%E9%9A%86%E5%BA%84%E7%81%AB%E8%BD%A6%E7%AB%99%E6%97%A7%E5%9D%80/15949234
3. 博雅旅游分享网郑州第二砂轮厂旧址 http://www.bytravel.cn/landscape/83/zhengzhoudiershalunchangjiuzhi.html

续表

序号	国保单位编号	名称	年代	批次	所在省份	遗产价值
189	6-0996-5-123	汉冶萍煤铁厂矿旧址	清至民国	第六批	湖北	汉冶萍煤铁厂矿有限公司是中国近代最大的钢铁煤联营企业，历时58年（1890–1948年），1915年前，该企业的钢总产量几乎占中国钢铁产量的100%。汉冶萍煤铁厂矿旧址是中国近代工业发展和日本帝国主义疯狂掠夺我国资源的真实写照，是我国现存最珍贵的工业遗产。
190	7-1812-5-205	华新水泥厂旧址	1946–2005年	第七批		华新水泥厂旧址现存的1-3号湿法水泥窑是"华新水泥厂"历史进程中的重要见证，不仅具有重要的文物价值，而且从水泥生产工艺的角度看，代表了当时先进的生产力，在中国水泥发展史上具有很高的价值。
191	7-1802-5-195	京汉铁路总工会旧址	1923年	第七批		京汉铁路总工会旧址见证了中国工人阶级力量的壮大，也见证了帝国主义、封建军阀对中国工人运动的残酷镇压，具有重大的历史价值和纪念意义。
192	7-1814-5-207	武汉长江大桥	1957年	第七批		武汉长江大桥是万里长江第一桥，在中国桥梁建设历史上具有重要意义，具有很高的历史价值、科学价值和艺术价值。
193	8-0652-5-136	三线航天066导弹基地旧址	1970年	第八批		基地旧址总占地面积13131亩，总建筑面积90.2万平方米，该厂除生产军用品外，先后开发生产的民用轻型客车系列产品和机电产品等。形成总部在武汉市，主体集中在孝感市，后方基地在远安县的格局。[1]
194	8-0653-5-137	三线火箭炮总装厂旧址	1970年	第八批		三线火箭炮总装厂旧址作为生产组装新中国第一门107火箭炮武器的建筑，见证了我国火箭炮武器装备的诞生和发展。[2]
195	3-0224-1-044	长沙铜官窑遗址	唐至宋	第三批	湖南	瓷器中有大量釉下彩绘，开后世釉下彩的先河。其中褐绿色彩绘人物、动植物、自然景物，图案新颖多变。器物上多题诗词款识。该窑瓷器曾广泛流传在江淮一带，日本、朝鲜、印度尼西亚等国亦有发现。
196	7-0377-1-377	衡州窑	唐至宋	第七批		衡州窑遗址现存唐宋时期的各类窑址30余座，各窑场进行了一定的专业分工，有的窑场以烧制碗碟为主，有的以壶罐为主。衡州窑规模庞大，文化遗存丰富，是研究唐宋时期湖南湘江流域制瓷业、社会历史文化及社会生活方式变迁的重要实物资料。
197	7-0378-1-378	云集窑	唐至元	第七批		云集窑为民间龙窑，始烧于唐代末年，兴盛于宋代，终于元代，烧造时间四百余年。云集窑是五代北宋时期衡州窑系中具有代表性的中心窑场之一，展示了衡阳地区古代灿烂的陶瓷文化。
198	7-0379-1-379	允山玉井古窑址	宋	第七批		宋允山玉井古窑址是一处文化性质单纯、内涵丰富的宋代窑址，被古瓷窑专家称为湘南第一窑，是湖南瓷文化传播到桂东北的中间环节。其出土的各类瓷器，明显的具有瑶族文化特征，又被誉为湖南少数民族第一窑。

1. 博雅旅游分享网三线航天066导弹基地旧址 http://www.bytravel.cn/landscape/93/sanxianhangtian066daodanjidijiuzhi.html
2. 博雅旅游分享网三线火箭炮总装厂旧址 http://www.bytravel.cn/landscape/93/sanxianhuojianpaozongzhuangchangjiuzhi.html

续表

序号	国保单位编号	名称	年代	批次	所在省份	遗产价值
199	7-0382-1-382	水口山铅锌矿冶遗址	宋至清	第七批	湖南	水口山铅锌矿冶遗址是一个有确切信史的千年古矿冶遗迹，其"官办史"在我国铅锌矿冶史上独一无二。遗址保留了类型多样、内容丰富的矿冶文化遗产，从侧面反映了我国自古以来矿业的发展史。
200	7-0383-1-383	羊舞岭古窑址	宋至清	第七批		年代始于南宋，为宋仿龙泉窑，明代仿景德镇窑的地方瓷系，产品釉色有青釉瓷、黑釉瓷、青白瓷、青花瓷等。历经宋、元、明、清，对我国南方宋元民窑的发展史研究具有重要的价值。
201	7-0384-1-384	醴陵窑	宋至民国	第七批		遗址包括古瓷窑、瓷泥矿井、制瓷作坊遗址、瓷片堆积等，已发现现存自宋以来的各类窑址60座、与窑址相关的瓷泥矿井、瓷器运输故道、生活设施、古塔庙宇等其他文物古迹49处，总分布面积约129平方千米。从出土的数以万计的文物标本可知，该窑口宋元时期生产白瓷、青瓷和酱色瓷，明清时期大量烧制青花瓷，至清末民初，成功烧制出釉下五彩瓷，成为中国釉下五彩瓷器的发源地。
202	8-0108-1-108	岳州窑遗址	汉至唐	第八批		唐代陆羽所著《茶经》中，把"岳州窑"列为当时全国青瓷名窑之一。[1]
203	8-0109-1-109	衡山窑遗址	宋元	第八批		衡山窑遗址为唐、北宋和元代时期古窑遗址，该窑出产的高温彩釉绘花瓷器，它既不是釉上彩，也不是釉下彩，而是一种在素胎上涂上一层白色化妆粉，再在粉底上用彩釉绘花，一次性高温烧成，彩釉绘花后的器物表面不再施釉，专家将这种瓷称之为粉底彩釉绘花或高温彩釉绘花瓷器，这种彩瓷最早在衡山发现，故定名为衡山窑。[2]
204	8-0110-1-110	桐木岭矿冶遗址	清	第八批		桐木岭矿冶遗址出土了国内迄今发现保存最为完整的古代炼锌槽形炉及相关遗迹遗物，可全面复原当时炼锌工艺流程；发现的硫化锌矿焙烧炉及焙烧工艺系中国古代炼锌史上的一大技术进步；遗址中还存在铅、银、铜等其它金属冶炼的活动，多金属一体冶炼是中国矿冶考古的首次发现，说明对矿石的综合利用程度进一步提高，凸显了中国古代科学技术的先进水平。[3]
205	8-0665-5-149	醴陵群力瓷厂旧址	1958年	第八批		醴陵群力瓷厂旧址是传承和发展当代釉下五彩艺术的典范，是当代湖南陶瓷工业十分珍贵的活化石。醴陵群力瓷厂为毛泽东特制的"毛瓷"，具有"白如玉、明如镜、薄如纸、声如磬"的特点，反映了特定时期我国瓷业发展的最高工艺和制瓷水平，具有重要的科学价值和艺术价值。[4]

1. 百度百科岳州窑遗址 https://baike.baidu.com/item/%E5%B2%B3%E5%B7%9E%E7%AA%91%E9%81%97%E5%9D%80/8282567?fr=aladdin
2. 百度百科衡山窑遗址 https://baike.baidu.com/item/%E8%A1%A1%E5%B1%B1%E7%AA%91%E9%81%97%E5%9D%80/23805008?fr=aladdin
3. 博雅旅游分享网桐木岭矿冶遗址 http://www.bytravel.cn/landscape/93/tongmulingkuangyeyizhi.html
4. 百度百科醴陵群力瓷厂旧址 https://baike.baidu.com/item/%E9%86%B4%E9%99%B5%E7%BE%A4%E5%8A%9B%E7%93%B7%E5%8E%82%E6%97%A7%E5%9D%80/23805322?fr=aladdin

序号	国保单位编号	名称	年代	批次	所在省份	遗产价值
206	8-0666-5-150	核工业711功勋铀矿旧址	1960–1994年	第八批	湖南	是中国最早发现和勘探的大型铀矿，也是全国最大的铀矿之一。[1]
207	4-0035-1-035	秦代造船遗址、南越国宫署遗址及南越文王墓	秦至汉	第四批	广东	秦代造船遗址经1974年、1975年、1998年和2004年四次发掘，揭露出三个平行排列的造船台，规模大，保存完好。造船工场遗址由船台区和木料加工区两部分组成，其东界为3个船台的东端尽头，北界为3号船台的北侧，南界大体在1998年发掘区的南边线附近，向西逾百米仍未到尽头，其面积不少于6000平方米。
208	4-0218-5-020	硇州灯塔	1899年	第四批		硇州灯塔是世界上现存两个水晶磨镜灯塔之一。1899年塔由广州法国公使署建造。塔基正方形，高5.9米，边长4.8米。塔身圆柱形，高16.05米，岩石砌筑。塔内阶梯为螺旋式折上。塔灯用一百六十多块三棱水晶镜片组成蚌形凸透镜，底座盛水银3吨，作旋转润滑剂，灯光射程达26海里。
209	5-0096-1-096	莲花山古采石场	汉至清	第五批		莲花山古采石场遗址是岭南地区的一处著名采石场遗址。开采时间自西汉初年一直延续到清代道光年间，西汉南越王墓石料即采自莲花山。采石场至今仍保留着古代采石时留下的石柱、石板及大量未能运走的石料。考古资料与文献记载均表明该采石场历史悠久，规模很大，开采的石料远运至广东各地。
210	5-0097-1-097	笔架山潮州窑遗址	宋	第五批		产品有青釉瓷器、白釉瓷器、青白釉瓷器、酱褐釉瓷器等，其中以青白釉瓷器为主。笔架山潮州窑产品具有明显的特色，曾销往东南亚一些国家。
211	5-0516-6-001	南风古灶、高灶陶窑	明	第五批		近五百年来，作为陶瓷生产的烧制设备，两窑一直窑火不绝，生产不断，虽经多次维修，但其窑灶的基本建筑和窑炉结构仍不失原貌，保留原有龙窑特有烧成工艺和独特的"窑变""釉变"的艺术效果，是我国具有南方特色、年代久远而保存完好，延续使用至今的惟一并存的古窑。
212	7-1850-5-243	广九铁路石龙南桥	1911	第七批		广九铁路石龙南桥钢石木混凝土混合结构。桥设5孔，第1—4孔为70米下承桁梁，第5孔为20米上承钢板梁，全长324.8米。此桥曾为广深铁路重要组成部分，在保障香港物质供应和促进粤港经济社会发展方面发挥了重要作用。
213	7-1853-5-246	顺德糖厂早期建筑	1934年	第七批		顺德糖厂作为全国第一批机械化甘蔗糖厂，是见证广东近现代工业发展史的珍贵实物。

1. 百度百科核工业711功勋铀矿旧址 https://baike.baidu.com/item/%E6%A0%B8%E5%B7%A5%E4%B8%9A711%E5%8A%9F%E5%8B%8B%E9%93%80%E7%9F%BF%E6%97%A7%E5%9D%80/23805326?fr=aladdin

续表

序号	国保单位编号	名称	年代	批次	所在省份	遗产价值
214	8-0115-1-115	石望铸钱遗址	五代南汉	第八批	广东	石望铸钱遗址是目前所知唯一一处五代南汉时期铸造铅钱的工业遗址，对研究中国的钱币史、南汉币制和南汉刘䶮王朝经济状况提供了重要的实物史料。[1]
215	8-0117-1-117	西樵山采石场遗址	明清	第八批		西樵山采石场遗址是我国华南地区迄今唯一的石器时代的大型开采石材和制造石器场所，对研究广东尤其是珠江三角洲地区的历史，特别是研究明清时期采石技术具有较高的研究价值。[2]
216	7-0397-1-397	中和窑址	宋	第七批	广西壮族自治区	中和窑址的发现，扩大了我国青白瓷窑址的分布范围，填补了广西青白瓷研究的空白，为研究中国陶瓷发展史、研究我国古代外销陶瓷提供新的资料。
217	7-1858-5-251	柳州旧机场及城防工事群旧址	1929年	第七批		柳州城防御工事群旧址规模庞大，体系完善，在军事布置及使用的材料上均具有显著时代特征，是研究我国当代军事战术思想理论和军工科技发展的重要实物资料。
218	7-1939-6-003	洋浦盐田	宋至中华人民共和国	第七批	海南	洋浦盐田始建于北宋，距今近1000余年，是我国较早的一个日晒制盐生产地点，也是我国至今保留完好的原始日晒制盐方式的古盐场。洋浦盐田是中国日晒制盐最早的历史见证，并将原始制盐工艺沿用至今。洋浦盐田制盐的石槽、盐池、盐田等场域从一个侧面反映儋州古代社会生产、生活状况，具有较高的历史价值和科学价值。
219	7-1860-5-253	临高角灯塔	清	第七批		临高角灯塔系船舶进出琼州海峡西口的重要助航标志，至今仍在为往来琼州海峡的船舶提供助航服务。
220	7-0403-1-403	重庆冶锌遗址群	明至清	第七批	重庆	重庆冶锌遗址群的发现，对于研究我国冶锌史具有重要意义，为解决我国古代（明、清时期）炼锌的起源和揭示其技术特点提供了丰富的考古学资料。
221	7-1880-5-273	重庆抗战兵器工业旧址群	1939–1945年	第七批		抗日战争期间的中国工业内迁，使重庆成为中国集中的门类齐全的重要综合性工业区。重庆抗战兵器工业旧址群反映了这个时期中国抗日战争及军事工业发展的历程，具有重要的历史价值。
222	8-0127-1-127	大宁盐场遗址	宋至民国	第八批		该遗址是我国开发较早的以自然盐泉为基础的盐业遗址，是川渝盐业开发悠久历史的重要见证；该遗址盐灶群规模大、数量多，盐泉、输卤管道、蓄卤池等遗存保存齐全，完整地展示了我国古代制盐生产流程；该遗址规模宏大，功能分区清晰，历史风貌保存完整，文化遗产与自然环境有机融和，具有非常好的保护利用价值。[3]

1. 阳江日报，第八批全国重点文物保护单位名录公布——阳春石望铸钱遗址入选 http://www.yangjiang.gov.cn/yjwgdlt/gkmlpt/content/0/404/mpost_404457.html#397
2. 博雅旅游分享网西樵山采石场遗址 http://www.bytravel.cn/landscape/93/xishancaishichangyizhi.html
3. 博雅旅游分享网大宁盐场遗址 http://www.bytravel.cn/landscape/93/daningyanchangyizhi.html

序号	国保单位编号	名称	年代	批次	所在省份	遗产价值
223	8-0693-5-177	濑渡电厂	1944年	第八批	重庆	俗名仙女洞水电厂，是三峡地区最早的水利水电工程，由我国著名水利专家张光斗先生主持设计、建造。[1]
224	3-0223-1-043	什邡堂邛窑遗址	南北朝至宋	第三批	四川	邛窑分布范围广，其中以什邡堂最为密集，是邛窑的代表。瓷器中不少器形和小雕塑具有浓厚的地方特色，彩器较多，釉色丰富，其中以三彩器最有代表性。
225	3-0057-3-005	燊海井	清	第三批		清道光十五年（1835年）凿成，井深1001.42米，是世界上第一口超千米深井。井的钻凿系采用我国传统的冲击式顿钻凿法。该井为一口天然气和黑卤生产井，竣工初期，日产天然气8500立方米，黑卤14立方米。该井主要建筑有碓房、大车房、灶房。主要生产设备有碓架、井架（天车）、大车、盐锅等。
226	4-0249-6-001	泸州大曲老窖池	明	第四批		经四百余年，窖泥已形成一个庞大的微生物体系。经该窖池发酵烤出的酒，酒质极佳。泸州大曲老窖池是我国保存最好、持续使用时间最长的酒窖池。
227	5-0514-1-147	水井街酒坊遗址	明至清	第五批		遗址保存了当时"前店后坊"的布局形式，是我国目前发现的古代酿酒作坊和酒肆并存的惟一实例。它在一定程度上反映了中国传统酿酒工艺的演进历程，为研究中国蒸馏酒（又称白酒或烧酒）的发展历史提供了珍贵的实物材料。
228	6-0000-1-015	大渔村和瓦窑山窑址	南北朝至宋	第六批		大渔村和瓦窑山窑址出土器物和窑炉结构分别体现了南朝、中唐、晚唐各时代的特征，是研究邛窑从南朝的创烧期至中唐、晚唐各个发展时期极为重要的资料。大渔村和瓦窑山窑址归入第三批——什邡堂邛窑遗址。
229	6-0183-1-183	老君山硝洞遗址	明至清	第六批		硝洞内尚存大量炼硝遗存，古代炼硝留下的硝渣、废料等堆积如山，人工开采痕迹清晰可见。老君山硝洞遗址较好地保存了古代制硝工艺流程原貌，对研究明清时期的矿冶开采具有极高的价值。
230	6-0184-1-184	剑南春酒坊遗址	清	第六批		剑南春酒坊遗址是国内清代酿酒作坊遗址生产要素最齐全、规模最大、保存较完好的酒文化遗址群，具有较高的历史价值和科研价值。
231	7-0408-1-408	玉堂窑址	唐、宋	第七批		是四川地区唐宋时期一个大型的窑场，它不仅是成都平原唐宋时期重要的青瓷窑场，是成都平原青瓷窑系的重要组成部分，也是本区域重要的宋代白瓷窑场。它的生产技术和丰富产品形态与特征是四川地区陶瓷史研究的重要实物资料。

1. 博雅旅游分享网濑渡电厂 http://www.bytravel.cn/landscape/93/dudianchang.html
2. 博雅旅游分享网三线核武器研制基地旧址 http://www.bytravel.cn/landscape/93/sanxianhewuqiyanzhijidijiuzhi.html
3. 博雅旅游分享网首座受控核聚变实验装置旧址 http://www.bytravel.cn/landscape/93/shouzuoshoukonghejubianshiyanzhuangzhijiuzhi.html

续表

序号	国保单位编号	名称	年代	批次	所在省份	遗产价值
232	7-1302-3-600	卓筒井	宋	第七批	四川	卓筒井现有9灶、41眼井，分布在卓筒井镇七个村落。现存老井、深井、广井3口盐井、储卤池、大顺灶、晒盐坝各1处、晒盐架1架、箭车1个，均有较高的文物价值。卓筒井是一种用椎架子套铁质圜刃、以冲击式方法向地下开凿的小口径盐井，是现存最早的小口径钻井技术实物，为研究宋代卓筒井钻井技术提供了珍贵的实物资料。
233	7-0411-1-411	五粮液老窖池遗址	明至清	第七批		五粮液老窖池遗址是我国现存保存完好的地穴式曲酒发酵窖池群之一，是中国名酒五粮液产生、形成和发展的历史见证，也是中国历史酿酒工艺和传统的重要实物遗存，具有重要的科学研究价值和独特的历史人文价值。
234	7-0000-1-012	泸州老窖窖池群及酿酒作坊	明至清	第七批		泸州老窖窖池群及酿酒作坊，是泸州老窖酿造传统优质白酒的设备和构筑物遗址，是泸州酒业酿造历史精华积淀，也是泸州城市发展历程的特殊实物见证和独特的城市人文景观。它具有规模宏大，环境真实、布局传统和技艺精湛的特点，是展现中国传统酿酒技艺的"活态"物质文化遗产。归入第四批全国重点文物保护单位泸州大曲老窖池。
235	7-1888-5-281	东源井古盐场	1892年	第七批		东源井古盐场是低压采气的典型代表，自1892年至今累计采气6.92亿立方米，现仍采在使用，设施保存良好，具有较高的历史价值。该井采用盆敞口、无阻提卤采气工艺，具有较高的科学价值。
236	7-1886-5-279	吉成井盐作坊遗址	清	第七批		吉成井盐作坊遗址反映了古代钻井采盐到近代机器采盐的历史发展过程，体现了我国劳动人民开发利用矿产资源的智慧。"天车群"形成了较为独特的文化景观。该遗址具有较高的历史价值、科技价值和审美价值。
237	8-0761-6-011	先市酱油酿造作坊群	清至今	第八批		先市酱油传统酿制技艺继承和弘扬我国传统酱油酿造经典古法的法则、规范及世代相传的手工酿制技艺，它主要包括：大豆整粒蒸焖、天然野生菌种制曲、长周期晒露发酵、自然浸出法取油、暴晒浓缩油体等。[1]
238	8-0698-5-182	洞窝水电站	1925年	第八批		是四川省第一座水电站，也是国内第二座水电站。[2]
239	8-0702-5-186	川藏公路大渡河悬索桥	1951年	第八批		解放军第18军"一面进军，一面建设"，在修筑川藏公路的同时，修建了川藏公路大渡河第一座钢结构悬索桥。大桥于1951年6月建成通车，为解放西藏、巩固西南边陲做出了巨大贡献。[3]

1. 博雅旅游分享网先市酱油酿造作坊群 http://www.bytravel.cn/landscape/85/xianshijiangyouniangzaozuofang.html
2. 百度百科洞窝水电站 https://baike.baidu.com/item/%E6%B4%9E%E7%AA%9D%E6%B0%B4%E7%94%B5%E7%AB%99/16967467?fr=aladdin
3. 百度百科川藏公路大渡河悬索桥 https://baike.baidu.com/item/%E5%B7%9D%E8%97%8F%E5%85%AC%E8%B7%AF%E5%A4%A7%E6%B8%A1%E6%B2%B3%E6%82%AC%E7%B4%A2%E6%A1%A5/23805354?fr=aladdin

序号	国保单位编号	名称	年代	批次	所在省份	遗产价值
240	8-0703-5-187	蓬基井	1958年	第八批	四川	因系全国第一口基准井且位于蓬莱镇而得名。[1]
241	8-0704-5-188	三线核武器研制基地旧址	1969年	第八批		1965年，代号902的三线核武器研制基地在绵阳市梓潼县开工建设，1974年基地基本建成，1992年迁往绵阳科学城。在梓潼旧址的二十余年间，我国完成了核武器的武器化、小型化、实战化的进程，真正地形成了有效的核威慑力量。两弹研制中的核试验实验共计45次，其中有22次是在三线核武器研制基地旧址指挥完成的。旧址中的专家宿舍是中国核武器科技事业发展的重要历史见证，也是唯一一个有如此多的专家、院士集中居住、工作过的场所。旧址现在已发展成为重要的爱国主义教育基地和核科普教育基地。[2]
242	8-0705-5-189	首座受控核聚变实验装置旧址	1971年	第八批		首座受控核聚变实验装置旧址是1971年开工建设的三线军工单位。1984年旧址上建成了"中国环流器一号"实验装置，一共先后建成了19个其他核聚变实验装置，如中国第一个仿星器装置、第一个磁镜装置、第一个角向装置和第一个反场箍缩环形实验装置等。首座受控核聚变实验装置是中国最早、当时亚洲最大的开展受控核聚变研究的实验基地，她开创了我国核聚变时代。中国环流器一号实验装置是完全由中国人自主研制造的实验装置，科学家通过它共取得了5000多项科技成果。中国环流器一号实验装置是中国第一个跟国际主流接轨的受控核聚变装置。首座受控核聚变实验装置旧址是我国参与国际核聚变研究与交流的重要见证，也是我国受控核聚变研究的发源地。通过它的设计、建设和运行，产生了多项国际、国内先进科学技术，为构建人类命运共同体贡献了军工智慧、中国方案。[3]
243	6-0186-1-186	万山汞矿遗址	唐至清	第六批	贵州	矿洞内留下了数百年来采矿工人开凿的石梯、隧道、刻槽、标记、矿柱、巷道等及冶炼汞矿的遗迹遗物，并有着独特的采矿、选矿及冶炼等一系列传统生产工艺。万山汞矿遗址是国内现存开采时间最早，历史最长，规模最大的汞矿重要遗址，是研究中国汞矿业史的珍贵实物资料。
244	7-0413-1-413	普安铜鼓山遗址	战国至汉	第七批		铜鼓山遗址是云贵高原经过正式发掘的唯一一处战国秦汉时期的青铜冶铸遗址，它不仅保存良好，而且内容丰富，时代明确，对研究古夜郎国的历史及夜郎国与中原政权的关系具有重大价值。
245	7-1897-5-290	茅台酒酿酒工业遗产群	清至民国	第七批		茅台酒酿酒工业遗产群完整保存了自清末迄今的酿造体系，见证了茅台酒生产由手工作坊向工业化、由民营向国营的转变历程，具有较高的历史价值。

续表

序号	国保单位编号	名称	年代	批次	所在省份	遗产价值
246	8-0711-5-195	天门河水电厂旧址	1943年	第八批	贵州	天门河水电厂为中国第一个利用岩溶洞穴改造建成压力管道和地下机房的发电厂，是中国第一个地下水电站。完全由中国人自主设计和建造，从选址、建筑和设计都遵循了实用、保密、防空等原则。依山而建，主体工程全在新开凿的隧洞内。利用天门河水资源和喀斯特地貌形成的岩溶洞穴，在工程施工中扬长避短、物尽其用，建设质量上乘，经受了历史和时间的检验，对研究我国20世纪40年代初水利电力和科学技术发展史有着重要意义，被美国著名水电专家伊文思誉为"建造完善"，是其"所见水电厂中最不平常之一处"。也为山区发展中小型水电厂提供了完整的成功范例。时至今日，如果需要，仍能正常运转的发电机组和留存的碑刻等附属文物是依据充分的历史见证。[1]
247	8-0713-5-197	三线贵州航空发动机厂旧址	1965年	第八批		三线贵州航空发动机厂（航发黎阳厂）旧址位于贵州省安顺市平坝区白云镇，是集发动机研发、生产、修理、服务为一体的总装总试厂，创建于1965年，作为国家航空发动机制造骨干企业，三线贵州航空发动机厂建厂至今从未脱离主业，共研制生产了涡喷-7、涡喷-13两大系列二十多个型号的发动机数千台，其中两型发动机获得国家最高质量银质奖，一型发动机获得国家科技进步一等奖。三线贵州航空发动机厂开辟了我国航空发动机军贸出口的先河。[2]
248	8-0714-5-198	三线贵州歼击机总装厂旧址	1966年	第八批		"歼六Ⅲ型"飞机是在云贵高原生产的第一架歼击机，结束了高海拔气候下不能生产飞机的历史，粉碎了"中国低端的工业水平，是根本制造不出战斗机"的言论。三线贵州歼击机总装厂（贵飞云马厂）旧址，是三线建设时期，研制现代化歼击机与批量生产歼击机的飞机总装厂旧址，亲历了三线时期国防航空工业军民结合发展历程，以及改革开放40年来中航工业阔步迈向国际航空界的历史足迹。2003年承担全机部件制造和部分设计性试验任务的"山鹰"教练机，创造了航空史上新机研制的奇迹。[3]
249	6-1053-5-180	五家寨铁路桥	清	第六批	云南	五家寨铁路桥的"桁肋式铰拱刚架"建筑的设计，对世界的桥梁研究具有很高的价值，也对我国的桥梁研究提供了宝贵的实物资料。
250	6-1055-5-182	石龙坝水电站	清	第六批		石龙坝水电站是中国第一座水力发电站，电站的建成，在引进现代文明的同时，推动了云南其他工业产业的发展。石龙坝水电站为研究中国近代工业发展和科学研究提供了珍贵的实物资料。

1. 贵州人大网站桐梓天门河水电厂旧址 http://www.gzrd.gov.cn/gzwh/34113.shtml
2. 博雅旅游分享网三线贵州航空发动机厂旧址 http://www.bytravel.cn/Landscape/93/sanxianguizhouhangkongfadongjichangjiuzhi.html
3. 博雅旅游分享网三线贵州歼击机总装厂旧址 http://www.bytravel.cn/landscape/93/sanxianguizhoujianjijizongzhuangchangjiuzhi.html

序号	国保单位编号	名称	年代	批次	所在省份	遗产价值
251	6-1057-5-184	鸡街火车站	民国	第六批	云南	鸡街火车站是个（个旧）碧（碧色寨）石（石屏）铁路的枢纽中心站。中华人民共和国成立后，个碧石铁路收归国有。鸡街火车站成为寸轨和米轨铁路的人员换乘、货物换载的重要转运站，是研究中国铁路交通史的重要实物资料。
252	7-0420-1-420	玉溪窑址	元至明	第七批		玉溪窑址是云南首次发现的古代瓷窑址，也是较早确认的青花瓷窑址，填补了云南古陶瓷研究中的空白。玉溪窑址的青花瓷器的纹饰与景德镇青花瓷有许多相似之处，但又有明显的地方色彩，受当地原料的影响，釉色略黄。因此被学术界认为是元明时期除景德镇以外烧制青花瓷器的一个重要窑口，在中国陶瓷史上占有重要位置。
253	7-1902-5-295	碧色寨车站	1909年	第七批		个碧石铁路是当时中国唯一一条民营铁路，碧色寨车站是个碧石铁路的始发站，也是国内保存完好的米轨与寸轨交汇换装的一个车站，对于研究中国铁路发展史具有重要意义，具有重要历史和科学价值。
254	7-1904-5-297	宝丰隆商号	1916年	第七批		宝丰隆商号是民国年间个旧最大和最有影响的炼锡炉坊和商号，同时也是保存较好的锡冶炼遗址，具有较高的历史价值和科学价值。其重要建筑大都为中西合璧风格，具有较高的艺术价值和研究价值。
255	7-1908-5-301	文兴祥商号旧址	1934年	第七批		文兴祥商号旧址建筑将云南传统民居做法与西洋建筑做法融合，地方特点突出、时代特征明显，保存较为完整，其彩画用金量大、绘制工整、工艺水平较高，具有较高的建筑艺术价值。
256	8-0718-5-202	滇缅公路惠通桥	1935年	第八批		惠通桥始建于明朝末年，初为铁链索桥，位于滇缅公路（中国段）六百公里处。民国二十五年，新加坡华侨梁金山捐资，将旧桥改建为新式柔型钢索大吊桥。吊桥全长205米，跨径190米，由17根巨型德国钢缆飞架而成，最大负重7吨。至1977年新建钢骨水泥大桥落成通车，吊桥开始废弃不用。[1]
257	8-0720-5-204	畹町桥	1938年	第八批		1938年滇缅公路开通后，石拱桥代替了双木桥。抗日战争期间，出国作战的数万名中国远征军，就是通过这座桥开赴抗日前线的，这座桥成了抗战时期西南边陲与内地连接的唯一的交通枢纽。石拱桥毁于战火之后，1946年新架起一座钢架桥，1956年12月15日，周恩来总理、贺龙副总理和缅甸吴巴瑞总理，从曼德勒乘车到九谷，再从九谷步行通过这座桥入境，到芒市参加中缅两国边民联欢会。1992年拆掉钢架桥建成钢筋混凝土桥，2003年12月又将钢架桥恢复。畹町桥把中国畹町和对面的缅甸九谷市两座边城紧紧地连在一起，形成了"一桥两国"的格局。[2]

1. 百度百科惠通桥 https://baike.baidu.com/item/%E6%B8%87%E7%BC%85%E5%85%AC%E8%B7%AF%E6%83%A0%E9%80%9A%E6%A1%A5/23805374?fr=aladdin

2. 博雅旅游分享网畹町桥 http://www.bytravel.cn/landscape/71/qiao.html

续表

序号	国保单位编号	名称	年代	批次	所在省份	遗产价值
258	8-0721-5-205	中央电工器材厂一厂旧址	1939年	第八批	云南	又名昆明电缆厂，是我国最早的电线电缆生产企业，1939年生产出中国第一根裸铜导线（电缆雏形），从此开创了我国自己独立生产电线电缆历史，被誉为"中国电线电缆工业的摇篮"。[1]
259	8-0722-5-206	滇缅铁路禄丰炼象关桥隧群	1942年	第八批		滇缅铁路禄丰炼象关桥隧群由一段保存较好的铁路路基、五座桥梁和四个隧道组成，是滇缅铁路工程难度最大，桥梁和隧道最密集的路段，由中国著名的铁路工程师、时任滇缅铁路第二总段总段长的龚继成主持修建。滇缅铁路禄丰炼象关桥隧群作为这一段历史最好的见证和永久的纪念，是为滇缅铁路建设而牺牲的工程技术人员和云南人民树立的一座座无名丰碑。[2]
260	8-0723-5-207	凤庆茶厂老厂区旧址	1950年	第八批		云南凤庆茶厂（原顺宁实验茶厂，现云南滇红集团股份有限公司）老厂区始建于1939年，是中国名茶"滇红"的诞生地。建厂初期由"滇红茶"创始人冯绍裘先生自行设计的"三筒式手揉机""脚踏与动力两用之揉茶机""脚踏与动力两用之烘茶机"，开创了中国机制红茶之先河。至今，凤庆茶厂老厂区仍保存着苏式建筑办公楼、厂房、冯绍裘铜像、老式木制制茶机械、70年代德国进口500HW低速柴油发电机、不同时期的制茶机器等实物档案。见证了滇红茶诞生与滇红茶文化的发展，具有较高的历史价值，为研究中国滇红茶历史及茶文化提供了实物依据。[3]
261	8-0724-5-208	开远发电厂旧址	1956年	第八批		开远发电厂是国家"　五"计划时期苏联援建156项重点工业建设项目之一，是云南省第一座半自动化中型燃煤凝气式火力发电厂，投产发电后对当时云锡生产发挥了极其重要的作用，奠定了开远成为云南省重要能源基地的坚实基础，是滇南地区重要的工业文化遗产。[4]
262	7-1943-6-007	芒康县盐井古盐田	唐—中华人民共和国	第七批	西藏自治区	芒康自古就是西藏的东南大门，是"茶马古道"在西藏的第一站，芒康盐井古盐田原始的、独特的建造技术和晒盐技术不仅本身具有重要的历史、艺术、科学价值，而且对于研究相关历史文化也具有特殊的史证价值。
263	3-0226-1-046	黄堡镇耀州窑遗址	唐至民国	第三批	陕西	创烧于唐代，北宋时最盛，废于金元之间。耀州瓷以青瓷为主，唐代时兼烧制黑彩、青釉、白釉瓷器，同时还烧制大量三彩器和琉璃瓦及三彩建筑构件。宋代时烧造器皿繁多，制瓷技巧纯熟，方圆大小皆中规中矩。器上刻花纹饰饱满富丽，刀锋犀利，线条流畅，具有浓厚的生活气息和民间艺术风格，居宋代同类装饰之冠。

1. 博雅旅游分享网中央电工器材厂一厂旧址 http://www.bytravel.cn/Landscape/93/zhongyangdiangongqicaichangyichangjiuzhi.htm
2. 博雅旅游分享网滇缅铁路禄丰炼象关桥隧群 http://www.bytravel.cn/landscape/93/dianmiantielulufenglianxiangguanqiaosuiqun.html
3. 凤阳县人民政府凤庆茶厂老厂区被列为第三批国家工业遗产 http://www.ynfq.gov.cn/fqxrmzf/zjfq/lswh70/462892/index.html
4. 博雅旅游分享网开远发电厂旧址 http://www.bytravel.cn/landscape/94/kaiyuanfadianchangjiuzhi.html

序号	国保单位编号	名称	年代	批次	所在省份	遗产价值
264	4-0250-5-051	延一井旧址	清	第四批	陕西	陕西巡抚曹鸿勋聘请日本技师佐藤弥四郎开凿油井，同年出油，日产原油1.5吨，同时建造了中国陆地第一家炼油厂，从而填补了我国民族工业史上的一项空白，该油井被命名为"延一井"，为中国陆上第一口油井。油井旧址现保存有抽油机等全套设备。
265	5-0000-1-005	兆伦铸钱遗址	汉	第五批		史载，汉武帝时期实行国家统一铸造货币，位于汉都城长安附近的兆伦铸钱遗址是已发现的汉代最大的铸钱遗址，应该是当时的国家铸币工场。它的发现，对西汉、新莽时期的货币制度、铸造技术以及中国古代货币史有很高的研究价值。
266	6-0000-1-016	陈炉窑址	金至民国	第六批		陈炉瓷窑遗址对于研究元代以后耀州窑的发展脉络、文化内涵、窑业内部结构的演变，以及产品分期与特征等，具有重要意义。陈炉窑址归入第三批——黄堡镇耀州窑遗址。
267	7-0454-1-454	尧头窑遗址	唐至清	第七批		该遗址做为我国北方黄河流域著名的民间窑场，遗址面积大，内涵丰富，烧制技术精巧，造型粗犷，品种丰富，风格独特，特别是所烧制的黑釉瓷和青花瓷最负胜名。
268	7-0456-1-456	安仁瓷窑遗址	宋至元	第七批		安仁瓷窑创烧于宋，历金元后逐渐废弃，遗址保存完整，内涵丰富，在我国瓷器史研究方面有较大影响。对研究宋金元时期耀州窑系的生产规模、烧制技法、窑炉结构等方面具有重要作用。
269	8-0733-5-217	宝鸡申新纱厂旧址	1941—1943年	第八批		在抗战期间曾闻名海内外，支撑了整个西北战区的棉纱供应，也是宝鸡现代工业的发源地。这里承载了一代人的历史记忆，被林语堂先生称为"中国抗战期间最伟大的奇迹之一"，区域内现存抗战时期全国最大的窑洞工厂、申新纱厂办公楼、乐农别墅、薄壳车间四处历史遗迹，是国内现存最完整的抗战工业遗产。[1]
270	6-1070-5-197	兰州黄河铁桥	清	第六批	甘肃	黄河铁桥又名"中山桥"，由美国桥梁公司设计，德国泰来洋行承建。桥身是一座五孔下承式平行弦钢桁桥，由上部穿式钢桁架和下部桥台及4个重力式桥墩等两大部分组成。自建成至今百年间，历经多次维修，基本结构未变。中山桥对研究我国近代桥梁史、交通史和西北地区政治、经济、文化史具有重要的意义。
271	7-1923-5-316	玉门油田老一井	1939年	第七批		玉门油田老一井是中国石油工人打出的第一口油井，是中国近现代石油工业的摇篮，曾为中国的抗日战争作出贡献，在我国近现代石油工业的发展史上占有重要地位，具有较高的历史价值和科学价值。

1. 博雅旅游分享网宝鸡申新纱厂旧址 http://www.bytravel.cn/landscape/90/baojishenxinshachangjiuzhi.html

续表

序号	国保单位编号	名称	年代	批次	所在省份	遗产价值
272	8-0150-1-150	马鬃山玉矿遗址	战国至汉	第八批	甘肃	该玉矿遗址是青铜时期—魏晋时期玉矿开采遗址。该遗址是甘肃境内所发现的唯一一处早期玉矿遗址。为研究河西走廊地区乃至甘青地区玉器制作的矿料来源及相关领域的研究提供了依据。[1]
273	8-0151-1-151	小川瓷窑遗址	宋至民国	第八批		小川瓷窑创烧于北宋，其剔刻花瓷器烧制或早于其他西夏窑址，对研究西夏窑的起源和兴衰有着重要的参考价值。同时，烧窑史历经宋、西夏、元、明、清直至二十世纪八十年代，一直没有中断，有深厚、完整的文化堆积层，对研究北宋以来北方民窑体系具有重要价值。[2]
274	5-0512-5-039	第一个核武器研制基地旧址	1957-1995年	第五批	青海	第一个核武器研制基地旧址，1964年、1967年，先后在此研制并试爆成功了我国第一颗原子弹和氢弹。
275	7-1925-5-318	天佑德酒作坊	清	第七批		天佑德酒作坊是互助青稞烧酒作坊及青稞酿酒工艺、技术的重要物质遗存，传承了青稞酒悠久的酿造文化历史信息，具有较高文物价值。
276	6-0215-1-215	照壁山铜矿遗址	汉	第六批	宁夏回族自治区	根据遗址所见遗物综合分析，照壁山铜矿在汉代已具规模，后经西夏、元代亦有开采冶炼。为研究西北地区青铜冶炼提供了重要的实物资料。
277	6-0216-1-216	灵武窑址	宋至明	第六批		灵武窑址出土的实物资料证实了西夏制瓷技术十分发达，所出土的大量具有民族特色的器物，确立了西夏瓷在中国陶瓷史上的地位。
278	5-0129-1-129	奴拉赛铜矿遗址	夏至周	第五批	新疆维吾尔自治区	奴拉赛铜矿遗址是新疆地区发现最早的矿冶遗址，从工艺流程、冶炼温度、矿渣和铜坯等几个方面看，都已达到较高技术水平，为研究新疆地区早期冶铜技术的起源和发展提供了重要的实物资料。
279	7-1927-5-320	新疆第一口油井	1909年	第七批		新疆第一口油井是新疆近代石油工业兴起的标志，它经历了清末、民国和新中国三个历史时期，是我国石油工业发展的历史见证，具有重要的历史价值。
280	7-1934-5-327	克拉玛依一号井	1955年	第七批		克拉玛依一号井的完钻出油，标志着中国第一个大油田克拉玛依油田的诞生。该井见证了我国石油工业发展史上的重大转折，在中国石油工业发展史中占据有重要地位，具有重要的历史价值和科学价值。
281	7-1936-5-329	红山核武器试爆指挥中心旧址	1966年	第七批		红山核武器试爆指挥中心旧址是我国现代重要的国防建设基地之一，布局完整、规模宏大，是我国国防建设发展史上重要见证，表现了中国核工业建设中自力更生、奋发图强的精神，具有重要历史价值和科技价值。

1. 甘肃文物局马鬃山玉矿遗址 http://wwj.gansu.gov.cn/wwj/c105528/201712/317798bebb76427e9a423182b8ccd382.shtml
2. 甘肃文物局马小川瓷窑遗址 http://wwj.gansu.gov.cn/wwj/c105528/201801/823c475c162541e888c0e3a8d91aa92f.shtml

参考文献

1. 宋应星著.天工开物【M】.国学整理社出版，世界书局印刷，中华民国二十五年.

2. 韩汝玢、柯俊主编.中国科学技术史（矿冶卷）【M】.科学出版社，2007.

3. 金秋鹏主编.中国科学技术史（图录卷）【M】.科学出版社，2008.

4. 武钢大冶铁矿矿志办公室编.大冶铁矿志（1890–1985）【M】.科学出版社，1986.

5. 大冶钢厂志编纂委员会编.大冶钢厂志（1913–1984）【M】.大冶钢厂志编纂委员会，1985.

6. 华新厂志编辑委员会编.华新厂志（1946–1986）【M】.华新厂志编辑委员会，1987.

7. 湖北省大冶县地方志编纂委员会编纂.大冶县志【M】.湖北科学技术出版社，1990.

8. 大冶有色金属公司铜绿山铜铁矿矿志编纂委员会编纂.铜绿山矿志【M】大冶有色金属公司铜绿山铜铁矿矿志编纂委员会.1995.

9. 黄石市博物馆.铜绿山古矿冶遗址【M】.文物出版社，1999.

10. 黄石市地方志编纂委员会编纂.黄石市志【M】.中华书局，2001.

11. 国家文物局主编.中国文物地图集/湖北分册【M】.西安地图出版社，2002.

12. 张庭伟、冯晖、彭治权.城市滨水区设计与开发【M】.上海：同济大学出版社，2002.

13. 政协大冶市委员会.中国青铜古都：大冶【M】.文物出版社，2010.

14. 政协大冶市委员会编.图说铜绿山古铜矿【M】.中国文史出版社，2011.

15. 大冶市铜绿山古铜矿遗址保护管理委员会编.铜绿山古铜矿遗址考古发现与研究（下）【M】.科学出版社，2013.

16. 大冶市铜绿山古铜矿遗址保护管理委员会编.铜绿山古铜矿遗址考古发现与研究（二）【M】.科学出版社，2014.

17. 王晶.工业遗产保护更新研究：一类新型文化遗产资源的整体改造【M】.文物出版社，2014.

18. 龚长根、郭恩.铜绿山古铜矿与楚国的强盛【C】//全国第七届民间收藏文化高层（湖北 荆州）论坛文集.2007.

19. 张正明.大冶铜绿山古铜矿的国属——兼论上古产铜中心的变迁【C】//张正明学术文集.湖北长江出版集团，2007.

20. 李百浩、田燕.文化线路视野下的汉冶萍工业遗产研究【C】//中国工业建筑遗产调查与研究：2008中国工业建筑遗产国际学术研讨会论文集.清华大学出版社，2009.

21. 杜胜国.先秦时期楚国地质矿冶技术与社会经济发展研究【D】.武汉：中国地质大学科学技术史，2005.。

22. 易德生.商周青铜矿料开发及其与商周文明的关系研究【D】.武汉：武汉大学历史地理，2011.

23. 杨路勤.万山汞矿工业遗产研究【D】.贵州：贵州民族大学民族学，2016.

24. 魏哲.黄石市转型期城市空间结构演变研究【D】.四川成都：西南交通大学城乡规划学，2017.

25. 安志敏、陈存洗.山西运城洞沟的东汉铜矿和题记【J】.考古.1962(10).

26. 李炎贤、袁振新、董兴仁、李天元.湖北大冶石龙头旧石器时代遗址发掘报告【J】.古脊椎动物与古人类.1974(02).

27. 铜绿山考古发掘队.湖北铜绿山春秋战国古矿井遗址发掘简报【J】.文物，1975（02）.

28. 冶军.铜绿山古矿井遗址出土铁制及铜制工具的初步鉴定【J】.文物，1975（02）.

29. 杨永光、李庆元、赵守忠.铜录山古铜矿开采方法研究【J】.有色金属，1980（04）.

30. 杨永光、李庆元、赵守忠.铜录山古铜矿开采方法研究（续）【J】.有色金属，1981（01）.

31. 胡永炎.大冶铜绿山古铜矿遗址近年来的考古发掘及其研究【J】.江汉考古，1981（01）.

32. 卢本珊、华觉明.铜绿山春秋炼铜竖炉的复原研究【J】.文物,1981(08).

33. 黄石市博物馆.湖北铜绿山春秋时期炼铜遗址发掘简报【J】.文物，1981(08).

34. 夏鼐、殷玮璋.湖北铜绿山古铜矿【J】.考古学报，1982（01）.

35. 中国社会科学院考古研究做铜绿山工作队.湖北铜绿山东周铜矿遗址发掘【J】.考古，1982(01).

36. 中国社会科学院考古研究做铜绿山工作队.湖北铜绿山铜矿再次发掘——东周炼铜炉的发掘和炼铜模拟实验【J】.考古，1982（01）.

37. 大冶县博物馆.大冶县发现草王嘴古城遗址【J】.江汉考古，1984（06）.

38. 周保权、胡永炎.铜绿山古铜矿遗址【J】.文史知识，1986（01）.

39. 张朝、黄功扬.铜绿山古代矿井支护浅析【J】.江汉考古，1986(03).

40. 李仲均.《天工开物》矿冶卷述评【J】.农业考古，1987（01）.

41. 李天元.湖北阳新港下古矿井遗址发掘简报【J】.考古，1988(01).

42. 刘平生.安徽南陵大工山古代铜矿遗址发现和研究【J】.东南文化，1988(06).

43. 卢本珊.铜绿山古代采矿工业初步研究【J】.农业考古，1991（03）.

44. 李盛华.张之洞与华新水泥厂【J】.湖北档案，1994（05）.

45. 华觉明、卢本珊.长江中下游铜矿带的早期开发和中国青铜文明【J】.自然科学史研究,1996(01).

46. Essecx S.,Chalkley B，OlympicGames Analyst of Urban Change【J】.Leisure Studies,1998(03).

47. 黄石市博物馆.铜绿山Ⅶ号矿体1号点采矿遗址【J】.江汉考古，2001（03）.

48. 潘艺、杨一蓄.论述竹材在古代采矿中的作用【J】.江汉考古,2002(04).

49. 肖锋、姚颂平、沈建华.举办国际体育大赛对大城市的经济、文化综合效应之研究【J】.上海体育学院学报.2004(05).

50. 王生铁.楚文化的六大支柱及其精神特质【J】.世纪行,2004(06).

51. 朱俊英、黎泽高.大冶五里界春秋城址及周围遗址考古的主要收获【J】.江汉考古,2005(01).

52. 湖北省文物考古研究所.湖北省大冶市草王嘴城西汉城址调查简报【J】.江汉考古,2006(03).

53. 袁为鹏.盛宣怀与汉阳铁厂(汉冶萍公司)之再布局试析【J】.中国经济史研究，2004（04）.

54. 周士本、李天智、朱俊英、黎泽高.大冶五里界春秋城址勘探发掘简报【J】.江汉考古，2006 (02).

55. 湖北省文物考古研究所.湖北省大冶市草王嘴城西汉城址调查简报【J】.江汉考古，2006 (03).

56. 朱继平."鄂王城"考【J】.中国历史文物，2006 (05).

57. 彭涛.大型节事对城币发展的影响【J】.规划师2006(07).

58. Theo Koetter著.杜伊斯堡内港——座在历史工业区上建起的新城区.常江译.国外城市规划，2006(01).

59. 宫曳雪、解丹丹，悉尼奥林匹克公园场地规划【J】.山西建筑2006(09).

60. 李江.百年汉冶萍公司研究述评【J】.中国社会经济史研究，2007（04）.

61. 李军、胡一晶.矿业遗迹的保护与利用——以黄石国家矿山公园大冶铁矿主园区规划设计为例【J】.规划设计，2007（11）.

62. 卢新海、宋会访、隗建秋.大冶铁矿国家矿山公园规划实践【J】.测绘与空间地理信息，2008（01）.

63. 方一兵、潜伟.中国近代钢铁工业化进程中的首批本土工程师（1894—1925年）【J】.中国科技史杂志，2008 (02).

64. 彭小桂、刘忠明、韩培光、刘晓妮、李伟东.黄石市矿业遗迹分布及其类型【J】.资源环境与工程，2008(02).

65. 黄一仇.汉冶萍公司的发展历史与现实启示【J】.南方文物，2009（04）.

66. 周醉天、韩长凯.中国水泥史话(3)——大冶湖北水泥厂【J】.水泥技术，2011（03）.

67. 佟伟华.垣曲商城与中条山铜矿资源【J】.考古学研究.2012(00).

68. 席奇峰、王文平、王新华、周礫、张继宗、刘伟平、郑道利、陈树祥、龚长根、黄朝霞、王琳.湖北大冶铜绿山岩阴山脚遗址发掘简报【J】.江汉考古，2013（03）.

69. 李映福、周必素、韦莉果.贵州万山汞矿遗址调查报告【J】.江汉考古，2014（02）.

70. 王森华.萍乡煤矿创办初期的困境与株萍铁路的兴建【J】.山海经，2015 (23).

71. 崔涛、刘薇.江西瑞昌铜岭铜矿遗址新发现与初步研究【J】.南方文物，2017 (04).

72. 中华人民共和国国家文物局.文物保护利用规范 工业遗产【S】.北京:文物出版社，2019.

73. 石鹤.铜绿山古铜矿遗址木质文物的防腐研究【N】.湖北师范学院学报(自然科学版)，2003(03).

74. 王生铁.楚文化的六大支柱及其精神特质【N】.光明日报，2004.

75. 肖锋、姚颂平、沈建华.举办国际体育大赛对大城市的经济、文化综合效应只研究【N】.上海体育学院学报，2004（05）。

76. 李海涛、自在.李维格与汉冶萍公司述论【N】.苏州大学学报（哲学社会科学版），2006（02）.

77. 李海涛.清末民初汉冶萍公司制度初探【N】.河南理工大学学报(社会科学版)，2006（01）。

78. 李玉勤.试析清末汉冶萍公司股份制的建构和运作(1908-1911)【N】.许昌学院学报，2009（04）.

79. 刘建民.铜绿山古矿冶遗址研究综述【N】.湖北师范学院学报(哲学社会科学版).2010(01).

80. 段锐、许晓斌.从政治社会化主客体视角看晚清汉冶萍公司改制【N】.湖北经济学院学报(人文社会科学版)，2010（01）.

81. 孙淑云.中国古代矿冶文化的传承和发展【N】.黄石理工学院学报(人文社会科学版)，2010（06）.

82. 周少雄、姜迎春.工业文明植入与传统社会阶层的嬗变——以大冶铁矿的开发为例（1890-1937年）【N】.湖北师范学院学报（哲学社会科学版），2010（03）.

83. 方一兵.汉冶萍公司工业遗产及其保护与利用现状【N】.中国矿业大学学报(社会科学版)，2010（03）.

84. 郭远东.刍论矿冶文化【N】.黄石理工学院学报(人文社会科学版)，2010（05）.

85. 我爱学习俱乐部.德国鲁尔工业遗产区的创意转型【DB/CD】.https://www.sohu.com/a/197844075_201359

86. 湖北省城市规划设计院、黄石市规划建设局、黄石市城市规划设计研究院.湖北省黄石市城市总体规划（2001-2020）》【Z】.

87. 广州市城市规划勘察设计研究院.黄石历史文化名城保护规划【Z】.2011.

88. 湖北省城市规划设计研究院.大冶市城市总体规划（2005-2020年）【Z】.2008.

89. 大冶市土地利用总体规划（2006-2020年）【Z】.

90. 北京清华城市规划设计研究院.湖北省大冶市铜绿山古铜矿遗址保护规划【Z】.2011.

91. 湖北省文物考古研究所.铜绿山古铜矿遗址考古遗址公园考古工作计划【Z】.2011.

92. 中国文化遗产研究院.黄石矿冶工业遗产申报《中国世界文化遗产预备名单》文本【Z】.2012.

93. 中华人民共和国国家文物局.工业遗产保护和利用导则（征求意见稿）【Z】.2014.

94. 中国文化遗产研究院.华新水泥厂旧址保护与展示利用方案【Z】.2015.

95. 中国文化遗产研究院.铜绿山古铜矿遗址国家考古遗址公园总体规划【Z】.2019.

96. 湖北大冶铁矿国家矿山公园总体规划【Z】.

97. 保护世界文化和自然遗产公约【Z】.

98. 巴拉宪章【Z】.

99. Shimane Prefectural Board of Education .World Heritage–Iwami Ginzan Silver Mine and its Cultural Landscape Official Record【Z】.

100.联合国教科文组织世界遗产中心网站http://whc.unesco.org/.

后　记

　　我国矿冶工业文化遗产资源丰富，对此类型工业遗产的保护和利用是文化遗产保护领域的一项创新工作。本书从黄石矿冶工业文化遗产申报世界遗产角度出发，通过梳理国内外矿冶工业文化遗产保护利用的方式方法、进行国内外此类遗产价值的对比研究，总结黄石矿冶工业文化遗产价值的特征，探索矿冶工业文化遗产保护利用的内涵和外延，这一从理论到实践的过程让我们受益匪浅。我们认识到可以通过城市工业遗产的整体保护、合理适度利用，推动环境修复治理、生态结构和城市用地结构的优化，从而彰显地域特色的理念，带动城市整体发展。黄石矿冶工业文化遗产突出普遍价值及保护利用研究是一项长期持续的研究工作，本书仅是笔者们在黄石矿冶工业遗产申报《中国世界文化遗产预备名单》文本编制实践工作中所做的一些探索，未来还需要工业历史文化、冶金科技史、建筑材料等相关领域交叉学科研究，还要注重宣传推广、公众参与，共同作用以形成社会共识。

　　本书的成形历时多年，期间得到了诸多领导、同事、家人、朋友的帮助与支持。感谢中国博物馆协会理事长、原国家文物局副局长刘曙光研究员，在任中国文化遗产研究院院长期间，对黄石矿冶工业文化遗产保护研究工作给予了长期的关注与大力支持；感谢国家文物局考古研究中心唐炜主任对于黄石矿冶工业遗产申报《中国世界文化遗产预备名单》文本编制工作的帮助。

　　感谢中国文化遗产研究院院长柴晓明研究员对文本编制工作给予的帮助，得益于柴院长的关心，文本团队有机会请来社科院考古所曾经主持铜绿山古铜矿遗址考古发掘的殷玮璋研究员作为此次工作的专业咨询顾问，这为文本团队深入理解黄石矿冶工业文化遗产的历史、科技价值提供了坚实的保障。感谢中国文化遗产研究院副院长乔云飞研究员不辞辛劳，在现场对黄石矿冶工业文化遗产保护给予了专业的指导与帮助。感谢中国文化遗产研究院中国世界文化遗产中心主任赵云研究员、燕海鸣博士对于本书的完善与出版提出的中肯建议。

　　感谢社科院考古所殷玮璋研究员、北京科技大学科技史与文化遗产研究院潜伟院长、郭宏研究员、李延祥研究员、韩汝玢研究员分享了珍贵的铜绿山考古发掘历史资料，并对铜绿山矿冶工业文化遗产相关研究提出了宝贵意见。

感谢湖北省文化和旅游厅（湖北省文物局）、湖北省文物考古研究所、黄石市文化和旅游局（黄石市文物管理局）、大冶市文物局、黄石市工业遗产保护中心（湖北水泥遗址博物馆）、铜绿山古铜矿遗址保护管理委员会的各位领导和同事，在黄石矿冶工业遗产申报《中国世界文化遗产预备名单》文本编制期间，提供了相关基础资料、历史照片、考古研究资料等文献史料，并对文本团队的现场工作提供了大力支持与帮助。

各位领导、同事、朋友在工作中给予了团队充分的信任和帮助，同时更在精神上不断引导和鼓舞我们，在此一并表示感谢！同时感谢家人的大力支持和照顾！

由于能力水平的局限，不足之处请各位学者专家批评指正。